快速上手

Python

基础·进阶·实战

明日科技

编著

·北 京·

内容简介

《快速上手 Python：基础 · 进阶 · 实战》内容全面，以理论联系实际、能学到并做到为宗旨，以技术为核心，以案例为辅助，引领读者全面学习 Python 代码编写方法和具体应用项目，旨在为读者提供新而全的技术性内容及案例。

本书是一本侧重 Python 基础、应用和实践的书，分为 3 篇，共 22 章。基础篇共 17 章，从 Python 安装和 Python 语言基础开始讲解，对使用 Python 进行开发工作需要具备的基本知识和方法进行了全面梳理；进阶篇共 4 章，解读了基于 Python 语言的重要开发方向——GUI、游戏、爬虫、Web 等的相应框架，如 pygame、Django 等；实战篇为 1 个大型实战案例，保证所学知识得到巩固和应用。另外，本书配套资源丰富，包含本书所有程序的源代码、部分章节视频教程、拓展实战项目等网络配套学习资源。其中，源代码全部经过精心测试，能够在 Windows 7、Windows 10 环境下全部编译和运行。

本书适用于 Python 的爱好者、初学者和中级开发人员，也可以作为大中专院校和培训机构的教材。

图书在版编目（CIP）数据

快速上手 Python：基础·进阶·实战 / 明日科技编著 .
一北京：化学工业出版社，2022.11
ISBN 978-7-122-41965-1

Ⅰ.①快… Ⅱ.①明… Ⅲ.①软件工具 - 程序设计 -
手册 Ⅳ.① TP311.561-62

中国版本图书馆 CIP 数据核字（2022）第 142060 号

责任编辑：雷桐辉
责任校对：宋　夏
装帧设计：尹琳琳

出版发行：化学工业出版社
　　　　　（北京市东城区青年湖南街13号　邮政编码100011）
印　　刷：三河市航远印刷有限公司
装　　订：三河市宇新装订厂
787mm×1092mm　1/16　印张21　字数515千字
2023年1月北京第1版第1次印刷

购书咨询：010-64518888
售后服务：010-64518899
网　　址：http://www.cip.com.cn
凡购买本书，如有缺损质量问题，本社销售中心负责调换。

定　　价：108.00元

前言

Python 是由荷兰计算机专家吉多·范罗苏姆于 1990 年初设计的程序设计语言，其具有丰富和强大的模块（库），还可以应用其他编程语言制作的各种模块（尤其是 C/C++）进行高效开发，如今已经成为最受欢迎的程序设计语言之一。

Python 语言简单、易学、易用，适合做 Web 开发、数据分析、游戏开发、科学计算等各领域编程开发。本书是一本面向 Python 进行实践开发的书籍，按照基础入门→进阶提升→项目实战的循序渐进的过程进行学习和实践。

本书内容

全书共分为 22 章，主要通过"基础篇（17 章）+ 进阶篇（4 章）+ 实战篇（1 章）"三大维度一体化的讲解方式，帮助读者系统掌握 Python 的开发技术，具体的学习结构如下图所示：

本书特色

1. 知识系统、突出重点

本书知识系统，内容全面，包含了 Python 进行项目开发必备的基础知识和框架。书中每个知识点都结合了简单易懂的示例代码以及非常详细的注释信息，力求读者能够快速理解所学知识，提升学习效率，缩短学习路径。

2. 实战任务、学以致用

本书提供了各种趣味实例和应用性很强的实战任务和对应的源代码，带领读者进行充分的 Python 开发实践，让读者不断提升编程思维，学以致用，快速提升对知识点的综合运用能力。

3. 综合技术、实际项目

本书在实战篇中提供了 1 个贴近实践的项目，力求通过实际应用使读者更容易了解各种 Python 开发技术和应对业务需求。同时，本书前勒口二维码中附有拓展实战项目，读者可扫码获取两个大型项目。本书所有项目都是根据实际开发经验总结而来，包含了在实际开发中所遇到的各种问题。项目结构清晰、扩展性强，读者可根据个人需求进行扩展开发。

4. 精彩栏目、贴心提示

本书根据实际学习的需要，设置了"注意""说明"等许多贴心的小栏目，辅助读者轻松理解所学知识，规避编程陷阱。

本书由明日科技的 Python 开发团队策划并组织编写，主要编写人员有高春艳、王小科、赛奎春、赛思琪、王国辉、李磊、赵宁、张鑫、周佳星、葛忠月、宋万勇、田旭、王萍、李颖、杨丽、刘媛媛、何平、依莹莹、吕学丽、钟成浩、徐丹、王欢、张悦、岳彩龙、牛秀丽、宋禹蒙、段霄雷、宛佳秋、杜明哲、王孔磊等。在编写本书的过程中，我们本着科学、严谨的态度，力求精益求精，但疏漏之处在所难免，敬请广大读者批评指正。

感谢您阅读本书，希望本书能成为您编程路上的领航者。

祝您读书快乐！

编著者

如何使用本书

本书资源下载及在线交流服务

方法 1：使用微信立体学习系统获取配套资源。用手机微信扫描下方二维码，根据提示关注"易读书坊"公众号，选择您需要的资源和服务，点击获取。微信立体学习系统提供的资源和服务包括：

- ☑ 视 频 讲 解 ： **快速掌握编程技巧**
- ☑ 源 码 下 载 ： **全书代码一键下载**
- ☑ 配 套 答 案 ： **自主检测学习效果**
- ☑ 学 习 打 卡 ： **学习计划及进度表**
- ☑ 拓 展 资 源 ： **术语解释指令速查**

扫码享受
全方位沉浸式学 Python 开发

方法 2：推荐加入 QQ 群：337212027（若此群已满，请根据提示加入相应的群），可在线交流学习，作者会不定时在线答疑。

方法 3：使用学习码获取配套资源。

（1）激活学习码，下载本书配套的资源。

第一步：刮开后勒口的"在线学习码"（如图 1 所示），用手机扫描二维码（如图 2 所示），进入如图 3 所示的登录页面。单击图 3 页面中的"立即注册"成为明日学院会员。

图1　在线学习码　　图2　手机扫描二维码

第二步：登录后，进入如图 4 所示的激活页面，在"激活图书 VIP 会员"后输入后勒口的学习码，单击"立即激活"，成为本书的"图书 VIP 会员"，专享明日学院为您提供的有关本书的服务。

第三步：学习码激活成功后，还可以查看您的激活记录，如果您需要下载本书的资源，请单击如图 5 所示的云盘资源地址，输入密码后即可完成下载。

图3　扫码后弹出的登录页面

图4　输入图书激活码

图5　学习码激活成功页面

（2）打开下载到的资源包，找到源码资源。本书共计 22 章，源码文件夹主要包括：实例源码、实战任务答案、项目源码，具体文件夹结构如下图所示。

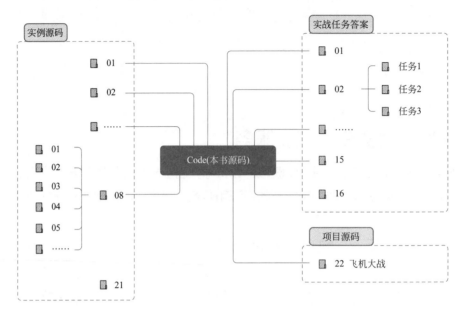

（3）使用开发环境（如 IDLE 或者 PyCharm）打开实例或项目所对应 .py 文件，运行即可。

本书约定

推荐操作系统及环境		开发工具	
⊞ Windows 10		PC	
Windows 10	Python 3.7 及以上	PyCharm	IDLE
MySQL	Navicat for MySQL		PyMySQL：操作 MySQL 数据库的模块
MySQL	Navicat for MySQL		

读者服务

为方便解决读者在学习本书过程中遇到的疑难问题及获取更多图书配套资源，我们在明日学院网站为您提供了社区服务和配套学习服务支持。此外，我们还提供了读者服务邮箱及售后服务电话等，如图书有质量问题，可以及时联系我们，我们将竭诚为您服务。

读者服务邮箱：mingrisoft@mingrisoft.com

售后服务电话：4006751066

目录

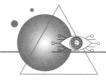

第 4 章　运算符

第 5 章　列表和元组

第 6 章　字符串与正则表达式

第 7 章　if 选择语句

第 8 章　循环结构语句

第 9 章　字典与集合

第 10 章　函数

第 11 章　类和对象

第 12 章　模块

第 13 章　文件操作

第 14 章　使用 Python 操作数据库

第 15 章 进程和线程

第 16 章 网络编程

第 17 章　异常处理及程序调试

第 2 篇　进阶篇

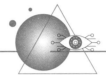

第 18 章　常用的 GUI 框架

第 19 章　pygame 游戏框架

第 20 章　网络爬虫框架

第 21 章 Django Web 框架

第 3 篇 实战篇

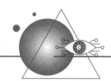

第 22 章 飞机大战——pygame、sys、random、codecs 实现

快速上手 Python：

基础·进阶·实战

第1篇
基础篇

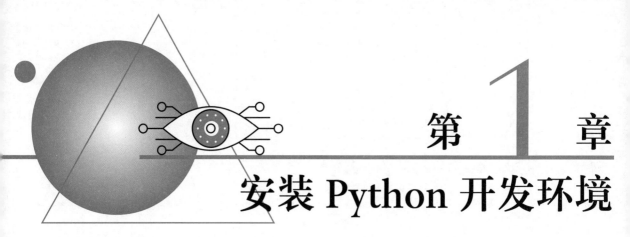

第 1 章

安装 Python 开发环境

扫码享受
全方位沉浸式
学 Python 开发

Python 是一种跨平台、开源、免费、解释型的高级编程语言。它具有丰富和强大的库，能够把用其他语言制作的各种模块（尤其是 C/C++）很轻松地联结在一起，所以 Python 常被称为"胶水"语言。Python 近几年发展势头迅猛，长年位居编程语言排行榜第 1 名。Python 的应用领域也非常广泛，在 Web 编程、图形处理、黑客编程、大数据处理、网络爬虫和科学计算等领域都能找到 Python 的身影。

1.1 Python 概述

（1）Python 简介

Python 英文是指"蟒蛇"。1989 年，由荷兰人 Guido van Rossum 发明，是一种面向对象的解释型高级编程语言，并命名为 Python，标志如图 1.1 所示。Python 的设计哲学为优雅、明确、简单。可见 Python 有着简单、开发速度快和容易学习等特点。

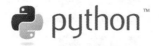

图 1.1　Python 的标志

（2）Python 的版本

Python 自发布以来，主要经历了三个版本的变化，分别是 1994 年发布的 Python 1.0 版本（已过时）、2000 年发布的 Python 2.0 版本（到 2018 年 9 月 / 已经更新到 2.7.15）和 2008 年发布的 3.0 版本（2022 年 3 月已经更新到 3.10.3）。如果新手学习 Python，建议从 Python 3.10.0 版本开始。

（3）Python 的应用领域

Python 作为一种功能强大，并且简单易学的编程语言而广受好评，主要应用在 Web 开发、大数据处理、人工智能、自动化运维开发、云计算、爬虫、游戏开发等领域。

1.2 搭建 Python 开发环境

1.2.1 安装 Python

（1）如何查看计算机操作系统的位数

现在很多软件，尤其是编程工具，为了提高开发效率，分别对 32 位操作系统和 64 位操作系统做了优化，推出了不同的开发工具包。Python 也不例外，所以安装 Python 前，需要了解计算机操作系统的位数。下面介绍 Windows10 下查看操作系统位数的方法。

在桌面找到"此电脑"图标，右键单击该图标，在打开的菜单中选择"属性"菜单项，如图 1.2 所示。选择"属性"菜单项后将弹出如图 1.3 所示的"系统"窗体，在"系统类型"标签处标示着本机是 64 位操作系统还是 32 位操作系统，该信息就是操作系统的位数。图 1.3 中所展示的计算机操作系统的位数为 64 位。

图 1.2 选择"属性"菜单项

图 1.3 查看系统类型

（2）下载 Python 安装包

在 Python 的官方网站中，可以很方便地下载 Python 的开发环境，具体下载步骤如下。

① 打开浏览器（如谷歌浏览器），进入 Python 官方网站，将鼠标移动到"Downloads"菜单上，如图 1.4 所示。单击"Windows"菜单项，进入详细的下载列表，如图 1.5 所示。

图 1.4 Python 官方网站首页

💡 注意

> 如果选择"Windows"菜单项时，没有显示右侧的下载按钮，应该是页面没有加载完全，加载完全后就会显示了，请耐心等待。

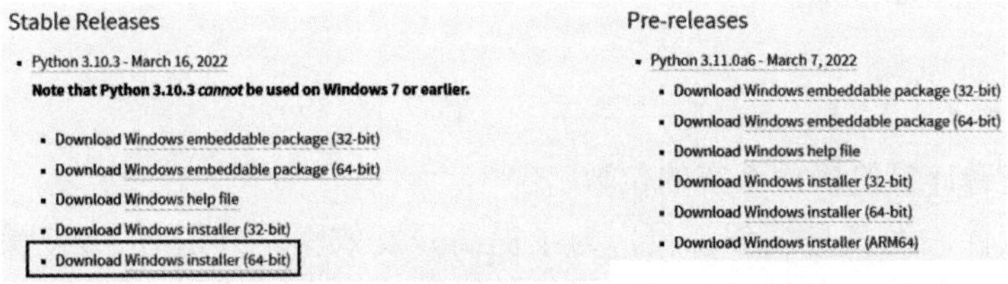

图 1.5 适合 Windows 系统的最新版 Python 3.10.3 下载列表

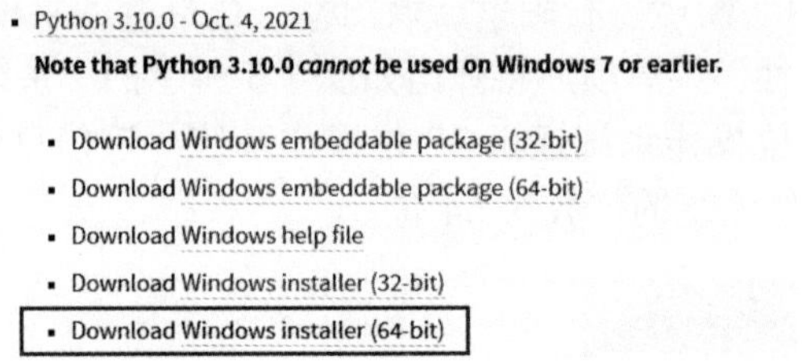

图 1.6 适合 Windows 系统的 Python 3.10.0 下载列表

② 在如图 1.6 所示的详细下载列表中，列出了 Python 提供的各个版本的下载链接。读者可以根据需求下载对应的版本，当前 Python 3.10 的最新稳定版本是 Python 3.10.0。

📖 说明

> 在下载时，只带有"x86"字样的，表示该安装包是在 Windows 32 位系统上使用的；带有"x86-64"字样的，则表示该安装包是在 Windows 64 位系统上使用的；标记为"web-based installer"字样的，表示需要通过联网完成安装；标记为"executable installer"字样的，表示通过可执行文件（*.exe）方式离线安装；标记为"embeddable zip file"字样的，表示该安装包为嵌入式版本，可以集成到其他应用中。

③ 下载完成后，浏览器会自动提示"此类型的文件可能会损害您的计算机。您仍然要保留 python-3.10-amd64.exe 吗？"此时，单击"保留"按钮，保留该文件即可。

④ 在下载位置可以看到已经下载的 Python 安装文件"python-3.10-amd64.exe"，如图 1.7 所示。

| 📂 python-3.10.0-amd64 | 2022/3/20 22:25 | 应用程序 | 27,653 KB |

图 1.7 下载后的 python-3.10.0-amd64.exe 文件

（3）Windows 64 位系统上安装 Python

在 Windows 64 位系统上安装 Python 3.x 的步骤如下。

① 双击下载后得到的安装文件 python-3.10.0-amd64.exe，将显示安装向导对话框，选

中"Add Python 3.10 to PATH"复选框，让安装程序自动配置环境变量。如图 1.8 所示。

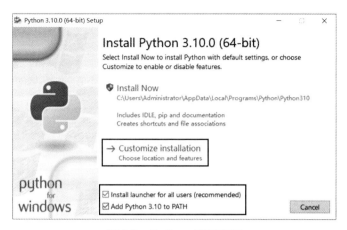

图 1.8　Python 安装向导

② 单击"Customize installation"按钮，进行自定义安装（自定义安装可以修改安装路径），在弹出的"安装选项"对话框中采用默认设置，如图 1.9 所示。

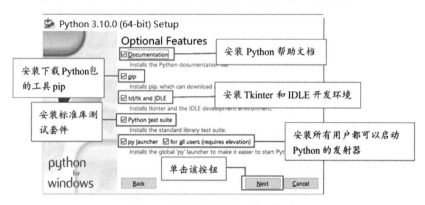

图 1.9　设置"安装选项"对话框

③ 单击"Next"按钮，将打开"高级选项"对话框。在该对话框中，设置安装路径为"G:\Python"（建议 Python 的安装路径不要放在操作系统的安装路径，否则一旦操作系统崩溃，在 Python 路径下编写的程序将非常危险），其他采用默认设置，如图 1.10 所示。

图 1.10　"高级选项"对话框

④ 单击"Install"按钮，将显示如图 1.11 所示的"用户账户控制"窗体，在该窗体中确认是否允许此应用对你的设备进行更改，此处单击"是"按钮即可。

⑤ 单击"是"按钮，开始安装 Python，安装完成后将显示如图 1.12 所示的对话框。

图 1.11 确认是否允许此应用对你的设备进行更改   图 1.12 "安装完成"对话框

（4）测试 Python 是否安装成功

Python 安装成功后，需要检测 Python 是否成功安装。例如，在 Windows 10 系统中检测 Python 是否成功安装，可以单击 Windows 10 系统的开始菜单，在桌面左下角"搜索程序和文件"文本框中输入 cmd 命令，然后按下 <Enter> 键，启动命令行窗口，在当前的命令提示符后面输入"python"，并且按 <Enter> 键，如果出现如图 1.13 所示的信息，则说明 Python 安装成功，同时也进入到交互式 Python 解释器中。

```
C:\Users\Administrator>python
Python 3.10.0 (tags/v3.10.0:b494f59, Oct  4 2021, 19:00:18) [MSC v.1929 64 bit (AMD64)] on win32
Type "help", "copyright", "credits" or "license" for more information.
>>>
```

图 1.13 在命令行窗口中运行的 Python 解释器

📑 说明

图 1.13 中的信息是笔者电脑中安装的 Python 的相关信息，其中包括 Python 的版本、该版本发行的时间、安装包的类型等。因为选择的版本不同，这些信息可能会有所差异，只要命令提示符变为">>>"，就说明 Python 已经安装成功，正在等待用户输入 Python 命令。

⚡ 注意

如果输入"python"后，没有出现如图 1.13 所示的信息，而是显示"'python'不是内部或外部命令，也不是可运行的程序或批处理文件"，这时，需要在环境变量中配置 Python。具体方法参见 1.2.2 小节。

1.2.2 解决提示"'python'不是内部或外部命令……"

在命令行窗口中输入"python"命令后，显示"'python'不是内部或外部命令，也不是可运行的程序或批处理文件"，如图 1.14 所示。

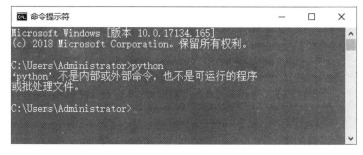

图 1.14 输入"python"命令后出错

出现该问题的原因是在当前的路径中找不到 Python.exe 可执行程序，解决方法是配置环境变量。这里以 Windows 10 系统为例介绍配置环境变量的方法，具体如下。

① 在"此电脑"图标上单击鼠标右键，然后在弹出的快捷菜单中执行"属性"命令，并在弹出的"系统"对话框中单击"高级系统设置"超链接，将出现如图 1.15 所示的"系统属性"对话框。

② 单击"环境变量"按钮，将弹出"环境变量"对话框，如图 1.16 所示。

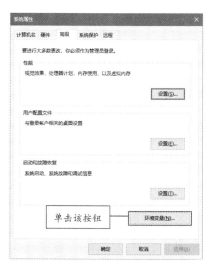

图 1.15 "系统属性"对话框

图 1.16 打开"环境变量"对话框

③ 在"Administrator 的用户变量"中，单击"新建"按钮，将弹出"新建用户变量"对话框，如图 1.17 所示，在"变量名"所对应的编辑框中输入"Path"，然后在"变量值"所对应的编辑框中输入"G:\Python\;G:\Python\Scripts;"变量值（注意：最后的";"不要丢掉，它用于分割不同的变量值。另外，G 盘为笔者安装 Python 的路径，读者可以根据计算机实际情况进行修改）。

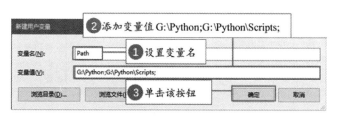

图 1.17 创建用户变量

④ 在"新建用户变量"对话框中，单击"确定"按钮，将返回"环境变量"对话框，如图 1.18 所示。继续单击"确定"按钮，完成环境变量的设置。

图 1.18　确定新建的用户变量

⑤ 在命令行窗口中，输入"python"命令，如果 Python 解释器可以成功运行，说明配置成功。如果已经正确配置了注册信息，仍无法启动 Python 解释器，建议重新安装 Python。

1.3　使用 IDLE 编写"hello world"

在安装 Python 后，会自动安装一个 IDLE。它是一个 Python Shell（可以在打开的 IDLE 窗口的标题栏上看到），也就是一个通过键入文本与程序交互的途径，程序开发人员可以利用 Python Shell 与 Python 交互。下面将详细介绍如何使用 IDLE 开发 Python 程序。

打开 IDLE 时，可以单击 Windows10 系统的开始菜单图标，然后依次选择"所有程序"→"Python 3.10"→"IDLE (Python 3.10 64-bit)"菜单项，即可打开 IDLE 窗口。如图 1.19 所示。

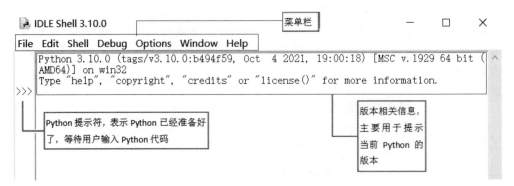

图 1.19　IDLE 主窗口

① 在 IDLE 主窗口的菜单栏上，选择 File → New File 菜单项，将打开一个新窗口，在该窗口中，可以直接编写 Python 代码，并且输入一行代码后再按下〈Enter〉键，将自动换到下一行，等待继续输入，如图 1.20 所示。

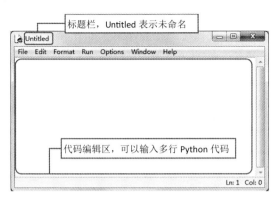

图 1.20　新创建的 Python 文件窗口

② 在代码编辑区中，编写"hello world"程序，代码如下：

```
01 print("hello world")
```

③ 编写完成的代码效果如图 1.21 所示。按下快捷键〈Ctrl +S〉保存文件，这里将其保存为 demo.py。其中的 .py 是 Python 文件的扩展名。

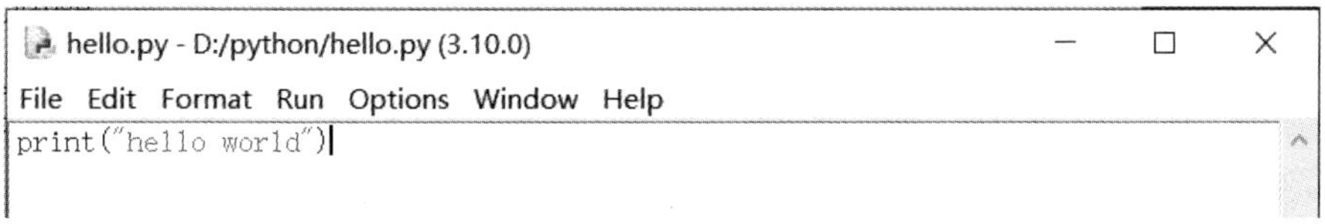

图 1.21　代码输完效果

④ 运行程序。在菜单栏中选择 Run → Run Module 菜单项（或按 F5 键），运行结果如图 1.22 所示。

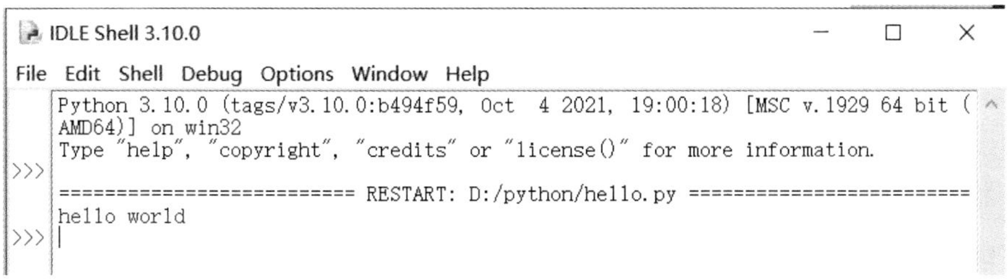

图 1.22　运行结果

 说明

程序运行结果会在 IDLE 中呈现，每运行一次程序，就在 IDLE 中呈现一次图 1.22 IDLE 主窗口。

1.4 实战任务

任务 1：输出“Go Big Or Go Home!”

世界知名互联网公司都有比较独特的企业文化，如在阿里巴巴，有一个不成文但被严格执行的规定：无论胖瘦、高矮，新进人员都必须在三个月内学会靠墙倒立，而且必须坚持 30 秒以上。而 Facebook 花了特别多的时间教新人练胆量，培养新人的野心：如果你没有野心，你就没有办法改变世界。在 Facebook 的办公室中，挂着这样一条充满野心和奋斗的标语：Go Big Or Go Home!（要么出众，要么出局！），旁边还配上了哥斯拉的照片，这让这条标语显得格外的酷炫。下面就输出这条标语：

```
Go Big Or Go Home!
```

任务 2：输出程序员节的含义

10 月 24 日，是中国程序员共同的节日——程序员节。1024 是一个很特殊的数字，在计算机操作系统里，1024BYTE（字节）=1KB，1024KB=1MB，1024MB=1GB 等。程序员就像是一个个 1024，以最低调、踏实、核心的功能模块搭建起这个科技世界。请大家开动脑筋，输出程序员节的核心含义吧（输出内容类似于图 1.23，也可自创其他模式）。

任务 3：模拟输出用户登录输入窗口

登录功能是很多程序和网页都具备的功能，请在 IDLE 中模拟输出如图 1.24 所示的界面。

任务 4：输出金庸先生的作品口诀

“飞雪连天射白鹿，笑书神侠倚碧鸳”，高度概括了著名武侠小说作家金庸一生的重要作品，请编写一个程序输出该口诀，效果如图 1.25 所示。

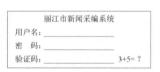

```
10.24(程序员之日）寓意：
低调、踏实、核心
1024M=1G, 谐音一级棒
```

图 1.23 输出程序员节的核心含义

```
丽江市新闻采编系统
用户名：________________
密  码：________________
验证码：________________ 3+5= ?
```

图 1.24 模拟输出用户登录输入窗口

```
##############################
笑                          飞
书                          雪
神                          连
侠                          天
倚                          射
碧                          白
鸳                          鹿
##############################
```

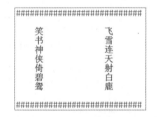

图 1.25 金庸作品口诀输出效果

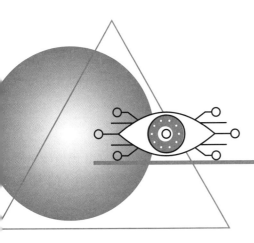

第2章

Python 语言基础

2.1 基本输入和输出

扫码享受
全方位沉浸式
学 Python 开发

常用的输入与输出设备有很多，如图 2.1 中的摄像机、扫描仪、话筒、鼠标、键盘等都是输入设备，然后经过计算机解码后在显示器或打印机等终端进行输出显示。而基本的输入和输出是指我们平时从键盘上输入字符，然后在显示器上显示。

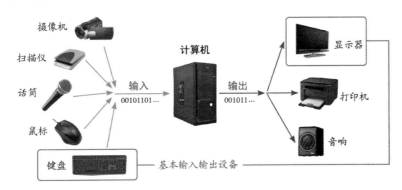

图 2.1　常用的输入与输出设备

2.1.1　使用 input() 函数输入

在 Python 中，使用内置函数 input() 可以接收用户的键盘输入。input() 函数的基本用法如下：

```
variable = input(" 提示文字 ")
```

其中，variable 为保存输入结果的变量，双引号内的文字用于提示要输入的内容。例如，想要接收用户输入的内容，并保存到变量 tip 中，可以使用下面的代码：

```
tip = input(" 请输入文字: ")
```

在 Python 3.x 中，无论输入的是数字还是字符，都将被作为字符串读取。如果想要接收数值，需要把接收到的字符串进行类型转换。例如，想要接收整型的数字并保存到变量 num 中，可以使用下面的代码：

```
num = int(input("请输入您的幸运数字："))
```

前面介绍了使用 ASCII 码值输出相关字符，那么想要获得字符对应的 ASCII 码值该如何实现呢？通过 ord 函数可以将字符的 ASCII 码值转换为数字，下面代码实现根据输入的字符，输出相应的 ASCII 码值。代码如下：

```
name=input("输入字符：")                    # 输入字母或数字，不能输入汉字
print(name+"的 ASCII 码为：",ord(name))      # 显示字符对应的 ASCII 码值
```

如输入字符"A"，则结果输出为"A 的 ASCII 码为 65"。输入数字 5，则结果输出为"5 的 ASCII 码为 53"。

示例：根据输入的年份，计算年龄大小

实现根据输入的年份（4 位数字，如 1981），计算目前的年龄，程序中使用 input() 函数输入年份，使用 datetime 模块获取当前年份，然后用获取的年份减去输入的年份，就是计算的年龄，代码如下：

（源码位置：资源包 \MR\Code\02\01）

```
import datetime                              # 调入时间模块
imyear = input("请输入您的出生年份：")        # 输入出生年份，必须是 4 位数字，如 1981
nowyear= datetime.datetime.now().year        # 计算当前年份
age= nowyear- int(imyear)                     # 用于计算实际年龄
print("您的年龄为："+str(age) + "岁")          # 输出年龄
# 根据计算的年龄判断所处的年龄阶段，判定标准是根据联合国组织给出的新年龄分段判定标准
if age<18:                                    # 如果年龄小于 18 岁
    print("您现在为未成年人 ~ @_@ ~ ")        # 输出为 "您现在为未成年人 ~ @_@ ~"
if age>=18 and age<66:                        # 如果 18≤年龄 <66
    print("您现在为青年人 (-_-)")             # 输出为 "您现在为青年人 (-_-)"
if age>=66 and age<80:                        # 如果 66≤年龄 <80
    print("您现在为中年人 ~ @_@ ~ ")          # 输出为 "您现在为中年人 ~ @_@ ~ "
if age>=80:                                   # 如果年龄≥80
    print("您现在为老年人 *-_-*")             # 输出为 "您现在为老年人 *-_-* "
```

运行程序，提示输入出生年份，如图 2.2 所示。输入出生年份，出生年份必须是 4 位，如 1981。

输入年份，如输入 2003，按 <Enter> 键，运行结果如图 2.3 所示。

请输入您的出生年份：

图 2.2　输入出生年份提示

请输入您的出生年份：2003
您的年龄为：15岁
您现在为未成年人 ~@_@~

图 2.3　根据输入年份计算年龄

2.1.2　使用 print() 函数输出

在 Python 中，使用内置的 print() 函数可以将结果输出到 IDLE 或者标准控制台上。print() 函数的基本语法格式如下：

```
print( 输出内容 )
```

其中，输出内容可以是数字和字符串（字符串需要使用引号括起来），此类内容将直接输出；也可以是包含运算符的表达式，此类内容将计算结果输出。例如：

（源码位置：资源包 \MR\Code\02\02 ）

```
a = 100                            # 变量 a，值为 100
b = 5                              # 变量 b，值为 5
print(9)                           # 输出数字 9
print(a)                           # 输出变量 a 的值 100
print(a*b)                         # 输出 a*b 的结果 500
print("go big or go home")         # 输出 "go big or go home"（要么出众，要么出局）
```

多学两招

> 在 Python 中，默认情况下，一条 print() 语句输出后会自动换行，如果想要一次输出多个内容，而且不换行，可以将要输出的内容使用英文半角的逗号分隔。下面的代码将在一行输出变量 a 和 b 的值：
>
> ```
> print(a,b,' 要么出众，要么出局 ')          # 输出结果为：100 5 要么出众，要么出局
> ```

在编程时，输入的符号可以使用 ASCII 码的形式输入。ASCII 码是美国信息交换标准码，最早只有 127 个字母和符号被编码到计算机里，也就是英文大小写字母、数字和一些符号，这个编码表被称为 ASCII 编码，例如大写字母 A 的编码是 65，小写字母 a 的编码是 97。通过 ASCII 码显示字符，需要使用 chr 函数进行转换。例如：

（源码位置：资源包 \MR\Code\02\03 ）

```
print('a')                         # 输出字符 a
print(chr(97))                     # 输出字符 a
print('A')                         # 输出字符 A
print(chr(65))                     # 输出字符 A
print('B')                         # 输出字符 B
print(chr(66))                     # 输出字符 B
print('+')                         # 输出字符 +
print(chr(43))                     # 输出字符 +
print(8)                           # 输出字符 8
print(chr(56))                     # 输出字符 8
print('[')                         # 输出字符 [
print(chr(91))                     # 输出字符 [
print(']')                         # 输出字符 ]
print(chr(93))                     # 输出字符 ]
```

ASCII 码在编程时经常会用到，学习时要掌握 ASCII 码值的一些规律。常用字符与 ASCII 码对照表如表 2.1 所示。

随着计算机的深入发展，在计算机中不但需要存储和使用基本的英文字符，还需要存储俄语、汉语、日语等文字或符号，随之出现了多种版本的信息转换编码，如 Unicode\UTF-8 等。Python 3.0 以 Unicode 为内部字符编码。Unicode 采用双字节 16 位来进行编号，可编 65536 个字符，基本上包含了世界上所有的语言字符，它也就成为一种全世界通用的编码方式，而且用十六进制 4 位表示一个编码，非常简洁直观，为大多数开发者所接受。打印汉字可以直接使用 U+ 编码的形式。如打印汉字"生化危机"和"中国"，代码如下：

表2.1　常用字符与 ASCII 码对照表

ASCII 非打印字符				ASCII 打印字符											
十进制	字符及解释	十进制	字符及解释	十进制	字符	十进制	字符	十进制	字符	十进制	字符	十进制	字符	十进制	字符
0	NUL（空）	16	DLE（空格）	32	(space)	48	0	64	@	80	P	96	`	112	p
1	SOH（头标开始）	17	DC1（设备控制1）	33	!	49	1	65	A	81	Q	97	a	113	q
2	STX（正文开始）	18	DC2（设备控制2）	34	"	50	2	66	B	82	R	98	b	114	r
3	ETX（正文结束）	19	DC3（设备控制3）	35	#	51	3	67	C	83	S	99	c	115	s
4	EOT（传输结束）	20	DC4（设备控制4）	36	$	52	4	68	D	84	T	100	d	116	t
5	ENQ（查询）	21	NAK（反确认）	37	%	53	5	69	E	85	U	101	e	117	u
6	ACK（确认）	22	SYN（同步空闲）	38	&	54	6	70	F	86	V	102	f	118	v
7	BEL（响铃）	23	ETB（传输块结束）	39	'	55	7	71	G	87	W	103	g	119	w
8	BS（退格）	24	CAN（作废）	40	(	56	8	72	H	88	X	104	h	120	x
9	TAB（水平制表符）	25	EM（媒体结束）	41	)	57	9	73	I	89	Y	105	i	121	y
10	LF（换行）	26	SUB（替换）	42	*	58	:	74	J	90	Z	106	j	122	z
11	VT（竖直制表符）	27	ESC（换码）	43	+	59	;	75	K	91	[	107	k	123	{
12	FF（换页）	28	FS（文字分隔符）	44	,	60	<	76	L	92	\	108	l	124		
13	CR（回车）	29	GS（组分隔符）	45	-	61	=	77	M	93	]	109	m	125	}
14	SO（移位输出）	30	RS（记录分隔符）	46	.	62	>	78	N	94	^	110	n	126	~
15	SI（移位输入）	31	US（单元分隔符）	47	/	63	?	79	O	95	_	111	o	127	(del)

```
print ("\u751f\u5316\u5371\u673a")          # 输出字符 "生化危机"
print ("\u4e2d\u56fd")                       # 输出字符 "中国"
```

使用 print() 函数，不但可以将内容输出到屏幕，还可以输出到指定文件。例如，将一个字符串 "要么出众，要么出局" 输出到 "D:\mr.txt" 中，代码如下：

（源码位置：资源包 \MR\Code\02\04）

```
fp = open(r'D:\mr.txt','a+')                 # 打开文件
print(" 要么出众，要么出局 ",file=fp)         # 输出到文件中
fp.close()                                   # 关闭文件
```

执行上面的代码后，将在 "D:\" 目录下生成一个名称为 mr.txt 的文件，该文件的内容为文字 "要么出众，要么出局"，如图 2.4 所示。

图 2.4　mr.txt 文件的内容

那么是否可以将当前年份、月份和日期也输出呢？当然可以，但需要先调用 datetime 模块，并且按指定格式才可以输出相应日期。如要输出当前年份和当前日期时间，输出代码如下：

（源码位置：资源包 \MR\Code\02\05）

```
import datetime                              # 调用日期模块 datetime
print(" 当前年份: "+str(datetime.datetime.now().year))   # 输出当前年份，当前为 2022 年，输出 2022
# 输出当前日期和时间，如：2022-02-20 15:30:23，注意代码中的单引号、字母大小写，不能写错
print(' 当前日期时间: '+datetime.datetime.now().strftime('%y-%m-%d %H:%M:%S'))
```

2.2　注释

注释是指在代码中对代码功能进行解释说明的标注性文字，可以提高代码的可读性。注释的内容将被 Python 解释器忽略，并不会在执行结果中体现出来。

在 Python 中，通常包括 3 种类型的注释，分别是单行注释、多行注释和中文声明注释。

2.2.1　单行注释

在 Python 中，使用 "#" 作为单行注释的符号。从符号 "#" 开始直到换行为止，其后面所有的内容都作为注释的内容被 Python 编译器忽略。

语法如下：

```
# 注释内容
```

单行注释可以放在要注释代码的前一行，也可以放在要注释代码的右侧。例如，下面的两种注释形式都是正确的。

第一种形式：

```
# 要求输入出生年份，必须是 4 位数字，如 1981
year=int(input(" 请输入您的出生年份: "))
```

第二种形式：

```
year=int(input(" 请输入您的出生年份: "))          # 要求输入出生年份，必须是 4 位数字，如 1981
```

2.2.2 多行注释

在 Python 中，并没有一个单独的多行注释标记，而是将包含在一对三引号（'''……'''）或者（"""……"""）之间的代码都称为多行注释，这样的代码解释器将忽略。由于这样的代码可以分为多行编写，所以也作为多行注释。

语法格式如下：

```
'''
注释内容 1
注释内容 2
……
'''
```

或者

```
"""
注释内容 1
注释内容 2
……
"""
```

多行注释通常用来为 Python 文件、模块、类或者函数等添加版权、功能等信息，例如，下面代码将使用多行注释为程序添加功能、开发者、版权、开发日期等信息。

```
'''
信息加密模块
开发者：天星
版权所有：明日科技
2018 年 9 月
'''
```

多行注释也经常用来解释代码中重要的函数、参数等信息，以便于后续开发者维护代码，例如：

```
'''
库存类主要的函数方法
update 改 / 更新
find 查找
delete 删除
create 添加
'''
```

多行注释其实可以采用单行代码多行书写的方式实现，如上面的多行注释可以写成如下形式：

```
# 库存类主要的函数方法
# update 改 / 更新
# find 查找
# delete 删除
# create 添加
```

2.2.3 中文编码声明注释

在 Python 中编写代码的时候，如果用到指定字符编码类型的中文编码，需要在文件开头加上中文声明注释，这样可以在程序中指定字符编码类型的中文编码，不至于出现代码错误。所以说，中文注释很重要。Python 3.x 提供的中文注释声明语法格式如下：

```
# -*- coding: 编码 -*-
```

或者

```
# coding= 编码
```

例如保存文件编码格式为 UTF-8，可以使用下面的中文编码声明注释：

```
# -*- coding:utf-8 -*-
```

一个优秀的程序员，为代码加注释是必须要做的工作，但要确保注释的内容都是重要的事情，看一眼就知道是干什么的，无用的代码不需要加注释。

📋 **说明**

> 在上面的代码中，"-*-"没有特殊的作用，只是为了美观才加上的，所以上面的代码也可以使用"# coding:utf-8"代替。

为了让读者透彻理解程序中的代码，本书多数代码都进行了注释。在实际开发中，读者只要对关键代码进行注释就可以了，不必像本书一样，行行都写注释。

2.2.4 注释程序进行调试

在编码时，有些代码可能出现编码错误，无法编译；或者不希望编译、执行程序中的某些代码，这时可以将这些代码注释掉，这种调试方式简单实用，有经验的程序人员经常采用这种方式进行程序调试。下面以计算长方形对角线长、周长和面积来演示如何通过注释调试程序。长方形对角线长、周长和面积公式代码如下：

```
a,b=map(float,input('请输入长方形两个边的边长，用英文逗号间隔：').split(','))
s=a*b
l=(a+b)*2
d=(a**2+b**2)**(1/2)
print('长方形的对角线长为：',d)          # 输出长方形的对角线长
print('长方形周长为：',l)                # 输出长方形周长
print('长方形面积为：',s)                # 输出长方形面积
```

在上面代码中，如果只想计算长方形面积，但要保留计算对角线长和周长的代码，则只需将计算对角线长和周长的代码注释即可，代码如下：

```
a,b=map(float,input('请输入长方形两个边的边长，用英文逗号间隔：').split(','))
s=a*b
# l=(a+b)*2
# d=(a**2+b**2)**(1/2)
# print('长方形的对角线长为：',d)        # 输出长方形的对角线长
# print('长方形周长为：',l)              # 输出长方形周长
print('长方形面积为：',s)                # 输出长方形面积
```

在上面代码中，如果想计算长方形面积和周长，则只需将计算周长的代码取消注释即可，代码如下：

```
a,b=map(float,input( '请输入长方形两个边的边长，用英文逗号间隔: ').split(','))
s=a*b
l=(a+b)*2
# d=(a**2+b**2)**(1/2)
# print(' 长方形的对角线长为: ',d)              # 输出长方形的对角线长
print(' 长方形周长为: ',l)                      # 输出长方形周长
print(' 长方形面积为: ',s)                      # 输出长方形面积
```

2.3　代码缩进

Python 不像其他程序设计语言（如 Java 或者 C 语言）采用大括号 "{}" 分隔代码块，而是采用代码缩进和冒号 "："区分代码之间的层次。

📑 **说明**

> 　　缩进可以使用空格键或者 <Tab> 键实现。使用空格键时，通常情况下采用 4 个空格作为一个缩进量，而使用 <Tab> 键时，则采用一个 <Tab> 键作为一个缩进量。通常情况下建议采用空格进行缩进。

在 Python 中，对于类定义、函数定义、流程控制语句，以及异常处理语句等，行尾的冒号和下一行的缩进表示一个代码块的开始，而缩进结束，则表示一个代码块的结束。

例如，下面代码中的缩进即为正确的缩进。

（源码位置：资源包 \MR\Code\02\06）

```
height=float(input(" 请输入您的身高: "))        # 输入身高
weight=float(input(" 请输入您的体重: "))        # 输入体重
bmi=weight/(height*height)                      # 计算 BMI 指数

# 判断体重是否合理
if bmi<18.5:
    print(" 您的 BMI 指数为: "+str(bmi))         # 输出 BMI 指数
    print(" 体重过轻 ～ @_@ ～ ")
if bmi>=18.5 and bmi<24.9:
    print(" 您的 BMI 指数为: "+str(bmi))         # 输出 BMI 指数
    print(" 正常范围，注意保持 (-_-)")
if bmi>=24.9 and bmi<29.9:
    print(" 您的 BMI 指数为: "+str(bmi))         # 输出 BMI 指数
    print(" 体重过重 ～ @_@ ～ ")
if bmi>=29.9:
    print(" 您的 BMI 指数为: "+str(bmi))         # 输出 BMI 指数
    print( "肥胖 ^@_@^ " )
```

Python 对代码的缩进要求非常严格，同一个级别的代码块的缩进量必须相同。如果不采用合理的代码缩进，将抛出 SyntaxError 异常。例如，代码中有的缩进量是 4 个空格，还有的是 3 个空格，就会出现 SyntaxError 错误，如图 2.5 所示。

在 IDLE 开发环境中，一般以 4 个空格作为基本缩进单位。不过也可以选择 Options → Configure IDLE 菜单项，在打开的 Settings 对话框（图 2.6）的 "Fonts/Tabs" 选项卡中修改基本缩进量。

图 2.5　缩进量不同导致的 SyntaxError 错误　　　　图 2.6　修改基本缩进量

多学两招

> 在 IDLE 开发环境的文件窗口中，可以通过选择主菜单中的 Format → Indent Region 菜单项（快捷键 <Ctrl+]>），将选中的代码缩进（向右移动指定的缩进量），也可通过选择主菜单中的 Format → Dedent Region 菜单项（快捷键 <Ctrl+[>），对代码进行反缩进（向左移动指定的缩进量）。

2.4　编码规范

Python 中采用 PEP 8 作为编码规范，其中 PEP 是 Python Enhancement Proposal 的缩写，翻译过来是 Python 增强建议书，而"PEP 8"中的"8"表示版本号。PEP 8 是 Python 代码的样式指南。下面给出 PEP 8 编码规范中的一些应该严格遵守的条目。

☑　每个 import 语句只导入一个模块，尽量避免一次导入多个模块。如图 2.7 所示是推荐写法，而如图 2.8 所示为不推荐写法。

☑　不要在行尾添加分号";"，也不要用分号将两条命令放在同一行。例如，图 2.9 所示的代码为不规范的写法。

```
import os
import sys
```
```
import os,sys
```
```
height = float(input("请输入您的身高："));
weight = float(input("请输入您的体重："));
```

图 2.7　**推荐写法**　　图 2.8　**不推荐写法**　　图 2.9　**不规范写法**

☑　建议每行不超过 80 个字符，如果超过，建议使用小括号"()"将多行内容隐式地连接起来，而不推荐使用反斜杠"\"进行连接。例如一个字符串文本在一行上显示不下，那么可以使用小括号"()"将其分行显示，代码如下：

```
print("我一直认为我是一只蜗牛。我一直在爬，也许还没有爬到金字塔的顶端。"
"但是只要你在爬，就足以给自己留下令生命感动的日子。")
```

以下通过反斜杠"\"进行连接的做法是不推荐使用的。

```
print("我一直认为我是一只蜗牛。我一直在爬，也许还没有爬到金字塔的顶端。\
但是只要你在爬，就足以给自己留下令生命感动的日子。")
```

不过以下两种情况除外：
① 导入模块的语句过长。
② 注释里的 URL。

☑ 使用必要的空行可以增加代码的可读性。一般在顶级定义（如函数或者类的定义）之间空两行，而方法定义之间空一行。另外，在用于分隔某些功能的位置也可以空一行。

☑ 通常情况下，运算符两侧、函数参数之间、逗号","两侧建议使用空格进行分隔。

☑ 应该避免在循环中使用"+"和"+="运算符累加字符串。这是因为字符串是不可变的，这样做会创建不必要的临时对象。推荐将每个子字符串加入列表，然后在循环结束后使用 join() 方法连接列表。

☑ 适当使用异常处理结构提高程序容错性，但不能过多依赖异常处理结构，适当的显式判断还是必要的。

2.5 命名规范

命名规范在编写代码中起到很重要的作用，虽然不遵循命名规范，程序也可以运行，但是使用命名规范可以更加直观地了解代码所代表的含义。本节将介绍 Python 中常用的一些命名规范。

☑ 模块名尽量短小，并且全部使用小写字母，可以使用下划线分隔多个字母。例如，game_main、game_register、bmiexponent 都是推荐使用的模块名称。

☑ 包名尽量短小，并且全部使用小写字母，不推荐使用下划线。例如，com.mingrisoft、com.mr、com.mr.book 都是推荐使用的包名称，而 com_mingrisoft 是不推荐的。

☑ 类名采用单词首字母大写形式（即 Pascal 风格）。例如，定义一个借书类，可以命名为 BorrowBook。

📖 **说明**

> Pascal 是以纪念法国数学家布莱士·帕斯卡（Blaise Pascal）而命名的一种编程语言，Python 中的 Pascal 命名法就是根据该语言的特点总结出来的一种命名方法。

☑ 模块内部的类采用下划线"_"+Pascal 风格的类名组成。例如，在 BorrowBook 类中的内部类，可以使用 _BorrowBook 命名。

☑ 函数、类的属性和方法的命名规则同模块类似，也是全部使用小写字母，多个字母间用下划线"_"分隔。

☑ 常量命名时采用全部大写字母，可以使用下划线。

☑ 使用单下划线"_"开头的模块变量或者函数是受保护的，在使用 from xxx import* 语句从模块中导入时，这些变量或者函数不能被导入。

☑ 使用双下划线"__"开头的实例变量或方法是类私有的。

2.6 实战任务

任务 1: 输出字母、数字或符号的 ASCII 状态值

最初的计算设备由 8 位二进制数组成, 一共可以组合出 256(28) 种不同的状态, 每种状态表示为一个字节。因为最初的工作主要用于输入输出控制和数据计算, 所以对 0 ~ 127 区间的 128 种状态做了统一规定。从 0 开始的 31 种状态是控制字符或通信专用字符。如控制字符: 0 (NULL, 空字符)、7 (响铃)、10 (换行)、13 (回车) 等; 通信专用字符: 1 (标题开始)、2 (正文开始)、3 (正文结束) 等。32 ~ 127 分配给了能在键盘上找到的字符 (如标点符号、数字、大小写字母等), 如 32 (空格)、37 (%)、43 (加号)、48 (0)、61 (=)、65 (A)、97 (a)、124 (|)、127 (del) 等。后来, 美国国家标准学会 (ANSI) 把这种表示方式统一为 "ASCII" 编码 (American Standard Code for Information Interchange, 美国信息互换标准代码)。这种数据计算设备主要用于计算, 所以被人简称为计算机。后来, 世界各国也开始使用计算机, 但是很多国家文字用的不是英文, 如德文、俄文, 他们的许多字母在 ASCII 码表里是没有的, 为了在计算机里面保存这些没有的文字或符号, 各国把 ASCII 码后 128 ~ 255 未使用的空位来表示新增的字母、符号等。从 128 ~ 255 这一区间的字符集被称 "扩展字符集"。下面给出几个常用 ASCII 值与字符的对应关系:

二进制	十进制	学符
1000001	65	A
1010001	81	Q
100110	38	&
101011	43	+
111001	57	9
1100101	101	e

ASCII 在编程时经常用到, 例如某些程序需要检测键盘上的输入, 可以通过 ASCII 码读取实现; 某些程序需要键盘上某个键参与赋值运算, 也可以用 ASCII 码来实现; 在通信时不支持直接发送字符, 这时需要发送相应字符的 ASCII 码来实现。所以, 想要学好编程就要熟悉 ASCII 码, 但不必背下来, 用的时候查阅 ASCII 码表即可。

编写一个 Python 小程序, 实现在键盘输入相应字母、数字或符号, 输出其 ASCII 的状态值, 即十进制的数字值。如: 输入 B, 则输出显示为 66; 输入 *, 则输出显示为 42。

任务 2: 模拟微信支付实现付款功能

随着移动互联网的快速发展, 移动支付已经成为市场交易的主要支付方式。从商城酒店到街边摊贩, 以微信、支付宝为主的移动支付方式已变得再寻常不过, 图 2.10 是微信支付的过程。请编写一个程序, 输出如图 2.11 所示的微信支付功能。

任务 3: 模拟成语填空游戏

手机 APP 上成语填空游戏很多, 如图 2.12 所示是一个实现两个成语填空的游戏。编写

一个程序，实现两个成语填空游戏。首先输出两个成语填空游戏的布局，如图 2.13（a）所示；然后要求输入所缺词语，输入"其"，字要求为红色突出显示，如图 2.13（b）所示；输入完成后输出完整成语画面，如图 2.13（c）所示。

图 2.10　微信支付过程

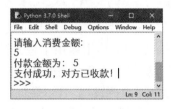

图 2.11　程序输出效果

图 2.12　成语填空游戏

（a）

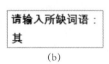

（b）

（c）

图 2.13　成语填空游戏界面效果

任务 4：请给下面前两行代码说明添加注释符号

```
学生管理系统
预设学生姓名给变量 name
name =input(" 请输入您的姓名: ")
print("====== 学生管理系统 ======")
```

任务 5：请给下面部分代码添加行末注释

```
a = 20
b = 100
print(a+b)
```

任务 6：请用两种方法注释下面所有代码

```
a = 100          # 变量a, 值为100
b = 5            # 变量b, 值为5
print(9)         # 输出数字9
print(a)         # 输出变量 a 的值100
print(a*b)       # 输出 a*b 的结果500
```

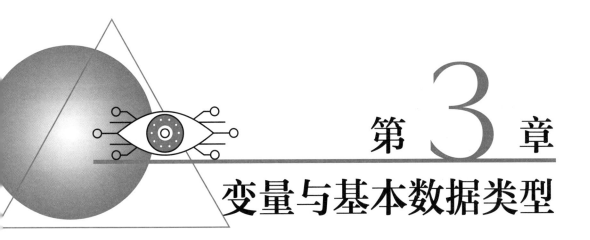

第 3 章

变量与基本数据类型

扫码享受
全方位沉浸式
学 Python 开发

熟练掌握一门编程语言，最好的方法就是充分了解和掌握基础知识，并亲自体验，多敲代码，熟能生巧。本章将首先介绍 Python 基础知识中的保留字与标识符，然后将介绍在 Python 中如何使用变量以及各种数据类型。

3.1 保留字与标识符

3.1.1 保留字

保留字是 Python 语言中已经被赋予特定意义的一些单词，开发程序时，不可以把这些保留字作为变量、函数、类、模块和其他对象的名称来使用。Python 语言中的保留字如表 3.1 所示。

表 3.1 Python 中的保留字

and	as	assert	break	class	continue
def	del	elif	else	except	finally
for	from	False	global	if	import
in	is	lambda	nonlocal	not	None
or	pass	raise	return	try	True
while	with	yield			

⚡ 注意

Python 中所有保留字都区分字母大小写。例如，True、if 是保留字，但是 TURE、IF 就不属于保留字。如图 3.1 和图 3.2 所示。

```
>>> true="真"
>>> True="真"
SyntaxError: can't assign to keyword
```

```
>>> if "守得云开见月明"
SyntaxError: invalid syntax
>>> IF = "守得云开见月明"
>>>
```

图 3.1　True 是保留字，但 true　　图 3.2　if 是保留字，但 IF
　　　　不属于保留字　　　　　　　　　不属于保留字

📖 多学两招

Python 中的保留字可以通过在 IDLE 中，输入以下两行代码查看：

```
import keyword
keyword.kwlist
```

执行结果如图 3.3 所示。

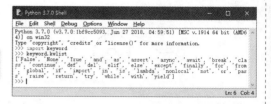

图 3.3　查看 Python 中的保留字

📁 常见错误

如果在开发程序时，使用 Python 中的保留字作为模块、类、函数或者变量等的名称，则会提示 "invalid syntax" 的错误信息。在下面代码中使用了 Python 保留字 if 作为变量的名称：

```
if = " 坚持下去不是因为我很坚强，而是因为我
别无选择 "
print(if)
```

运行时会出现如图 3.4 所示的错误提示信息。

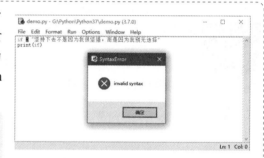

图 3.4　使用 Python 保留字作为变量名时的错误信息

3.1.2　标识符

标识符可以简单地理解为一个名字，比如每个人都有自己的名字，它主要用来标识变量、函数、类、模块和其他对象的名称。

Python 语言标识符命名规则如下：

① 由字母、下划线 "_" 和数字组成，并且第一个字符不能是数字。目前 Python 中只允许使用 ISO-Latin 字符集中的字符 A ～ Z 和 a ～ z。

② 不能使用 Python 中的保留字。例如，下面是合法的标识符：

```
USERID
book
user_id
myclass              # 保留字和其他字符组合是合法的标识符
book01               # 数字在标识符的后面是可以的
```

下面是非法的标识符：

```
4word                # 以数字开头
class                # class 是 Python 中的保留字
@book                # 不能使用特殊字符 @
book name            # book 和 name 之间包含了特殊字符空格
```

注意

> *Python 的标识符中不能包含空格、@、% 和 $ 等特殊字符。*

③ 区分字母大小写。在 Python 中，标识符中的字母严格区分大小写，两个同样的单词，如果大小写格式不一样，所代表的意义完全不同。例如，下面 3 个变量完全独立、毫无关系，就像容貌相似的三胞胎，彼此之间都是独立的个体。

```
book = 0                            # 全部小写
Book = 1                            # 部分大写
BOOK = 2                            # 全部大写
```

④ Python 中以下划线开头的标识符有特殊意义，一般应避免使用相似的标识符。

➢ 以单下划线开头的标识符（如 _width）表示不能直接访问的类属性。另外，也不能通过 "from xxx import *" 导入；

➢ 以双下划线开头的标识符（如 __add）表示类的私有成员；

➢ 以双下划线开头和结尾的是 Python 里专用的标识，例如 "__init__()" 表示构造函数。

说明

> 在 Python 语言中允许使用汉字作为标识符，如 "我的名字=" 明日科技 ""，在程序运行时并不会出现错误（图 3.5），但建议读者尽量不要使用汉字作为标识符。

图 3.5　使用汉字作为标识符

3.2　变量

3.2.1　理解 Python 中的变量

在 Python 中，变量严格意义上应该称为 "名字"，也可以理解为标签。当把一个值赋给一个名字时（如把值 "学会 Python 还可以飞" 赋给 "python"），"python" 就称为变量。在大多数编程语言中，都把这称为 "把值存储在变量中"，意思是在计算机内存中的某个位置，字符串序列 "学会 Python 还可以飞" 已经存在。不需要准确地知道它们到底在哪里，只需要告诉 Python 这个字符串序列的名字是 "python"，然后就可以通过这个名字来引用这个字符串序列。

这个过程就像快递员取快递一样，内存就像一个巨大的货物架，在 Python 中定义变量就如同给快递盒子贴标签。快递存放在货物架上，上面附着写有客户名字的标签。当客户来取快递时，并不需要知道它们存放在这个大型货架的具体位置，只需要客户提供自己的名字，快递员就会把快递交给客户。变量也一样，不需要准确地知道信息存储在内存中的位置，只需要记住存储变量时所用的名字，再使用这个名字就可以。

3.2.2　变量的定义与使用

在 Python 中，不需要先声明变量名及其类型，直接赋值即可创建各种类型的变量。但是变量的命名并不是任意的，应遵循以下几条规则：

- ☑　变量名必须是一个有效的标识符。
- ☑　变量名不能使用 Python 中的保留字。
- ☑　慎用小写字母l和大写字母 O。
- ☑　应选择有意义的单词作为变量名。

为变量赋值可以通过等号（=）来实现，其语法格式为：

```
变量名 = value
```

例如，创建一个整型变量，并为其赋值为 505，可以使用下面的语句：

```
number = 505                              # 创建变量 number 并赋值为 505，该变量为数值型
```

这样创建的变量就是数值型的变量。如果直接为变量赋一个字符串值，那么该变量即为字符串类型。例如下面的语句：

```
myname = " 生化危机 "                        # 字符串类型的变量
```

另外，Python 是一种动态类型的语言，也就是说，变量的类型可以随时变化。例如，在 IDLE 中，创建变量 myname，并赋值为字符串"生化危机"，然后输出该变量的类型，可以看到该变量为字符串类型，再将变量赋值为数值 505，并输出该变量的类型，可以看到该变量为整型。执行过程如下：

```
>>> myname = " 生化危机 "                    # 字符串类型的变量
>>>print(type(myname))
<class 'str'>
>>> myname = 505                          # 整型的变量
>>>print(type(myname))
<class 'int'>
```

📖 **说明**

> 在 Python 语言中，使用内置函数 type() 可以返回变量类型。

在 Python 中，允许多个变量指向同一个值。例如将两个变量都赋值为数字 2048，再分别应用内置函数 id() 获取变量的内存地址，将得到相同的结果。执行过程如下：

```
>>> no = number=2048
>>>id(no)
49364880
>>>id(number)
49364880
```

📖 **说明**

> 在 Python 语言中，使用内置函数 id() 可以返回变量所指的内存地址。

3

 注意

> 常量就是程序运行过程中，值不能改变的量，比如现实生活中的居民身份证号码、数学运算中的圆周率等，这些都是不会发生改变的，它们都可以定义为常量。在 Python 中，并没有提供定义常量的保留字。不过在 PEP 8 规范中规定了常量由大写字母和下划线组成，但是在实际项目中，常量首次赋值后，还是可以被其他代码修改的。

3.3　基本数据类型

在内存存储的数据可以有多种类型。例如，一个人的姓名可以用字符型存储，年龄可以使用数字型存储，而婚否可以使用布尔类型存储。这些都是 Python 中提供的基本数据类型。下面将对这些基本数据类型进行详细介绍。

3.3.1　数字类型

在程序开发时，经常使用数字记录游戏的得分、网站的销售数据和网站的访问量等信息。在 Python 中，提供了数字类型用于保存这些数值，并且它们是不可改变的数据类型。如果修改数字类型变量的值，那么会先把该值存放到内容中，然后修改变量让其指向新的内存地址。

在 Python 中，数字类型主要包括整数、浮点数和复数。

（1）整数

整数用来表示整数数值，即没有小数部分的数值。在 Python 中，整数包括正整数、负整数和 0，并且它的位数是任意的（当超过计算机自身的计算功能时，会自动转用高精度计算），如果要指定一个非常大的整数，只需要写出其所有位数即可。

整数类型包括十进制整数、八进制整数、十六进制整数和二进制整数。

① 十进制整数。十进制整数的表现形式大家都很熟悉。例如，下面的数值都是有效的十进制整数。

```
31415926535897932384626
66666666666666666666666666666666666666666666666666666666666666666
-2018
0
```

在 IDLE 中执行的结果如图 3.6 所示。

图 3.6　**有效的整数**

 注意

> 十进制数不能以 0 作为开头（0 除外）。

② 八进制整数。由 0 ~ 7 组成，进位规则是"逢八进一"，并且是以 0o 开头的数，如 0o123（转换成十进制数为 83）、-0o123（转换成十进制数为 -83）。

27

⚡ 注意

在 Python 3.x 中，对于八进制数，必须以 0o/0O 开头。这与 Python 2.x 不同，在 Python 2.x 中，八进制数可以以 0 开头。

③ 十六进制整数。由 0 ~ 9、A ~ F组成，进位规则是"逢十六进一"，并且是以 0x/0X 开头的数，如 0x25（转换成十进制数为 37）、0Xb01e（转换成十进制数为 45086）。

⚡ 注意

十六进制必须以 0X 或 0x 开头。

④ 二进制整数。只有 0 和 1 两个基数，进位规则是"逢二进一"。如 101（转换为十进制数为 5）、1010（转换为十进制为 10）。

（2）浮点数

浮点数由整数部分和小数部分组成，主要用于处理包括小数的数，例如，1.414、0.5、−1.732、3.1415926535897932384626 等。浮点数也可以使用科学记数法表示，例如，2.7e2、−3.14e5 和 6.16e−2 等。

⚡ 注意

在使用浮点数进行计算时，可能会出现小数位数不确定的情况。例如，计算 0.1+0.1 时，可以得到想要的结果 0.2，而计算 0.1+0.2 时，却得到 0.30000000000000004（想要的结果为 0.3），执行过程如下：

```
>>> 0.1+0.1
0.2
>>> 0.1+0.2
0.30000000000000004
```

对于这种情况，所有语言都存在这个问题，暂时忽略多余的小数位数即可。

示例：根据身高、体重计算 BMI 指数

在 IDLE 中创建一个名称为 bmiexponent.py 的文件，然后在该文件中定义两个变量，一个用于记录身高（单位为 m），另一个用于记录体重（单位为 kg），根据公式"BMI= 体重 /（身高 × 身高）"计算 BMI 指数，代码如下：

（源码位置：资源包 \MR\Code\03\01）

```
height = 1.70                              # 保存身高的变量，单位：m
print(" 您的身高: "+ str(height))
weight = 48.5                              # 保存体重的变量，单位：kg
print(" 您的体重: "+ str(weight))
bmi=weight/(height*height)                 # 用于计算 BMI 指数，公式为 " 体重 / 身高的平方 "
print(" 您的 BMI 指数为: "+str(bmi))        # 输出 BMI 指数
# 判断身材是否合理
if bmi<18.5:
    print(" 您的体重过轻  ~ @_@ ~ ")
if bmi>=18.5 and bmi<24.9:
    print(" 正常范围, 注意保持 (-_-)")
```

```
if bmi>=24.9 and bmi<29.9:
    print(" 您的体重过重  ~ @_@ ~ ")
if bmi>=29.9:
    print(" 肥胖 ^@_@^")
```

📖 **说明**

上面的代码只是为了展示浮点数的实际应用，涉及的源码按原样输出即可。其中，str() 函数用于将数值转换为字符串，if 语句用于进行条件判断。如需了解更多关于函数和条件判断的知识，请查阅后面的章节。

运行结果如图 3.7 所示。

(3) 复数

Python 中的复数与数学中的复数的形式完全一致，都是由实部和虚部组成，并且使用 j 或 J 表示虚部。当表示一个复数时，可以将其实部和虚部相加，例如，一个复数，实部为 3.14，虚部为 12.5j，则这个复数为 3.14+12.5j。

图 3.7　根据身高、体重计算 BMI 指数

3.3.2　字符串类型

字符串就是连续的字符序列，可以是计算机所能表示的一切字符的集合。在 Python 中，字符串属于不可变序列，通常使用单引号 " ' "、双引号 " " " 或者三引号 " ''' " 或 " """ """ 括起来，这三种引号形式在语义上没有差别，只是在形式上有些差别。其中单引号和双引号中的字符序列必须在一行上，而三引号内的字符序列可以分布在连续的多行上。

示例：输出名言警句

定义 3 个字符串类型变量，并且应用 print() 函数输出，代码如下：

（源码位置：资源包 \MR\Code\03\02）

```
title = ' 我喜欢的名言警句 '                              # 使用单引号，字符串内容必须在一行
mot_cn = " 命运给予我们的不是失望之酒，而是机会之杯。"        # 使用双引号，字符串内容必须在一行
# 使用三引号，字符串内容可以分布在多行
mot_en = '''Our destiny offers not the cup of despair,
but the chance of opportunity.'''
print(title)
print(mot_cn)
print(mot_en)
```

执行结果如图 3.8 所示。

⚡ **注意**

字符串开始和结尾使用的引号形式必须一致。另外当需要表示复杂的字符串时，还可以进行引号的嵌套。例如，下面的字符串也都是合法的。

```
' 在 Python 中也可以使用双引号 ("") 定义字符串 '
" '( ‥ )nnn' 也是字符串 "
"""'---'" _"***"""
```

图 3.8　使用 3 种形式定义字符串

示例：输出 101 号坦克

在 IDLE 中创建一个名称为 tank.py 的文件，然后在该文件中，输出一个表示字符画的字符串，由于该字符画有多行，所以需要使用三引号作为字符串的定界符。具体代码如下：

（源码位置：资源包 \MR\Code\03\03）

运行结果如图 3.9 所示。

 说明

> 输出该字符画时，可以借助搜狗输入法的字符画进行输出。

图 3.9　输出 007 号坦克

Python 中的字符串还支持转义字符。所谓转义字符是指使用反斜杠 "\" 对一些特殊字符进行转义。常用的转义字符如表 3.2 所示。

表 3.2　常用的转义字符及其说明

转义字符	说明
\	续行符
\n	换行符
\0	空
\t	水平制表符，用于横向跳到下一制表位
\"	双引号
\'	单引号
\\	一个反斜杠
\f	换页
\0dd	八进制数，dd 代表的字符，如 \012 代表换行
\xhh	十六进制数，hh 代表的字符，如 \x0a 代表换行

⚡ 注意

> 在字符串定界符的前面加上字母 r（或 R），该字符串将原样输出，其中的转义字符将不进行转义。例如，输出字符串 '"失望之酒 \x0a 机会之杯"' 将正常输出转义字符换行，而输出字符串 "r"失望之酒 \x0a 机会之杯""，则原样输出，执行结果如图 3.10 所示。

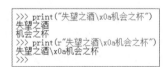

图 3.10　转义和原样输出的对比

3.3.3 布尔类型

布尔类型主要是用来表示真或假的值。在 Python 中，标识符 True 和 False 被解释为布尔值。另外，Python 中的布尔值可以转化为数值，其中 True 表示 1，而 False 表示 0。

说明

> Python 中的布尔类型的值可以进行数值运算，例如，"False + 1"的结果为 1。但是不建议对布尔类型的值进行数值运算。

在 Python 中，所有的对象都可以进行真值测试。其中，只有下面列出的几种情况得到的值为假，其他对象在 if 或者 while 语句中都表现为真。

- ☑ False 或 None。
- ☑ 数值中的零，包括 0、0.0、虚数 0。
- ☑ 空序列，包括字符串、空元组、空列表、空字典。
- ☑ 自定义对象的实例，该对象的 _bool_ 方法返回 False，或 _len_ 方法返回 0。

3.3.4 数据类型转换

Python 是动态类型的语言（也称为弱类型语言），虽然不需要先声明变量的类型，但有时仍然需要用到类型转换。例如，在"根据身高、体重计算 BMI 指数"这一示例中，要想通过一个 print() 函数输出提示文字"您的身高："和浮点型变量 height 的值，就需要将浮点型变量 height 转换为字符串，否则将显示如图 3.11 所示的错误。

```
Traceback (most recent call last):
  File "E:\program\Python\Code\datatype_test.py", line 2, in <module>
    print("您的身高: " + height)
TypeError: must be str, not float
```

图 3.11　字符串和浮点型变量连接时出错

在 Python 中，提供了如表 3.3 所示的函数进行各数据类型间的转换。

表 3.3　常用类型转换函数

函数	作用
int(x)	将 x 转换成整数类型
float(x)	将 x 转换成浮点数类型
complex(real [,imag])	创建一个复数
str(x)	将 x 转换为字符串
repr(x)	将 x 转换为表达式字符串
eval(str)	计算在字符串中的有效 Python 表达式，并返回一个对象
chr(x)	将整数 x 转换为一个字符
ord(x)	将一个字符 x 转换为它对应的整数值
hex(x)	将一个整数 x 转换为一个十六进制字符串
oct(x)	将一个整数 x 转换为一个八进制的字符串

示例：模拟超市抹零结账行为

在 IDLE 中创建一个名称为 erase_zero.py 的文件，然后在该文件中，首先将各个商品金额累加，计算出商品总金额，并转换为字符串输出，然后再应用 int() 函数将浮点型的变量转换为整型，从而实现抹零，并转换为字符串输出。关键代码如下：

（源码位置：资源包 \MR\Code\03\04）

```
money_all = 56.75 + 72.91 + 88.50 + 26.37 + 68.51        # 累加总计金额
money_all_str = str(money_all)                           # 转换为字符串
print(" 商品总金额为: "+ money_all_str)
money_real = int(money_all)                              # 进行抹零处理
money_real_str = str(money_real)                         # 转换为字符串
print(" 实收金额为: "+ money_real_str)
```

📖 **说明**

> 该代码只是部分代码，如果想要获取全部代码，读者可在提供的资源包中查找。

运行结果如图 3.12 所示。

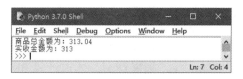

图 3.12　模拟超市抹零结账行为

📁 **常见错误**

> 在进行数据类型转换时，如果把一个非数字字符串转换为整型，将产生如图 3.13 所示的错误。

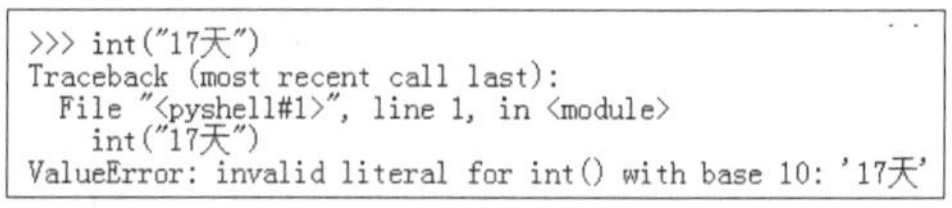

```
>>> int("17天")
Traceback (most recent call last):
  File "<pyshell#1>", line 1, in <module>
    int("17天")
ValueError: invalid literal for int() with base 10: '17天'
```

图 3.13　将非数字字符串转换为整型产生的错误

3.4　实战任务

任务 1：破译爬虫项目实践活动的日期密码

19 世纪初，欧洲科学家开始研制电报。1837 年前后，英国科学家库克、惠斯通和美国科学家莫尔斯先后将电报用于实践，并申请了专利。当时电报加解密和通信两个环节是分离的，效率十分低下。为了实现高效加密通信，美国电报电话公司的工程师弗纳姆发明了弗纳姆密码。弗纳姆把电报字符采用 5 位一组的二进制编码进行表示，每一位代表一个时间单元，在单元时间内，只能传来一个高电位或者零电位。也就是说，每个时间单元有 2 种状态，5 个时间单元表示了 32 种状态，如果每种状态表示一个符号，就可以表示 32 种符号，可以覆盖全部的英文字母和 6 种特殊符号。高低电位的状态，可以对应地记录在穿孔纸带上，有电压就穿一个孔，没有电压就不穿孔；反之，在读取时，也可以利用孔洞产生电路导通与断开的改变，还原出高低电位。这便实现了自动化的信息读写。

寒假期间，李明有幸成为外星人教育 Python 爬虫项目实践活动的参与者。外星人教育给参加活动的同学都发了一条短信，告知了实践活动日期，但这条短信让李明同学陷入了困境。因为这条短信只包含"报到日期"和 6 个 5 位二进制数字。

报到日期 00010 00000 00010 00000 00001 01010

用 Python 编程帮李明破译一下短信包含的报名日期吧。

你破译的报名日期：＿＿＿＿＿＿

任务 2：大声说出你的爱

把你的表白写进代码里。请试着定义三个不同类型的变量，输出你的爱之表白吧。

第一个：字符串类型"我爱你一生一世"

第二个：浮点型"520.1314"

第三个：整数型"5211314"

任务 3：十进制数转换为二进制、八进制、十六进制

编写一个进制转换程序，要求可以把用户输入的十进制数转换为二进制、八进制、十六进制的数。如图 3.14 所示。

```
请输入一个十进制数
18
18 的二进制数为 10010，八进制为 22，十六进制为 12。
```

图 3.14   将十进制数转换为二进制、八进制、十六进制的结果

任务 4：输出游戏玩家的功力值

玩游戏时，功力值不够，很容易被对手消灭。图 3.15 为某玩家在某款游戏中的功力值。编写一个程序，输入类似的功力数值，如图 3.16 所示，输出对应的功力值。实现效果如图 3.17 所示。

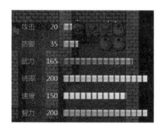

请输入攻击值：50
请输入防御值：30
请输入武力值：120
请输入统率值：100
请输入速度值：160
请输入智力值：80

攻击	50	*****
防御	30	***
武力	120	************
统率	100	**********
速度	160	****************
智力	80	********

图 3.15   游戏功力截图　　　　图 3.16   输入功力数值　　　　图 3.17   实现效果

任务 5：石头、剪子、布游戏

编写一个程序，实现大家熟悉的石头、剪子、布游戏。规定数字 1 代表石头，数字 2 代表剪子，数字 3 代表布。第一个玩家输入数字 1～3 后屏幕清屏，第二个玩家输入数字 1～3 后按下 <Enter> 键，程序输出两个玩家输入的数字。玩家根据石头、剪子、布的游戏规则判断输赢。

任务 6：输出球赛结果对比图

北京时间 2018 年 11 月 8 日凌晨 4:00，2018 ～ 2019 赛季欧冠第四轮进行了一场焦点之战，曼联客场 2 比 1 战胜尤文图斯队，图 3.18 是双方赛后的数据对比，编写一个程序，尝试输出这个对比图。（图例使用软键盘中的特殊符号""，背景色不用考虑。）

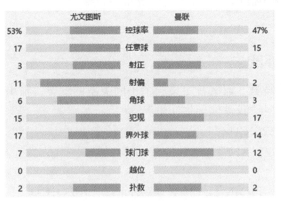

图 3.18　曼联 VS 尤文图斯欧冠第 4 轮数据对比

任务 7：摇一摇，免单了

在生活中，你使用微信花了一笔笔钱，付了一笔笔账。每当微信支付完成，摇一摇后会收到不经意的惊喜——免单奖励或红包回馈，如图 3.19 ～ 图 3.22 所示。编写一个程序，当用户输入"摇一摇"后按 <Enter> 键，随机输出免单的金额。如：输入"摇一摇"，提示用户"免单奖励"或是"¥0.25"。

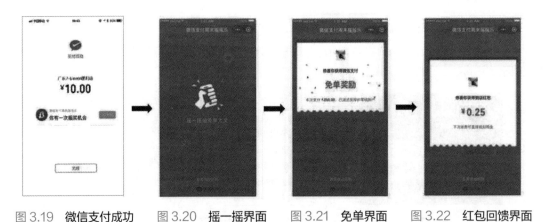

图 3.19　微信支付成功　　图 3.20　摇一摇界面　　图 3.21　免单界面　　图 3.22　红包回馈界面

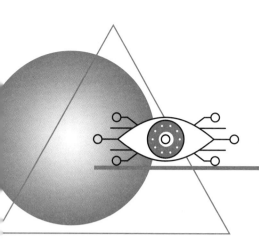

第 4 章
运算符

扫码享受
全方位沉浸式
学 Python 开发

　　运算符是一些特殊的符号，主要用于数学计算、比较大小和逻辑运算等。Python 的运算符主要包括算术运算符、赋值运算符、比较（关系）运算符、逻辑运算符和位运算符。使用运算符将不同类型的数据按照一定的规则连接起来的式子，称为表达式。例如，使用算术运算符连接起来的式子称为算术表达式，使用逻辑运算符连接起来的式子称为逻辑表达式。下面将对一些常用的运算符进行介绍。

4.1　算术运算符

　　算术运算符号是处理四则运算的符号，在数字的处理中应用得最多。常用的算术运算符如表 4.1 所示。

表 4.1　**算术运算符**

运算符	说明	实例	结果
+	加	12.45+15	27.45
−	减	4.56−0.26	4.3
*	乘	5*3.6	18.0
/	除	7/2	3.5
%	求余，即返回除法的余数	7%2	1
//	取整除，即返回商的整数部分	7//2	3
**	幂，即返回 x 的 y 次方	2**4	16，即 2^4

📖 **说明**

　　在算术运算符中使用"%"求余，如果除数（第二个操作数）是负数，那么取得的结果也是一个负值。

① 算术运算符可以直接对数字进行运算，下面是对数字进行计算的示例：

（源码位置：资源包 \MR\Code\04\01）

```
print (3+5)                    # 数字 3 与 5 相加
print (3-5)                    # 数字 3 与 5 相减
print (3*5)                    # 数字 3 与 5 相乘
print (3/5)                    # 数字 3 与 5 相除
print (3%5)                    # 数字 3 与 5 求余
print (5%4)                    # 数字 5 与 4 求余
print (3//5)                   # 数字 3 与 5 取整除
print (7//3)                   # 数字 7 与 3 取整除
print (2**3)                   # 数字 2 的 3 次方
print (3**5)                   # 数字 3 的 5 次方
```

运行结果如图 4.1 所示。

② 算术运算符也可以对变量进行运算，下面是对变量 a、b 和 c 进行计算的示例：

（源码位置：资源包 \MR\Code\04\02）

```
a=17
b=15
c=3
print (a+b)
print (a-b)
print (a*b)
print (a/b)
print (a%b)
print (b%c)
print (a//c)
print (b//c)
print (b**c)
```

运行结果如图 4.2 所示。

```
8
-2
15
0.6
3
1
0
2
8
243
```

图 4.1　运行结果

```
32
2
255
1.1333333333333333
2
0
5
5
3375
```

图 4.2　运行结果

③ 在 Python 中进行数学计算时，与我们学过的数学中的运算符优先级是一致的。

☑　先乘除后加减。

☑　同级运算符是从左至右计算。

☑　可以使用"()"调整计算的优先级。

算术运算符优先级由高到最低顺序排列如下：

☑　第一级：**

☑　第二级：*、/、%、//

☑　第三级：+、−

④ 在 Python 中，"*"运算符还可以用于字符串中，计算结果就是字符串重复指定次数的结果。例如下面的代码：

（源码位置：资源包 \MR\Code\04\03）

```
print("M"*10)                    # 输出 10 个 M
print("@"*10)                    # 输出 10 个 @
print(""*10 ,"M"*5)              # 先输出 10 个空格，再输出 5 个 M
```

运行结果如图 4.3 所示。

注意

使用除法（/ 或 //）运算符和求余运算符时，除数不能为 0，否则将会出现异常，如图 4.4 所示。

```
MMMMMMMMMM

@@@@@@@@@@

          MMMMM
```

图 4.3　运行结果

```
>>> 5//0
Traceback (most recent call last):
  File "<pyshell#5>", line 1, in <module>
    5//0
ZeroDivisionError: integer division or modulo by zero
>>> 5/0
Traceback (most recent call last):
  File "<pyshell#6>", line 1, in <module>
    5/0
ZeroDivisionError: division by zero
>>> 5%0
Traceback (most recent call last):
  File "<pyshell#7>", line 1, in <module>
    5%0
ZeroDivisionError: integer division or modulo by zero
```

图 4.4　除数为 0 时出现的错误提示

示例：计算学生成绩的分差及平均分

某学员 3 门课程成绩如下所示，编程实现：

☑　Python 课程和英语课程的分数之差。

☑　3 门课程的平均分。

在 IDLE 中创建一个名称为 score_handle.py 的文件，然后在该文件中，首先定义 3 个变量，用于存储各门课程的分数，然后应用减法运算符计算分数差，再应用加法运算符和除法运算符计算平均成绩，最后输出计算结果。代码如下：

课程	分数
Python	95
英语	92
C 语言	89

（源码位置：资源包 \MR\Code\04\04）

```
python = 95                      # 定义变量，存储 Python 课程的分数
english = 92                     # 定义变量，存储英语课程的分数
c = 89                           # 定义变量，存储 C 语言课程的分数
sub = python - english           # 计算 Python 课程和英语课程的分数差
avg = (python + english + c) / 3 # 计算平均成绩
print("Python 课程和英语课程的分数之差: "+ str(sub) + " 分 \n")
print("3 门课的平均分: "+ str(avg) + " 分 ")
```

运行结果如图 4.5 所示。

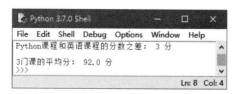

图 4.5　计算学生成绩的分差及平均分

4.2 赋值运算符

赋值运算符主要用来为变量等赋值。使用时，可以直接把基本赋值运算符"="右边的值赋给左边的变量，也可以进行某些运算后再赋值给左边的变量。在 Python 中常用的赋值运算符如表 4.2 所示。

表 4.2　常用的赋值运算符

运算符	说明	举例	展开形式
=	简单的赋值运算	x=y	x=y
+=	加赋值	x+=y	x=x+y
-=	减赋值	x-=y	x=x-y
*=	乘赋值	x*=y	x=x*y
/=	除赋值	x/=y	x=x/y
%=	取余数赋值	x%=y	x=x%y
**=	幂赋值	x**=y	x=x**y
//=	取整除赋值	x//=y	x=x//y

⚡ 注意

> 混淆 "=" 和 "==" 是编程中最常见的错误之一。很多语言（不只是 Python）都使用了这两个符号，另外每天都有很多程序员用错这两个符号。"=" 是赋值运算符，"==" 是比较运算符。

赋值运算符应用举例如下：

（源码位置：资源包 \MR\Code\04\05）

```
a=17
b=15
c=3
a=a+b              # a+b 的值复制给 a，此时 a 的值为 32
print (a)
a+=b               # a=a+b，此时 a 的值为 47
print (a)
a-=b               # a=a-b，此时 a 的值为 32
print (a)
a*=b               # a=a*b，此时 a 的值为 480
print (a)
a/=b               # a=a/b，此时 a 的值为 32.0
print (a)
a%=b               # a=a%b，此时 a 的值为 2.0
print (a)
a**=c              # a=a**c，此时 a 的值为 8.0
print (a)
a//=c              # a=a//c，此时 a 的值为 2.0
print (a)
```

运行程序，结果如图 4.6 所示。

```
32
47
32
480
32.0
2.0
8.0
2.0
```

图 4.6　运行结果

4.3　比较（关系）运算符

比较运算符，也称为关系运算符。用于对变量或表达式的结果进行大小、真假等比较，如果比较结果为真，则返回 True，如果为假，则返回 False。比较运算符通常用在条件语句中作为判断的依据。Python 中的比较运算符如表 4.3 所示。

表 4.3　Python 中的比较运算符

运算符	作用	举例	结果
>	大于	'a' > 'b'	False
<	小于	156 < 456	True
==	等于	'c' == 'c'	True
!=	不等于	'y' != 't'	True
>=	大于或等于	479 >= 426	True
<=	小于或等于	62.45<= 45.5	False

多学两招

> 在 Python 中，当需要判断一个变量是否介于两个值之间时，可以采用"值 1 < 变量 < 值 2"的形式，如"0 < a < 100"。

示例：使用比较运算符比较大小关系

在 IDLE 中创建一个名称为 comparison_operator.py 的文件，然后在该文件中，定义 3 个变量，并分别使用 Python 中的各种比较运算符对它们的大小关系进行比较，代码如下：

（源码位置：资源包 \MR\Code\04\06 ）

```python
python = 95                 # 定义变量，存储 Python 课程的分数
english = 92                # 定义变量，存储英语课程的分数
c = 89                      # 定义变量，存储 C 语言课程的分数
# 输出 3 个变量的值
print("python = "+ str(python) + " english = " +str(english) + " c = " +str(c) + "\n")
print("python < english 的结果："+ str(python < english))   # 小于操作
print("python > english 的结果："+ str(python > english))   # 大于操作
print("python == english 的结果: "+ str(python == english)) # 等于操作
print("python != english 的结果: "+ str(python != english)) # 不等于操作
print("python <= english 的结果: "+ str(python <= english)) # 小于或等于操作
print("english >= c 的结果："+ str(python >= c))             # 大于或等于操作
```

运行结果如图 4.7 所示。

4.4 逻辑运算符

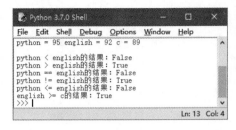

图 4.7　使用关系运算符比较大小关系

假定某手机店在每周二上午 10 点至 11 点和每周五 14 点至 15 点，对华为 Mate 10 系列手机进行打折让利活动，那么想参加打折活动的顾客，就要在时间上满足这样的条件：周二 10:00a.m. ~ 11:00a.m.，周五 2:00p.m. ~ 3:00p.m.，这里就用到了逻辑关系，Python 中也提供了这样的逻辑运算符来进行逻辑运算。

逻辑运算符是对真和假两种布尔值进行运算，运算后的结果仍是一个布尔值，Python 中的逻辑运算符主要包括 and（逻辑与）、or（逻辑或）、not（逻辑非）。表 4.4 列出了逻辑运算符的用法和说明。

表 4.4　逻辑运算符

运算符	含义	用法	结合方向
and	逻辑与	op1 and op2	从左到右
or	逻辑或	op1 or op2	从左到右
not	逻辑非	not op	从右到左

使用逻辑运算符进行逻辑运算时，其运算结果如表 4.5 所示。

表 4.5　使用逻辑运算符进行逻辑运算的结果

表达式 1	表达式 2	表达式 1 and 表达式 2	表达式 1 or 表达式 2	not 表达式 1
True	True	True	True	False
True	False	False	True	False
False	False	False	False	True
False	True	False	True	True

示例：参加手机店的打折活动

在 IDLE 中创建一个名称为 sale.py 的文件，然后在该文件中，使用代码模拟手机店打折促销的场景，代码如下：

（源码位置：资源包 \MR\Code\04\07）

```
print("\n 手机店正在打折，活动进行中……")              # 输出提示信息
strWeek = input("请输入中文星期（如星期一）：")         # 输入星期，例如：星期一
intTime = int(input("请输入时间中的小时（范围：0 ~ 23）："))  # 输入时间
# 判断是否满足活动参与条件（使用了 if 条件语句）
if (strWeek == "星期二"and (intTime >= 10 and intTime <= 11)) \
        or (strWeek == "星期五"and (intTime >= 14 and intTime <= 15)):
    print("恭喜您，获得了折扣活动参与资格，快快选购吧！")   # 输出提示信息
else:
    print("对不起，您来晚一步，期待下次活动……")          # 输出提示信息
```

🎞 代码注释

① 第 2 行代码中，input() 方法用于接收用户输入的字符序列。

② 第 3 行代码中，由于 input() 方法返回的结果为字符串类型，所以需要进行类型转换。

③ 第 5 行和第 8 行代码使用了 if…else 条件判断语句，该语句主要用来判断是否满足某种条件，该语句将在第 7 章进行详细讲解，这里只需要了解即可。

④ 第 5 行代码中对条件进行判断时使用了逻辑运算符 and、or，及关系运算符 "=="">="<="。

按下快捷键 <F5> 运行实例，首先输入星期为"星期五"，然后输入时间为 19，将显示如图 4.8 所示的结果；再次运行程序，输入星期为"星期二"，时间为 10，将显示如图 4.9 所示的结果。

图 4.8　不符合条件的运行效果

图 4.9　符合条件的运行效果

📄 说明

本实例未对输入错误信息进行校验，所以为了保证程序的正确性，请输入合法的星期和时间。另外，有兴趣的读者可以自己试着添加校验功能。

4.5　位运算符

位运算符是把数字看作二进制数进行计算的，因此，需要先将要执行运算的数转换为二进制，然后才能执行运算。Python 中的位运算符有位与（&）、位或（|）、位异或（^）、位取反（~）、左移位（<<）和右移位（>>）运算符。

（1）"位与"运算

"位与"运算的运算符为"&"，"位与"运算的运算法则是：两个操作数的二进制表示，只有对应位都是 1 时，结果位才是 1，否则为 0。如果两个操作数的精度不同，则结果的精度与精度高的操作数相同，如图 4.10 所示。

图 4.10　**12&8 的运算过程**　　　　图 4.11　**4|8 的运算过程**

（2）"位或"运算

"位或"运算的运算符为"|"，"位或"运算的运算法则是：两个操作数的二进制表示，

只有对应位都是 0，结果位才是 0，否则为 1。如果两个操作数的精度不同，则结果的精度与精度高的操作数相同，如图 4.11 所示。

（3）“位异或”运算

“位异或”运算的运算符是“^”，“位异或”运算的运算法则是：当两个操作数的二进制表示相同（同时为 0 或同时为 1）时，结果为 0，否则为 1。若两个操作数的精度不同，则结果数的精度与精度高的操作数相同，如图 4.12 所示。

（4）“位取反”运算

“位取反”运算也称“位非”运算，运算符为“~”。“位取反”运算就是将操作数中对应的二进制数 1 修改为 0，0 修改为 1，如图 4.13 所示。

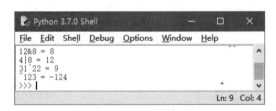

```
 0000 0000 0001 1111
∧0000 0000 0001 0110
 0000 0000 0000 1001
```

图 4.12　31^22 的运算过程

```
~0000 0000 0111 1011
 1111 1111 1000 0100
```

图 4.13　~ 123 的运算过程

在 Python 中使用 print() 函数输出图 4.10 ~ 图 4.13 的运算结果，代码如下：

（源码位置：资源包 \MR\Code\04\08）

```
print("12&8 = "+str(12&8))                    # 位与计算整数的结果
print("4|8 = "+str(4|8))                      # 位或计算整数的结果
print("31^22 = "+str(31^22))                  # 位异或计算整数的结果
print(" ~ 123 = "+str( ~ 123))                # 位取反计算整数的结果
```

运算结果如图 4.14 所示。

Python 3.7.0 Shell
File Edit Shell Debug Options Window Help
12&8 = 8
4|8 = 12
31^22 = 9
~123 = -124
>>>
Ln: 9 Col: 4

图 4.14　图 4.10 ~ 图 4.13 的运算结果

（5）左移位运算符“<<”

左移位运算符“<<”是将一个二进制操作数向左移动指定的位数，左边（高位端）溢出的位被丢弃，右边（低位端）的空位用 0 补充。左移位运算相当于乘以 2 的 n 次幂。

例如，int 类型数据 48 对应的二进制数为 00110000，将其左移 1 位，根据左移位运算符的运算规则可以得出 (00110000<<1)=01100000，所以转换为十进制数就是 96 即 48×2；将其左移 2 位，根据左移位运算符的运算规则可以得出 (00110000<<2)=11000000，所以转换为十进制数就是 192 即 48×2^2。其执行过程如图 4.15 所示。

（6）右移位运算符“>>”

右移位运算符“>>”是将一个二进制操作数向右移动指定的位数，右边（低位端）溢出的位被丢弃，而在填充左边（高位端）的空位时，如果最高位是 0（正数），左侧空位填入 0；如果最高位是 1（负数），左侧空位填入 1。右移位运算相当于除以 2 的 n 次幂。

正数 48 右移 1 位的运算过程如图 4.16 所示。

负数 −80 右移 2 位的运算过程如图 4.17 所示。

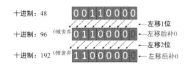

图 4.15　左移位运算

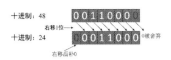

图 4.16　正数 48 右移 1 位的运算过程

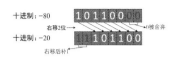

图 4.17　负数 −80 右移 2 位的运算过程

4.6　运算符的优先级

所谓运算符的优先级，是指在应用中哪一个运算符先计算，哪一个后计算，与数学的四则运算应遵循的"先乘除，后加减"是一个道理。

Python 运算符的运算规则是：优先级高的运算先执行，优先级低的运算后执行，同一优先级的操作按照从左到右的顺序进行。也可以像四则运算那样使用小括号，括号内的运算最先执行。表 4.6 按从高到低的顺序列出了运算符的优先级，同一行中的运算符具有相同优先级，此时它们的结合方向决定求值顺序。

表 4.6　运算符的优先级

运算符	说明
**	幂
~、+、-	取反、正号和负号
*、/、%、//	算术运算符
+、-	算术运算符
<<、>>	位运算符中的左移和右移
&	位运算符中的位与
^	位运算符中的位异或
|	位运算符中的位或
<、<=、>、>=、!=、==	比较运算符

📖 **多学两招**

在编写程序时尽量使用括号"()"来限定运算次序，以免运算次序发生错误。

4.7　实战任务

任务 1：计算爱国者导弹的总数量

下面的几个数字分别是不同进制数表示的爱国者导弹数量，请分别转换为十进制数字输出，然后计算出爱国者导弹的总数量。

爱国者导弹数量分别为：

八进制数	二进制数	十六进制数
267	10110001	e3a5

任务 2：奋斗的青春最美丽

青年人需要奋斗，需要进取。哪怕在原来的基础上只有一点点进步，一年后你可能收获更多的回报；而每天退步一点点，却会被别人甩得很远，就如图 4.18 所示的公式一样。

请试着用本章学习的内容，编写一个程序，求一个数的 n 次幂。首先要求用户输入底数，然后要求用户输入指数，再输出这个数的幂值。如图 4.19 所示，用户输入底数 0.99，指数为 365，输出结果 0.025517964452291125；用户输入底数 1.01，指数为 365，输出结果 37.7834333288728。

$$\begin{cases} 1.01^{365} = 37.8 \\ 0.99^{365} = 0.03 \end{cases} \quad \begin{cases} 1.02^{365} = 1377.4 \\ 0.98^{365} = 0.0006 \end{cases}$$

图 4.18　奋斗的青春最美丽励志公式

请输入底数：0.99
请输入幂：365
0. 025517964452291125

请输入底数：1.01
请输入幂：365
37. 7834333288728

图 4.19　程序运行结果

任务 3：计算汽车平均油耗及费用

周晓洋最近的轿车里程表显示百公里的油耗比平常低很多，如图 4.20 所示，他怀疑数据不准，想编写一个程序，输入加油的钱数以及加油后运行的距离，算出车辆的油耗，再输入一年运行的距离，可以计算出一年的用油金额（假设 1 年中 95# 汽油的价格始终为 8 元），如图 4.21 所示。

任务 4：华氏温度转换成摄氏温度

我们国家温度采用摄氏温度进行表示，而英国、美国等国家普遍使用华氏温度进行表示。将华氏温度换算为摄氏温度的公式为 C=(F−32)×5÷9，将摄氏温度换算为华氏温度的公式为 F=(C×9÷5)+32。请编写一个程序，将用户输入的华氏温度转化成摄氏温度（保留整数）。输出结果如图 4.22 所示。

图 4.20　油表示数

请输入加油的钱数：
320
请输入运行的距离：
500
您车辆的油耗为：8.01/100. 每公里花费为：0.64 元。
请输入车辆 1 年运行的总距离：
25000
您的车辆一年的油费为：16000 元。

图 4.21　程序运行结果

请输入华氏温度：68
转换后的温度为：20

图 4.22　程序运行结果

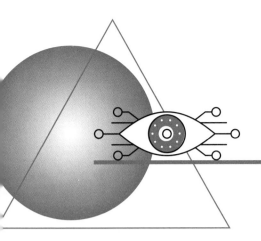

第5章
列表和元组

鼠 扫码享受
全方位沉浸式
学 Python 开发

在数学里，序列也称为数列，是指按照一定顺序排列的一列数，而在程序设计中，序列是一种常用的数据存储方式，几乎每一种程序设计语言都提供了类似的数据结构。例如，C 语言或 Java 中的数组等。

在 Python 中序列是最基本的数据结构。它是一块用于存放多个值的连续内存空间。Python 中内置了 5 个常用的序列结构，分别是列表、元组、集合、字典和字符串。本章将详细介绍序列、列表和元组的使用方法。

5.1 序列

序列是一块用于存放多个值的连续内存空间，并且按一定顺序排列，每一个值（称为元素）都分配一个数字，称为索引或位置。通过该索引可以取出相应的值。例如，可以把一家酒店看作一个序列，那么酒店里的每个房间都可以看作是这个序列的元素。而房间号就相当于索引，可以通过房间号找到对应的房间。

在 Python 中，序列结构主要有列表、元组、集合、字典和字符串。对于这些序列结构有以下几个通用的操作。

5.1.1 索引

序列中的每一个元素都有一个编号，也称为索引。这个索引是从 0 开始递增的，即下标为 0 表示第一个元素，下标为 1 表示第 2 个元素，依此类推。如图 5.1 所示。

Python 比较神奇，它的索引可以是负数。这个索引从右向左计数，也就是从最后一个元素开始计数，即最后一个元素的索引值是 -1，倒数第二个元素的索引值为 -2，依此类推。如图 5.2 所示。

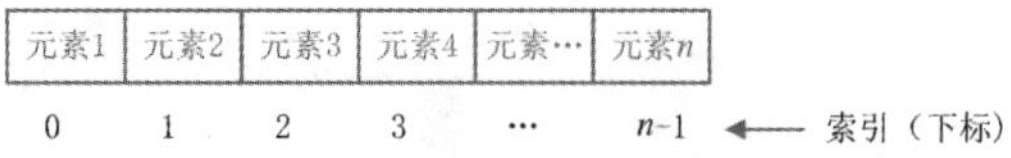

元素1	元素2	元素3	元素4	元素···	元素n

0　　1　　2　　3　　···　　n-1　← 索引（下标）

元素1	元素2	元素3	元素···	元素n-1	元素n

-n　-(n-1)　-(n-2)　···　　-2　　-1　← 索引（下标）

图 5.1　序列的正数索引 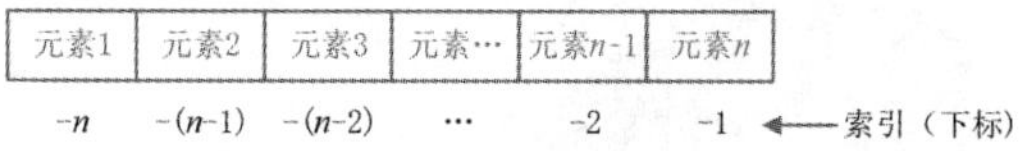　　　　　　　　　　图 5.2　序列的负数索引

⚡ 注意

> 在采用负数作为索引值时，是从 -1 开始的，而不是从 0 开始的，即最后一个元素的下标为 -1，这是为了防止与第一个元素重合。

通过索引可以访问序列中的任何元素。例如，定义一个包括 4 个元素的列表，要访问它的第 3 个元素和最后一个元素，可以使用下面的代码：

（源码位置：资源包 \MR\Code\05\01）

```python
verse = ["圣安东尼奥马刺","洛杉矶湖人","休斯敦火箭","金州勇士"]
print(verse[2])                        # 输出第 3 个元素
print(verse[-1])                       # 输出最后一个元素
```

输出的结果为显示文字：

```
休斯敦火箭
金州勇士
```

5.1.2　切片

切片操作是访问序列中元素的另一种方法，它可以访问一定范围内的元素。通过切片操作可以生成一个新的序列。实现切片操作的语法格式如下：

```python
sname[start : end : step]
```

参数说明：

☑　sname：表示序列的名称。

☑　start：表示切片的开始位置（包括该位置），如果不指定，则默认为 0。

☑　end：表示切片的截止位置（不包括该位置），如果不指定则默认为序列的长度。

☑　step：表示切片的步长，如果省略，则默认为 1，当省略该步长时，最后一个冒号也可以省略。

📋 说明

> 在进行切片操作时，如果指定了步长，那么将按照该步长遍历序列的元素，否则将一个一个遍历序列。

例如，通过切片获取 NBA 历史上十大巨星列表中的第 2 个到第 5 个元素，以及获取第 1 个、第 3 个和第 5 个元素，可以使用下面的代码：

（源码位置：资源包 \MR\Code\05\02）

```python
nba = ["迈克尔·乔丹","比尔·拉塞尔","卡里姆·阿卜杜勒·贾巴尔","威尔特·张伯伦",
       "埃尔文·约翰逊","科比·布莱恩特","蒂姆·邓肯","勒布朗·詹姆斯","拉里·伯德",
       "沙奎尔·奥尼尔"]
```

```
print(nba[1:5])                    # 获取第 2 个到第 5 个元素
print(nba[0:5:2])                  # 获取第 1 个、第 3 个和第 5 个元素
```

运行上面的代码，将输出以下内容：

```
[' 比尔·拉塞尔 ', ' 卡里姆·阿卜杜勒·贾巴尔 ', ' 威尔特·张伯伦 ', ' 埃尔文·约翰逊 ']
[' 迈克尔·乔丹 ', ' 卡里姆·阿卜杜勒·贾巴尔 ', ' 埃尔文·约翰逊 ']
```

📖 **说明**

如果想要复制整个序列，可以将 start 和 end 参数都省略，但是中间的冒号需要保留。例如，nba[:] 就表示复制整个名称为 nba 的序列。

5.1.3 序列相加

在 Python 中，支持两种相同类型的序列相加操作。即将两个序列进行连接，使用加 (+) 运算符实现。例如，将两个列表相加，可以使用下面的代码：

（源码位置：资源包 \MR\Code\05\03 ）

```
nba1 = [" 史蒂芬·库里 "," 克莱·汤普森 "," 马努·吉诺比利 "," 凯文·杜兰特 "]
nba2 = [" 迈克尔·乔丹 "," 比尔·拉塞尔 "," 卡里姆·阿卜杜勒·贾巴尔 "," 威尔特·张伯伦 ",
        " 埃尔文·约翰逊 "," 科比·布莱恩特 "," 蒂姆·邓肯 "," 勒布朗·詹姆斯 "," 拉里·伯德 ",
        " 沙奎尔·奥尼尔 "]
print(nba1+nba2)
```

运行上面的代码，将输出以下内容：

```
[' 史蒂芬·库里 ', ' 克莱·汤普森 ', ' 马努·吉诺比利 ', ' 凯文·杜兰特 ', ' 迈克尔·乔丹 ', ' 比尔·拉塞尔 ',
' 卡里姆·阿卜杜勒·贾巴尔 ', ' 威尔特·张伯伦 ', ' 埃尔文·约翰逊 ', ' 科比·布莱恩特 ', ' 蒂姆·邓肯 ', ' 勒布朗·詹
姆斯 ', ' 拉里·伯德 ', ' 沙奎尔·奥尼尔 ']
```

从上面的输出结果中，可以看出两个列表被合为一个列表了。

📖 **说明**

在进行序列相加时，相同类型的序列是指，同为列表、元组或集合等，序列中的元素类型可以不同。

例如，下面的代码也是正确的。

（源码位置：资源包 \MR\Code\05\04 ）

```
num = [7,14,21,28,35,42,49,56]
nba = [" 史蒂芬·库里 "," 克莱·汤普森 "," 马努·吉诺比利 "," 凯文·杜兰特 "]
print(num + nba)
```

相加后的结果如下：

```
[7, 14, 21, 28, 35, 42, 49, 56, '史蒂芬·库里 ', ' 克莱·汤普森 ', ' 马努·吉诺比利 ', ' 凯文·杜兰特 ']
```

但是不能是列表和元组相加，或者列表和字符串相加。例如，下面的代码就是错误的：

```
num = [7,14,21,28,35,42,49,56,63]
print(num + " 输出是 7 的倍数的数 ")
```

上面的代码，在运行后，将产生如图 5.3 所示的异常信息。

```
Traceback (most recent call last):
  File "E:\program\Python\Code\datatype_test.py", line 2, in <module>
    print(num + "输出是7的倍数的数")
TypeError: can only concatenate list (not "str") to list
>>>
```

图 5.3　将列表和字符串相加产生的异常信息

5.1.4　乘法

在 Python 中，使用数字 *n* 乘以一个序列会生成新的序列，新序列的内容为原来序列被重复 *n* 次的结果。例如，下面的代码，将实现将一个序列乘以 3 生成一个新的序列并输出，从而达到"重要事情说三遍"的效果。

```
phone = ["华为Mate 10","vivo X21"]
print(phone * 3)
```

运行上面的代码，将显示以下内容：

```
['华为Mate 10', 'vivo X21', '华为Mate 10', 'vivo X21', '华为Mate 10', 'vivo X21']
```

在进行序列的乘法运算时，还可以实现初始化指定长度列表的功能。例如下面的代码，将创建一个长度为 5 的列表，列表的每个元素都是 None，表示什么都没有。

```
emptylist = [None]*5
print(emptylist)
```

运行上面的代码，将显示以下内容：

```
[None, None, None, None, None]
```

5.1.5　检查某个元素是否是序列的成员（元素）

在 Python 中，可以使用 in 关键字检查某个元素是否是序列的成员，即检查某个元素是否包含在该序列中。语法格式如下：

```
value in sequence
```

其中，value 表示要检查的元素，sequence 表示指定的序列。

例如，要检查名称为 nba 的序列中，是否包含元素"凯文·杜兰特"，可以使用下面的代码：

```
nba = ["史蒂芬·库里","克莱·汤普森","马努·吉诺比利","凯文·杜兰特"]
print("凯文·杜兰特" in nba)
```

运行上面的代码，将显示 True，表示在序列中存在指定的元素。

另外，在 Python 中，也可以使用 not in 关键字实现检查某个元素是否不包含在指定的序列中。例如下面的代码，将显示 False。

```
nba = ["史蒂芬·库里","克莱·汤普森","马努·吉诺比利","凯文·杜兰特"]
print("凯文·杜兰特"  not in nba)
```

5.1.6　计算序列的长度、最大值和最小值

在 Python 中，提供了内置函数计算序列的长度、最大值和最小值。分别是：使用 len() 函数计算序列的长度，即返回序列包含多少个元素；使用 max() 函数返回序列中的最大元素；

使用 min() 函数返回序列中的最小元素。

例如，定义一个包括 9 个元素的列表，并通过 len() 函数计算列表的长度，可以使用下面的代码：

```
num = [7,14,21,28,35,42,49,56,63]
print(" 序列 num 的长度为 ",len(num))
```

运行上面的代码，将显示以下结果：

```
序列 num 的长度为 9
```

例如，定义一个包括 9 个元素的列表，并通过 max() 函数计算列表的最大元素，可以使用下面的代码：

```
num = [7,14,21,28,35,42,49,56,63]
print(" 序列 ",num," 中最大值为 ",max(num))
```

运行上面的代码，将显示以下结果：

```
序列 [7, 14, 21, 28, 35, 42, 49, 56, 63] 中最大值为 63
```

例如，定义一个包括 9 个元素的列表，并通过 min() 函数计算列表的最小元素，可以使用下面的代码：

```
num = [7,14,21,28,35,42,49,56,63]
print(" 序列 ",num," 中最小值为 ",min(num))
```

运行上面的代码，将显示以下结果：

```
序列 [7, 14, 21, 28, 35, 42, 49, 56, 63] 中最小值为 7
```

除了上面介绍的 3 个内置函数，Python 还提供了如表 5.1 所示的内置函数。

表 5.1　Python 提供的内置函数及其作用

函数	说明
list()	将序列转换为列表
str()	将序列转换为字符串
sum()	计算元素和
sorted()	对元素进行排序
reversed()	反向序列中的元素
enumerate()	将序列组合为一个索引序列，多用在 for 循环中

5.2　列表

对于歌曲列表大家一定很熟悉，在列表中记录着要播放的歌曲名称，如图 5.4 所示的手机音乐 APP 歌曲列表页面。

Python 中的列表和歌曲列表类似，也是由一系列按特定顺序排

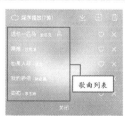

图 5.4　歌曲列表

列的元素组成的。它是 Python 中内置的可变序列。在形式上，列表的所有元素都放在一对中括号 "[]" 中，两个相邻元素间使用逗号 "," 分隔。在内容上，可以将整数、实数、字符串、列表、元组等任何类型的内容放入到列表中，并且同一个列表中，元素的类型可以不同，因为它们之间没有任何关系。由此可见，Python 中的列表非常灵活，这一点与其他语言不同。

5.2.1 列表的创建和删除

Python 提供了多种创建列表的方法，下面分别进行介绍。

（1）使用赋值运算符直接创建列表

同其他类型的 Python 变量一样，创建列表时，也可以使用赋值运算符 "=" 直接将一个列表赋值给变量，具体的语法格式如下：

```
listname = [element 1,element 2,element 3,…,element n]
```

其中，listname 表示列表的名称，可以是任何符合 Python 命名规则的标识符；"element 1、element 2、element 3、…、element n" 表示列表中的元素，个数没有限制，并且只要是 Python 支持的数据类型就可以。

例如，下面定义的列表都是合法的：

```
num = [7,14,21,28,35,42,49,56,63]
verse = ["圣安东尼奥马刺 ","洛杉矶湖人 "," 金州勇士 "," 休斯敦火箭 "]
untitle = ['Python',28," 人生苦短, 我用 Python",[" 爬虫 "," 自动化运维 "," 云计算 ","Web 开发 "]]
python = [' 优雅 '," 明确 ",''' 简单 ''' ]
```

📋 **说明**

> 在使用列表时，虽然可以将不同类型的数据放入到同一个列表中，但是通常情况下不会这样做，而是在一个列表中只放入一种类型的数据，这样可以提高程序的可读性。

（2）创建空列表

在 Python 中，也可以创建空列表，例如，要创建一个名称为 emptylist 的空列表，可以使用下面的代码：

```
emptylist = []
```

（3）创建数值列表

在 Python 中，数值列表很常用。例如，在考试系统中记录学生的成绩，或者在游戏中记录每个角色的位置、各个玩家的得分情况等都可应用数值列表。在 Python 中，可以使用 list() 函数直接将 range() 函数循环出来的结果转换为列表。

list() 函数的基本语法如下：

```
list(data)
```

其中，data 表示可以转换为列表的数据，其类型可以是 range 对象、字符串、元组或者其他可迭代类型的数据。

例如，创建一个 10 ~ 20 之间（不包括 20）所有偶数的列表，可以使用下面的代码：

```
list(range(10, 20, 2))
```

运行上面的代码后，将得到下面的列表：

```
[10, 12, 14, 16, 18]
```

📖 **说明**

> 使用 list() 函数时，不仅能通过 range 对象创建列表，还可以通过其他对象创建列表。

（4）删除列表

对于已经创建的列表，不再使用时，可以使用 del 语句将其删除。语法格式如下：

```
del listname
```

其中，listname 为要删除列表的名称。

📖 **说明**

> del 语句在实际开发时，并不常用。因为 Python 自带的垃圾回收机制会自动销毁不用的列表，所以即使不手动将其删除，Python 也会自动将其回收。

例如，定义一个名称为 team 的列表，然后再应用 del 语句将其删除，可以使用下面的代码：

```
01 team = [" 皇马 "," 罗马 "," 利物浦 "," 拜仁 "]
02 del team
```

📁 **常见错误**

> 在删除列表前，一定要保证输入的列表名称是已经存在的，否则将出现如图 5.5 所示的错误。

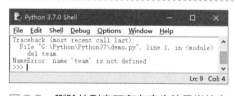

图 5.5　删除的列表不存在产生的异常信息

5.2.2　访问列表元素

在 Python 中，如果想将列表的内容输出也比较简单，可以直接使用 print() 函数。例如，要想打印上面列表中的 untitle 列表，则可以使用下面的代码：

```
untitle = ['Python',28," 人生苦短，我用 Python ",[" 爬虫 "," 自动化运维 "," 云计算 ","Web 开发 "]]
print(untitle)
```

执行结果如下：

```
[ 'Python', 28, '人生苦短，我用 Python', [ '爬虫', '自动化运维', '云计算', 'Web 开发']]
```

从上面的执行结果中可以看出，在输出列表时，是包括左右两侧的中括号的。如果不想要输出全部的元素，也可以通过列表的索引获取指定的元素。例如，要获取列表 untitle 中索引为 2 的元素，可以使用下面的代码：

```
print(untitle[2])
```

执行结果如下：

人生苦短，我用 Python

从上面的执行结果中可以看出，在输出单个列表元素时，不包括中括号，如果是字符串，不包括左右的引号。

5.2.3　遍历列表

遍历列表中的所有元素是常用的一种操作，在遍历的过程中可以完成查询、处理等功能。在生活中，如果想要去商场买一件衣服，就需要在商场中逛一遍，看是否有想要的衣服，逛商场的过程就相当于列表的遍历操作。在 Python 中遍历列表的方法有多种，下面介绍两种常用的方法。

（1）直接使用 for 循环实现

直接使用 for 循环遍历列表，只能输出元素的值。它的语法格式如下：

```
for item in listname:
    # 输出 item
```

其中，item 用于保存获取到的元素值，要输出元素内容时，直接输出该变量即可；listname 为列表名称。

例如，定义一个保存 2018 年俄罗斯世界杯四强的列表，然后通过 for 循环遍历该列表，并输出各个国家队名称，代码如下：

（源码位置：资源包 \MR\Code\05\05）

```
print("2018 年俄罗斯世界杯四强: ")
team = [" 法国 "," 比利时 "," 英格兰 "," 克罗地亚 "]
for item in team:
    print(item)
```

执行上面的代码，将显示如图 5.6 所示的结果。

（2）使用 for 循环和 enumerate() 函数实现

使用 for 循环和 enumerate() 函数可以实现同时输出索引值和元素内容的功能。它的语法格式如下：

图 5.6　通过 for 循环遍历列表

```
for index,item in enumerate(listname):
    # 输出 index 和 item
```

参数说明：

☑　index：用于保存元素的索引。

☑　item：用于保存获取到的元素值，要输出元素内容时，直接输出该变量即可。

☑ listname：列表名称。

例如，定义一个保存 2018 年俄罗斯世界杯四强的列表，然后通过 for 循环和 enumerate() 函数遍历该列表，并输出索引和球队名称，代码如下：

（源码位置：资源包 \MR\Code\05\06）

```
print("2018 年俄罗斯世界杯四强: ")
team = [" 法国 "," 比利时 "," 英格兰 "," 克罗地亚 "]
for index,item in enumerate(team):
    print(index + 1,item)
```

执行上面的代码，将显示下面的结果：

```
2018 年俄罗斯世界杯四强:
1 法国
2 比利时
3 英格兰
4 克罗地亚
```

5.2.4　添加、修改和删除列表元素

添加、修改和删除列表元素也称为更新列表。在实际开发时，经常需要对列表进行更新。下面就分别介绍如何实现列表元素的添加、修改和删除。

（1）添加元素

在 5.1 节介绍了可以通过 "+" 号将两个序列连接，通过该方法也可以实现为列表添加元素。但是这种方法的执行速度要比直接使用列表对象的 append() 方法慢，所以建议在实现添加元素时，使用列表对象的 append() 方法实现。列表对象的 append() 方法用于在列表的末尾追加元素，语法格式如下：

```
listname.append(obj)
```

其中，listname 为要添加元素的列表名称；obj 为要添加到列表末尾的对象。

例如，定义一个包括 4 个元素的列表，然后应用 append() 方法向该列表的末尾再添加一个元素，可以使用下面的代码：

（源码位置：资源包 \MR\Code\05\07）

```
phone = [" 摩托罗拉 "," 诺基亚 "," 三星 ","OPPO"]
len(phone)                        # 获取列表的长度
phone.append("iPhone")
len(phone)                        # 获取列表的长度
print(phone)
```

上面的代码在 IDEL 中的 Shell 窗口中一行一行执行的过程如图 5.7 所示。

📑 **多学两招**

列表对象除了提供 append() 方法向列表中添加元素，还提供了 insert() 方法向列表中添加元素，该方法用于向列表的指定位置插入元素。但是由于该方法的执行效率没有 append() 方法高，所以不推荐这种方法。

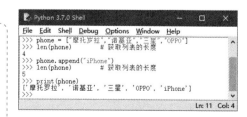

图 5.7　向列表中添加元素

上面介绍的是向列表中添加一个元素，如果想要将一个列表中的全部元素添加到另一个列表中，可以使用列表对象的 extend() 方法实现。extend() 方法的具体语法如下：

```
listname.extend(seq)
```

其中，listname 为原列表；seq 为要添加的列表。语句执行后，seq 的内容将追加到 listname 的后面。

（2）修改元素

修改列表中的元素只需要通过索引获取该元素，然后再为其重新赋值即可。例如，定义一个保存 3 个元素的列表，然后修改索引值为 2 的元素，代码如下：

（源码位置：资源包 \MR\Code\05\08）

```
verse = [" 德国队小组赛回家 "," 西班牙传控打法还有未来吗 ","C 罗一人对抗西班牙队 "]
print(verse)
verse[2] = " 梅西、C 罗相约回家 "                    # 修改列表的第 3 个元素
print(verse)
```

上面的代码在 IDLE 中的执行过程如图 5.8 所示。

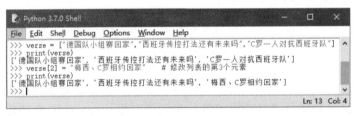

图 5.8　修改列表的指定元素

（3）删除元素

删除元素主要有两种情况，一种是根据索引删除，另一种是根据元素值进行删除。

① 根据索引删除。删除列表中的指定元素和删除列表类似，也可以使用 del 语句实现。所不同的是在指定列表名称时，换为列表元素。例如，定义一个保存 3 个元素的列表，删除最后一个元素，可以使用下面的代码：

（源码位置：资源包 \MR\Code\05\09）

```
verse = [" 德国队小组赛回家 "," 西班牙传控打法还有未来吗 ","C 罗一人对抗西班牙队 "]
del verse[-1]                                    # 删除列表的第 3 个元素
print(verse)
```

上面的代码在 IDLE 中的执行过程如图 5.9 所示。

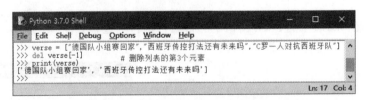

图 5.9　删除列表的指定元素

② 根据元素值删除。如果想要删除一个不确定其位置的元素（即根据元素值删除），可以使用列表对象的 remove() 方法实现。例如，要删除列表中内容为"内马尔喊话梅罗：等等我！"的元素，可以使用下面的代码：

```
verse = ["德国队小组赛回家 "," 西班牙传控打法还有未来吗 ","C罗一人对抗西班牙队 "]
verse.remove("内马尔喊话梅罗：等等我！ ")
```

使用列表对象的 remove() 方法删除元素时，如果指定的元素不存在，将出现如图 5.10 所示的异常信息。

图 5.10　删除不存在的元素时出现的异常信息

所以在使用 remove() 方法删除元素前，最好先判断该元素是否存在，改进后的代码如下：

（源码位置：资源包 \MR\Code\05\10 ）

```
team = ["火箭 "," 勇士 "," 开拓者 "," 爵士 "," 鹈鹕 "," 马刺 "," 雷霆 "," 森林狼 "]
value = " 公牛 "                            # 指定要移除的元素
if team.count(value)>0:                    # 判断要删除的元素是否存在
    team.remove(value)                     # 移除指定的元素
print(team)
```

📘 **说明**

> 　　列表对象的 count() 方法用于判断指定元素出现的次数，返回结果为 0 时，表示不存在该元素。

执行上面的代码后，将显示下面的列表原有内容：

['火箭 ', '勇士 ', '开拓者 ', '爵士 ', '鹈鹕 ', '马刺 ', '雷霆 ', '森林狼 ']

5.2.5　对列表进行统计计算

Python 的列表提供了内置的一些函数来实现统计、计算方面的功能。下面介绍常用的功能。

（1）获取指定元素出现的次数

使用列表对象的 count() 方法可以获取指定元素在列表中的出现次数，基本语法格式如下：

```
listname.count(obj)
```

参数说明：

☑　listname：表示列表的名称。

☑　obj：表示要判断是否存在的对象，这里只能进行精确匹配，即不能是元素值的一部分。

☑　返回值：元素在列表中出现的次数。

例如，创建一个列表，内容为世界杯期间球星的搜索热度，然后应用列表对象的count() 方法判断元素 "莫德里奇" 出现的次数，代码如下：

（源码位置：资源包 \MR\Code\05\11）

```
player = ["莫德里奇","梅西","C罗","苏亚雷斯","内马尔","格列兹曼","莫德里奇"]
num = player.count("莫德里奇")
print(num)
```

上面的代码运行后，将显示 2，表示在列表 player 中"莫德里奇"出现了两次。

（2）获取指定元素首次出现的下标

使用列表对象的 index() 方法可以获取指定元素在列表中首次出现的位置（即索引）。基本语法格式如下：

```
listname.index(obj)
```

参数说明：

☑ listname：表示列表的名称。

☑ obj：表示要查找的对象，这里只能进行精确匹配。如果指定的对象不存在时，则抛出异常。

☑ 返回值：首次出现的索引值。

例如，创建一个列表，内容为世界杯期间各支球队的搜索热度，然后应用列表对象的 index() 方法判断元素"阿根廷"首次出现的位置，代码如下：

（源码位置：资源包 \MR\Code\05\12）

```
team= ["西班牙","阿根廷","葡萄牙","德国","法国","瑞典","克罗地亚"]
position = team.index("阿根廷")
print(position)
```

上面的代码运行后，将显示 1，表示"阿根廷"在列表 team 中首次出现的索引位置是 1。

（3）统计数值列表的元素和

在 Python 中，提供了 sum() 函数用于统计数值列表中各元素的和。语法格式如下：

```
sum(iterable[,start])
```

参数说明：

☑ iterable：表示要统计的列表。

☑ start：表示统计结果是从哪个数开始（即将统计结果加上 start 所指定的数），是可选参数，如果没有指定，默认值为 0。

例如，定义一个保存 10 名学生 Python 理论成绩的列表，然后应用 sum() 函数统计列表中元素的和，即统计总成绩，然后输出，代码如下：

（源码位置：资源包 \MR\Code\05\13）

```
grade = [98,99,97,100,100,96,94,89,95,100]    # 10 名学生 Python 理论成绩列表
total = sum(grade)                             # 计算总成绩
print("Python 理论总成绩为：",total)
```

上面的代码执行后，将显示下面的结果：

```
Python 理论总成绩为：968
```

5.2.6 对列表进行排序

在实际开发时，经常需要对列表进行排序。Python 中提供了两种常用的对列表进行排序

的方法：使用列表对象的 sort() 方法和使用内置的 sorted() 函数。

（1）使用列表对象的 sort() 方法实现

列表对象提供了 sort() 方法用于对原列表中的元素进行排序。排序后原列表中的元素顺序将发生改变。列表对象的 sort() 方法的语法格式如下：

```
listname.sort(key=None, reverse=False)
```

参数说明：

☑　listname：表示要进行排序的列表。

☑　key：表示指定一个从每个列表元素中提取一个用于比较的键（例如，设置 "key=str.lower" 表示在排序时不区分字母大小写）。

☑　reverse：可选参数，如果将其值指定为 True，则表示降序排列，如果为 False，则表示升序排列。默认为升序排列。

例如，定义一个保存 10 名学生 Python 理论成绩的列表，然后应用 sort() 方法对其进行排序，代码如下：

（源码位置：资源包 \MR\Code\05\14）

```
grade = [98,99,97,100,100,96,94,89,95,100]    # 10 名学生 Python 理论成绩列表
print(" 原列表: ",grade)
grade.sort()                                   # 进行升序排列
print(" 升序: ",grade)
grade.sort(reverse=True)                       # 进行降序排列
print(" 降序: ",grade)
```

执行上面的代码，将显示以下内容：

```
原列表: [98, 99, 97, 100, 100, 96, 94, 89, 95, 100]
升序: [89, 94, 95, 96, 97, 98, 99, 100, 100, 100]
降序: [100, 100, 100, 99, 98, 97, 96, 95, 94, 89]
```

使用 sort() 方法进行数值列表的排序比较简单，但是使用 sort() 方法对字符串列表进行排序时，采用的规则是先对大写字母排序，然后再对小写字母排序。如果想要对字符串列表进行排序（不区分大小写时），需要指定其 key 参数。例如，定义一个保存英文字符串的列表，然后应用 sort() 方法对其进行升序排列，可以使用下面的代码：

（源码位置：资源包 \MR\Code\05\15）

```
char = ['cat','Tom','Angela','pet']
char.sort()                           # 默认区分字母大小写
print(" 区分字母大小写: ",char)
char.sort(key=str.lower)              # 不区分字母大小写
print(" 不区分字母大小写: ",char)
```

运行上面的代码，将显示以下内容：

```
区分字母大小写: [ 'Angela' , 'Tom' , 'cat' , 'pet' ]
不区分字母大小写: [ 'Angela' , 'cat' , 'pet' , 'Tom' ]
```

📖 说明

采用 sort() 方法对列表进行排序时，对于中文支持不好，排序的结果与常用的音序排序法或者笔画排序法都不一致。如果需要实现对中文内容的列表排序，还需要重新编写相应的方法进行处理，不能直接使用 sort() 方法。

（2）使用内置的 sorted() 函数实现

在 Python 中，提供了一个内置的 sorted() 函数，用于对列表进行排序。使用该函数进行排序后，原列表的元素顺序不变。sorted() 函数的语法格式如下：

```
sorted(iterable, key=None, reverse=False)
```

参数说明：

☑ iterable：表示要进行排序的列表名称。

☑ key：表示从每个列表元素中提取一个用于比较的键（例如，设置"key=str.lower"表示在排序时不区分字母大小写）。

☑ reverse：可选参数，如果将其值指定为 True，则表示降序排列；如果为 False，则表示升序排列。默认为升序排列。

例如，定义一个保存 10 名学生 Python 理论成绩的列表，然后应用 sorted() 函数对其进行排序，代码如下：

（源码位置：资源包 \MR\Code\05\16）

```
grade = [98,99,97,100,100,96,94,89,95,100]        # 10 名学生 Python 理论成绩列表
grade_as = sorted(grade)                          # 进行升序排列
print(" 升序: ",grade_as)
grade_des = sorted(grade,reverse = True)          # 进行降序排列
print(" 降序: ",grade_des)
print(" 原序列: ",grade)
```

执行上面的代码，将显示以下内容：

```
升序: [89, 94, 95, 96, 97, 98, 99, 100, 100, 100]
降序: [100, 100, 100, 99, 98, 97, 96, 95, 94, 89]
原序列: [98, 99, 97, 100, 100, 96, 94, 89, 95, 100]
```

📄 说明

列表对象的 sort() 方法和内置 sorted() 函数的作用基本相同，所不同的就是使用 sort() 方法时，会改变原列表的元素排列顺序，而使用 storted() 函数时，会建立一个原列表的副本，该副本为排序后的列表。

5.2.7 列表推导式

使用列表推导式可以快速生成一个列表，或者根据某个列表生成满足指定需求的列表。列表推导式通常有以下几种常用的语法格式。

① 生成指定范围的数值列表，语法格式如下：

```
list = [Expression for var in range]
```

参数说明：

☑ list：表示生成的列表名称。

☑ Expression：表达式，用于计算新列表的元素。

☑ var：循环变量。

☑ range：采用 range() 函数生成的 range 对象。

例如，要生成一个包括 10 个随机数的列表，要求数的范围在 10 ~ 100（包括）之间，具体代码如下：

（源码位置：资源包 \MR\Code\05\17）

```
import random                              # 导入 random 标准库
randomnumber = [random.randint(10,100) for i in range(10)]
print(" 生成的随机数为: ",randomnumber)
```

执行结果如下：

生成的随机数为: [38, 12, 28, 26, 58, 67, 100, 41, 97, 15]

② 根据列表生成指定需求的列表，语法格式如下：

```
newlist = [Expression for var in list]
```

参数说明：

☑ newlist：表示新生成的列表名称。

☑ Expression：表达式，用于计算新列表的元素。

☑ var：变量，值为后面列表的每个元素值。

☑ list：用于生成新列表的原列表。

例如，定义一个记录商品价格的列表，然后应用列表推导式生成一个将全部商品价格打五折的列表，具体代码如下：

（源码位置：资源包 \MR\Code\05\18）

```
price = [1200,5330,2988,6200,1998,8888]
sale = [int(x*0.5) for x in price]
print(" 原价格: ",price)
print(" 打五折的价格: ",sale)
```

执行结果如下：

原价格: [1200, 5330, 2988, 6200, 1998, 8888]
打五折的价格: [600, 2665, 1494, 3100, 999, 4444]

③ 从列表中选择符合条件的元素组成新的列表，语法格式如下：

```
newlist = [Expression for var in list if condition]
```

参数说明：

☑ newlist：表示新生成的列表名称。

☑ Expression：表达式，用于计算新列表的元素。

☑ var：变量，值为后面列表的每个元素值。

☑ list：用于生成新列表的原列表。

☑ condition：条件表达式，用于指定筛选条件。

例如，定义一个记录商品价格的列表，然后应用列表推导式生成一个商品价格高于 5000 的列表，具体代码如下：

（源码位置：资源包 \MR\Code\05\19）

```
price = [1200,5330,2988,6200,1998,8888]
sale = [x for x in price if x>5000]
print(" 原列表: ",price)
print(" 价格高于 5000 的: ",sale)
```

执行结果如下：

```
原列表: [1200, 5330, 2988, 6200, 1998, 8888]
价格高于 5000 的: [5330, 6200, 8888]
```

5.3 元组

元组（tuple）是 Python 中另一个重要的序列结构，与列表类似，也是由一系列按特定顺序排列的元素组成，但是它是不可变序列。因此，元组也可以称为不可变的列表。在形式上，元组的所有元素都放在一对"()"中，两个相邻元素间使用逗号","分隔。在内容上，可以将整数、实数、字符串、列表、元组等任何类型的内容放入到元组中，并且在同一个元组中，元素的类型可以不同，因为它们之间没有任何关系。通常情况下，元组用于保存程序中不可修改的内容。

📑 **说明**

从元组和列表的定义上看，这两种结构比较相似，那么它们之间有哪些区别呢？它们之间的主要区别就是元组是不可变序列，列表是可变序列。即元组中的元素不可以单独修改，而列表则可以任意修改。

5.3.1 元组的创建和删除

在 Python 中提供了多种创建元组的方法，下面分别进行介绍。

（1）使用赋值运算符直接创建元组

同其他类型的 Python 变量一样，创建元组时，也可以使用赋值运算符"="直接将一个元组赋值给变量，语法格式如下：

```
tuplename = (element 1,element 2,element 3,…,element n)
```

其中，tuplename 表示元组的名称，可以是任何符合 Python 命名规则的标识符；elemnet 1、elemnet 2、elemnet 3、…、elemnet n 表示元组中的元素，个数没有限制，并且只要是 Python 支持的数据类型就可以。

⚡ **注意**

创建元组的语法与创建列表的语法类似，只是创建列表时使用的是"[ ]"，而创建元组时使用的是"()"。

例如，下面定义的元组都是合法的：

```
num = (7,14,21,28,35,42,49,56,63)
team= ("马刺","火箭","勇士","湖人")
untitle = ('Python',28,("人生苦短","我用 Python"),["爬虫","自动化运维","云计算","Web 开发"])
language = ('Python',"C#",''' Java''' )
```

在 Python 中，虽然元组是使用一对小括号将所有的元素括起来，但是实际上，小括号并不是必需的，只要将一组值用逗号分隔开来，Python 就可以认为它是元组。例如，下面的代码定义的也是元组：

```
team= " 马刺 "," 火箭 "," 勇士 "," 湖人 "
```

在 IDLE 中输出该元组后，将显示以下内容：

```
(' 马刺 ', ' 火箭 ', ' 勇士 ', ' 湖人 ')
```

如果要创建的元组只包括一个元素，则需要在定义元组时，在元素的后面加一个 "，"。例如，下面的代码定义的就是包括一个元素的元组。

```
verse1 = (" 世界杯冠军 ",)
```

在 IDLE 中输出 verse1，将显示以下内容：

```
(' 世界杯冠军 ',)
```

而下面的代码，则表示定义一个字符串。

```
verse2 = (" 世界杯冠军 ")
```

在 IDLE 中输出 verse2，将显示以下内容：

```
世界杯冠军
```

 说明

在 Python 中，可以使用 type() 函数测试变量的类型，如下面的代码：

（源码位置：资源包 \MR\Code\05\20）

```
verse1 = (" 世界杯冠军 ",)
print("verse1 的类型为 ",type(verse1))
verse2 = (" 世界杯冠军 ")
print("verse2 的类型为 ",type(verse2))
```

在 IDLE 中执行上面的代码，将显示以下内容：

```
verse1 的类型为 <class 'tuple' >
verse2 的类型为 <class 'str' >
```

（2）创建空元组

在 Python 中，也可以创建空元组，例如，要创建一个名称为 emptytuple 的空元组，可以使用下面的代码：

```
emptytuple = ()
```

空元组可以应用在为函数传递一个空值或者返回空值时。例如，定义一个函数必须传递一个元组类型的值，而还不想为它传递一组数据，那么就可以创建一个空元组传递给它。

（3）创建数值元组

在 Python 中，可以使用 tuple() 函数直接将 range() 函数循环出来的结果转换为数值元组。tuple() 函数的语法格式如下：

```
tuple(data)
```

其中，data 表示可以转换为元组的数据，其类型可以是 range 对象、字符串、元组或者其他可迭代类型的数据。

例如，创建一个 10 ~ 20 之间（不包括 20）所有偶数的元组，可以使用下面的代码：

```
tuple(range(10, 20, 2))
```

运行上面的代码后，将得到下面的列表：

```
(10, 12, 14, 16, 18)
```

📖 **说明**

> 使用 tuple() 函数不仅能通过 range 对象创建元组，还可以通过其他对象创建元组。

（4）删除元组

对于已经创建的元组，不再使用时，可以使用 del 语句将其删除，语法格式如下：

```
del tuplename
```

其中，tuplename 为要删除元组的名称。

📖 **说明**

> del 语句在实际开发时，并不常用。因为 Python 自带的垃圾回收机制会自动销毁不用的元组，所以即使不手动将其删除，Python 也会自动将其回收。

例如，定义一个名称为 team 的元组，保存世界杯夺冠热门球队，这些夺冠热门球队在小组赛和第一轮淘汰赛后都被淘汰了，因此应用 del 语句将其删除，可以使用下面的代码：

```
team = (" 西班牙 "," 德国 "," 阿根廷 "," 葡萄牙 ")
del team
```

5.3.2　访问元组元素

在 Python 中，如果想将元组的内容输出也比较简单，可以直接使用 print() 函数。例如，定义一个名称为 untitle 的元组，想要打印该元组可以使用下面的代码：

```
untitle = ('Python',28,(" 人生苦短 "," 我用 Python"),[" 爬虫 "," 自动化运维 "," 云计算 ","Web 开发 "])
print(untitle)
```

执行结果如下：

```
('Python', 28, (' 人生苦短 ', ' 我用 Python'), [' 爬虫 ', ' 自动化运维 ', ' 云计算 ', 'Web 开发 '])
```

从上面的执行结果可以看出，在输出元组时，是包括左右两侧的小括号的。如果不想要输出全部的元素，也可以通过元组的索引获取指定的元素。例如，要获取元组 untitle 中索引为 0 的元素，可以使用下面的代码：

```
print(untitle[0])
```

执行结果如下：

```
Python
```

从上面的执行结果可以看出，在输出单个元组元素时，不包括小括号。如果是字符串，还不包括左右的引号。

另外，对于元组也可以采用切片方式获取指定的元素。例如，要访问元组 untitle 中前 3 个元素，可以使用下面的代码：

```
print(untitle[:3])
```

执行结果如下：

```
('Python', 28, (' 人生苦短 ',' 我用 Python'))
```

同列表一样，元组也可以使用 for 循环进行遍历。

5.3.3 修改元组元素

元组是不可变序列，所以不能对它的单个元素值进行修改。但是元组也不是完全不能修改，可以对元组进行重新赋值。例如，下面的代码是允许的：

（源码位置：资源包 \MR\Code\05\21）

```
player = (' 梅西 ','C罗 ',' 伊涅斯塔 ',' 内马尔 ',' 格列兹曼 ',' 莫德里奇 ')  # 定义元组
player = (' 梅西 ','C罗 ',' 苏亚雷斯 ',' 内马尔 ',' 格列兹曼 ',' 莫德里奇 ')  # 对元组进行重新赋值
print(" 新元组 ",player)
```

执行结果如下：

```
新元组 (' 梅西 ','C罗 ',' 苏亚雷斯 ',' 内马尔 ',' 格列兹曼 ',' 莫德里奇 ')
```

从上面的执行结果可以看出，元组 player 的值已经改变。

另外，还可以对元组进行连接组合。例如，可以使用下面的代码实现在已经存在的元组结尾处添加一个新元组。

（源码位置：资源包 \MR\Code\05\22）

```
player1 = (' 梅西 ','C罗 ',' 伊涅斯塔 ',' 内马尔 ')
print(" 原元组: ",player1)
player2 = player1 + (' 格列兹曼 ',' 莫德里奇 ')
print(" 组合后: ",player2)
```

执行结果如下：

```
原元组: (' 梅西 ','C罗 ',' 伊涅斯塔 ',' 内马尔 ')
组合后: (' 梅西 ','C罗 ',' 伊涅斯塔 ',' 内马尔 ',' 格列兹曼 ',' 莫德里奇 ')
```

注意

在进行元组连接时，连接的内容必须都是元组。不能将元组和字符串或者列表进行连接。例如，下面的代码就是错误的：

```
player1 = ('梅西','C 罗','伊涅斯塔',' 内马尔 ')
player2 = player1 + [' 格列兹曼 ','莫德里奇 ']
```

📁 **常见错误**

在进行元组连接时，如果要连接的元组只有一个元素，一定不要忘记后面的逗号。例如使用下面的代码将产生如图 5.11 所示的错误。

```
player1 = ('梅西','C 罗','伊涅斯塔',' 内马尔 ')
player2 = player1 + (' 莫德里奇 ')
```

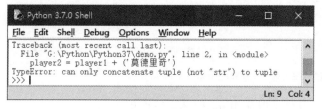

图 5.11　在进行元组连接时产生的异常

5.3.4　元组推导式

使用元组推导式可以快速生成一个元组，它的表现形式和列表推导式类似，只是将列表推导式中的中括号"[]"修改为小括号"()"。例如，生成一个包含 10 个随机数的元组，代码如下：

（源码位置：资源包 \MR\Code\05\23 ）

```
import random                          # 导入 random 标准库
randomnumber = (random.randint(10,100) for i in range(10))
print(" 生成的元组为:",randomnumber)
```

执行结果如下：

```
生成的元组为: <generator object <genexpr> at 0x0000000003056620>
```

从上面的执行结果中，可以看出使用元组推导式生成的结果并不是一个元组或者列表，而是一个生成器对象，这一点和列表推导式是不同的，需要使用该生成器对象将其转换为元组或者列表。其中，转换为元组需要使用 tuple() 函数，而转换为列表则需要使用 list() 函数。

例如，使用元组推导式生成一个包含 10 个随机数的生成器对象，然后将其转换为元组并输出，可以使用下面的代码：

（源码位置：资源包 \MR\Code\05\24 ）

```
import random                          # 导入 random 标准库
randomnumber = (random.randint(10,100) for i in range(10))
randomnumber = tuple(randomnumber)     # 转换为元组
print(" 转换后 ",randomnumber)
```

执行结果如下：

```
转换后 : (76, 54, 74, 63, 61, 71, 53, 75, 61, 55)
```

要使用通过元组推导器生成的生成器对象，还可以直接通过 for 循环遍历或者直接使

用 __next()__ 方法进行遍历。

📖 **说明**

> 在 Python 2.x 中，__next__() 方法对应的方法为 next() 方法，也是用于遍历生成器对象的。

例如，通过生成器推导式生成一个包含 3 个元素的生成器对象 number，然后调用 3 次 __next__() 方法输出每个元素，再将生成器对象 number 转换为元组输出，代码如下：

（源码位置：资源包 \MR\Code\05\25 ）

```
number = (i for i in range(3))
print(number.__next__())                    # 输出第 1 个元素
print(number.__next__())                    # 输出第 2 个元素
print(number.__next__())                    # 输出第 3 个元素
number = tuple(number)                      # 转换为元组
print(" 转换后: ",number)
```

上面的代码运行后，将显示以下结果：

```
0
1
2
转换后: ()
```

再如，通过生成器推导式生成一个包括 4 个元素的生成器对象 number，然后应用 for 循环遍历该生成器对象，并输出每一个元素的值，最后再将其转换为元组输出，代码如下：

（源码位置：资源包 \MR\Code\05\26 ）

```
number = (i for i in range(4))              # 生成生成器对象
for i in number:                            # 遍历生成器对象
    print(i,end=" ")                        # 输出每个元素的值
print(tuple(number))                        # 转换为元组输出
```

执行结果如下：

```
0 1 2 3 ()
```

从上面的两个示例可以看出，无论通过哪种方法遍历，如果再想使用该生成器对象，都必须重新创建一个生成器对象，因为遍历后原生成器对象已经不存在了。

5.3.5　元组与列表的区别

元组和列表都属于序列，而且它们又都可以按照特定顺序存放一组元素，类型又不受限制，只要是 Python 支持的类型都可以。那么它们之间有什么区别呢？

列表类似于用铅笔在纸上写下自己喜欢的歌词，写错了还可以擦掉；而元组则类似于用钢笔写下的歌词，写上了就擦不掉了，除非换一张纸重写。

列表和元组的区别主要体现在以下几个方面。

① 列表属于可变序列，它的元素可以随时修改或者删除；而元组属于不可变序列，其中的元素不可以修改，除非整体替换。

② 列表可以使用 append()、extend()、insert()、remove() 和 pop() 等方法实现添加和修

改列表元素；而元组则没有这几个方法，因为不能向元组中添加和修改元素，同样也不能删除元素。

③ 列表可以使用切片访问和修改列表中的元素；元组也支持切片，但是它只支持通过切片访问元组中的元素，不支持修改。

④ 元组比列表的访问和处理速度快。所以如果只需要对其中的元素进行访问，而不进行任何修改，建议使用元组。

⑤ 列表不能作为字典的键，而元组则可以。

5.4 实战任务

任务 1：解决"千年虫"问题

"千年虫"问题，也称计算机 2000 年问题或"千年危机"，是指某些计算机程序在设计时只采用两位十进制数记录年份的最后两位，如 1998 年被表示为"98"、2000 年被表示为"00"，因此当时间跨入 2000 年时，计算机计时系统会将 2000 年解释为 1900 年，造成各种各样的系统功能紊乱，甚至发生灾难性的后果。

下面的序列保存了 8 名 1900 年后出生人员的出生年份，为避免出现"千年虫"问题，请编写一个小程序，把目前序列中存在"千年虫"问题的数据进行修改，然后升序输出修改后的序列。

当前序列：[89, 98, 00, 75, 68, 37, 58, 90]

参考输出序列：[1937, 1958, 1968, 1975, 1989, 1990, 1998, 2000]

任务 2：QQ 运动周报

图 5.12 为本周的 QQ 运动周报，编写一个程序实现如下功能：

① 创建本周运动步数列表，如：[4235,10111,8447,9566,9788,8951,9808]。

② 创建上周运动步数列表，如：[4235,5612,8447,11250,9211,9985,3783]。

③ 将上周和本周的运动步数进行同步汇总，如上周一和本周一的数据相加，上周二和本周二的数据相加，以此类推。先输出汇总结果，然后升序、降序输出汇总结果。

④ 建立一个星期列表，如：["周日","周一","周二","周三","周四","周五","周六"]。

⑤ 查找本周运动步数最高值和最低值，添加到对应周列表，如：["周日",4235,"周一","周二","周三","周四","周五","周六",9808]。

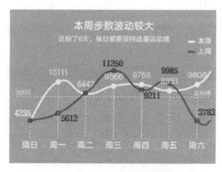

图 5.12　QQ 运动周报

⑥ 步数超过 8000 步即为达标，分别输出本周、上周高于 8000 步的步数值和日期，最后输出上周和本周总步数。

任务 3：模拟购物车购物过程

编写一个程序，首先模拟商家入库商品，分 5 次输入商品序号和名称（商品编号与名称参考图 5.13 所示）；然后询问用户购买什么商品，用户输入商品编号，如图 5.14 所示；接下来把对应的商品添加到购物车里，如图 5.15 所示；最后用户输入 q 退出，输出购物车里的商品列表，如图 5.16 所示。

```
0001    Note10
0002    小米 8
0003    坚果 R1
0004    iPhone X
0005    三星 Note9
```

图 5.13　需要输入的商品

```
请输入商品编号和商品名称进行商品入库，每次只能输入一件商品：

0001    Note10
```

图 5.14　用户输入商品编号

```
请输入要购买的商品的商品编号：
0002
商品已添加到购物车，请继续添加要购买商品的商品编号：
0004
```

图 5.15　将对应商品添加购物车

```
您购物车里已经选择的商品为：

0002     小米 8
0004     iPhone X
```

图 5.16　购物车商品列表

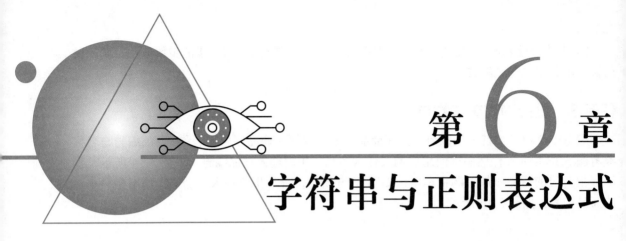

第6章

字符串与正则表达式

扫码享受
全方位沉浸式
学 Python 开发

字符串几乎是所有编程语言在项目开发过程中涉及最多的一块内容。大部分项目的运行结果，都需要以文本的形式展示给客户，例如财务系统的总账报表、电子游戏的比赛结果、火车站的列车时刻表等。这些都是经过程序精密地计算、判断和梳理，将我们想要的内容用文本形式直观地展示出来。曾经有一位"久经沙场"的老程序员说过一句话："开发一个项目，基本上就是在不断地处理字符串。"本章将重点介绍如何操作字符串和正则表达式的应用。

6.1　字符串常用操作

在 Python 开发过程中，为了实现某项功能，经常需要对某些字符串进行特殊处理，如拼接字符串、截取字符串、格式化字符串等。下面将对 Python 中常用的字符串操作方法进行介绍。

6.1.1　拼接字符串

使用"+"运算符可完成对多个字符串的拼接，"+"运算符可以连接多个字符串并产生一个字符串对象。

例如，定义两个字符串，一个保存英文版的名言，另一个用于保存中文版的名言，然后使用"+"运算符连接，代码如下：

（源码位置：资源包 \MR\Code\06\01）

```
mot_en = 'Remembrance is a form of meeting. Forgetfulness is a form
of freedom.'
mot_cn = '记忆是一种相遇。遗忘是一种自由。'
print(mot_en + '——' + mot_cn)
```

上面代码执行后，将显示以下内容：

'Remembrance is a form of meeting. Forgetfulness is a form of freedom.'——' 记忆是一种相遇。遗忘是一种自由。'

字符串不允许直接与其他类型的数据拼接，例如，使用下面的代码将字符串与数值拼接在一起，将产生如图 6.1 所示的异常。

（源码位置：资源包 \MR\Code\06\02 ）

```
str1 = ' 我今天一共走了 '                      # 定义字符串
num = 12098                               # 定义一个整数
str2 = ' 步 '                             # 定义字符串
print(str1 + num + str2)                  # 对字符串和整数进行拼接
```

```
Traceback (most recent call last):
  File "E:\program\Python\Code\test.py", line 19, in <module>
    print(str1 + num + str2)
TypeError: must be str, not int
>>>
```

图 6.1 字符串和整数拼接抛出的异常

解决该问题，可以将整数转换为字符串。将整数转换为字符串，可以使用 str() 函数。修改后的代码如下：

（源码位置：资源包 \MR\Code\06\03 ）

```
str1 = ' 今天我一共走了 '                      # 定义字符串
num = 12098                               # 定义一个整数
str2 = ' 步 '                             # 定义字符串
print(str1 + str(num) + str2)             # 对字符串和整数进行拼接
```

上面代码执行后，将显示以下内容：

今天我一共走了 12098 步

6.1.2 计算字符串的长度

由于不同的字符所占字节数不同，所以要计算字符串的长度，需要先了解各字符所占的字节数。在 Python 中，数字、英文、小数点、下划线和空格占一个字节；一个汉字可能会占 2 ~ 4 个字节，占几个字节取决于采用的编码。汉字在 GBK/GB2312 编码中占 2 个字节，在 UTF-8/Unicode 中一般占用 3 个字节（或 4 个字节）。下面以 Python 默认的 UTF-8 编码为例进行说明，即一个汉字占 3 个字节，如图 6.2 所示。

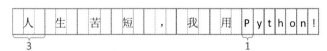

图 6.2 汉字和英文所占字节个数

在 Python 中，提供了 len() 函数计算字符串的长度。语法格式如下：

```
len(string)
```

其中，string 用于指定要进行长度统计的字符串。

例如，定义一个字符串，内容为"人生苦短，我用 Python!"，然后应用 len() 函数计算该字符串的长度，代码如下：

（源码位置：资源包 \MR\Code\06\04）

```
str1 = '人生苦短，我用 Python!'          # 定义字符串
length = len(str1)                      # 计算字符串的长度
print(length)
```

上面的代码在执行后，将显示"14"。

从上面的结果中可以看出，在默认的情况下，通过 len() 函数计算字符串的长度时，不区分英文、数字和汉字，所有字符都认为是 1 个字节。

在实际开发时，有时需要获取字符串实际所占的字节数，即如果采用 UTF-8 编码，汉字占 3 个字节，采用 GBK 或者 GB2312 时，汉字占 2 个字节。这时，可以通过使用 encode() 方法进行编码后再获取。例如，如果要获取采用 UTF-8 编码的字符串的长度，可以使用下面的代码：

（源码位置：资源包 \MR\Code\06\05）

```
str1 = '人生苦短，我用 Python!'          # 定义字符串
length = len(str1.encode())             # 计算 UTF-8 编码的字符串的长度
print(length)
```

上面的代码在执行后，将显示"28"。这是因为汉字加中文标点符号共 7 个，占 21 个字节，英文字母和英文的标点符号占 7 个字节，共 28 个字节。

如果要获取采用 GBK 编码的字符串的长度，可以使用下面的代码：

（源码位置：资源包 \MR\Code\06\06）

```
str1 = '人生苦短，我用 Python!'          # 定义字符串
length = len(str1.encode('gbk'))        # 计算 GBK 编码的字符串的长度
print(length)
```

上面的代码在执行后，将显示"21"。这是因为汉字加中文标点符号共 7 个，占 14 个字节，英文字母和英文的标点符号占 7 个字节，共 21 个字节。

6.1.3 截取字符串

由于字符串也属于序列，所以要截取字符串，可以采用切片方法实现。通过切片方法截取字符串的语法格式如下：

```
string[start : end : step]
```

参数说明：

☑ string：表示要截取的字符串。

☑ start：表示要截取的第一个字符的索引（包括该字符），如果不指定，则默认为 0。

☑ end：表示要截取的最后一个字符的索引（不包括该字符），如果不指定则默认为字符串的长度。

☑ step：表示切片的步长，如果省略，则默认为 1，当省略该步长时，最后一个冒号也可以省略。

📖 说明

字符串的索引同序列的索引是一样的，也是从 0 开始，并且每个字符占一个位置。如图 6.3 所示。

人	生	苦	短	，	我	用	P	y	t	h	o	n	!
0	1	2	3	4	5	6	7	8	9	10	11	12	13

←索引

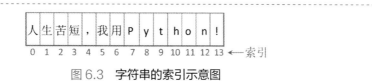

图 6.3 **字符串的索引示意图**

例如，定义一个字符串，然后应用切片方法截取不同长度的子字符串，并输出，代码如下：

（源码位置：资源包 \MR\Code\06\07）

```
str1 = '人生苦短，我用 Python!'              # 定义字符串
substr1 = str1[1]                          # 截取第 2 个字符
substr2 = str1[5:]                         # 从第 6 个字符截取
substr3 = str1[:5]                         # 从左边开始截取 5 个字符
substr4 = str1[2:5]                        # 截取第 3 个到第 5 个字符
print('原字符串：',str1)
print(substr1 + '\n' + substr2 + '\n' + substr3 + '\n' + substr4)
```

上面的代码执行后，将显示以下内容：

```
原字符串：人生苦短，我用 Python!
生
我用 Python!
人生苦短，
苦短，
```

注意

在进行字符串截取时，如果指定的索引不存在，则会抛出如图 6.4 所示的异常。

```
Traceback (most recent call last):
  File "E:\program\Python\Code\test.py", line 19, in <module>
    substr1 = str1[15]    # 截取第15个字符
IndexError: string index out of range
>>>
```

图 6.4 **指定的索引不存在时抛出的异常**

要解决该问题，可以使用 try…except 语句捕获异常。例如，下面的代码在执行后将不抛出异常。

```
str1 = '人生苦短，我用 Python!'              # 定义字符串
try:
    substr1 = str1[15]                     # 截取第 15 个字符
except IndexError:
    print('指定的索引不存在')
```

try…except 是异常处理语句，其详细讲解请参见第 17 章。

6.1.4 分割字符串

在 Python 中，字符串对象提供了分割字符串的方法。分割字符串是把字符串分割为列表。

字符串对象的 split() 方法可以实现字符串分割，也就是把一个字符串按照指定的分隔符切分为字符串列表，该列表的元素中，不包括分隔符。split() 方法的语法格式如下：

```
str.split(sep, maxsplit)
```

参数说明：

☑ str：表示要进行分割的字符串。

☑ sep：用于指定分隔符，可以包含多个字符，默认为 None，即所有空字符（包括空格、换行 "\n"、制表符 "\t" 等）。

☑ maxsplit：可选参数，用于指定分割的次数，如果不指定或者为 −1，则分割次数没有限制，否则返回结果列表的元素个数最多为 maxsplit+1。

☑ 返回值：分隔后的字符串列表。

📋 **说明**

> 在 split() 方法中，如果不指定 sep 参数，那么也不能指定 maxsplit 参数。

例如，定义一个保存明日学院网址的字符串，然后应用 split() 方法根据不同的分隔符进行分割，代码如下：

（源码位置：资源包 \MR\Code\06\08 ）

```python
str1 = '明日学院官网 >>>  www.mingrisoft.com'
print('原字符串：',str1)
list1 = str1.split()                            # 采用默认分隔符进行分割
list2 = str1.split('>>>')                       # 采用多个字符进行分割
list3 = str1.split('.')                         # 采用 "." 进行分割
list4 = str1.split(' ',4)                       # 采用空格进行分割，并且只分割前 4 个
print(str(list1) + '\n' + str(list2) + '\n' + str(list3) + '\n' + str(list4))
list5 = str1.split('>')                         # 采用 ">" 进行分割
print(list5)
```

上面的代码在执行后，将显示以下内容：

```
原字符串：明日学院官网 >>>  www.mingrisoft.com
['明', '日', '学', '院', '官', '网', '>>>', 'www.mingrisoft.com']
['明日学院官网 ', ' www.mingrisoft.com']
['明日学院官网 >>>  www', 'mingrisoft', 'com']
['明', '日', '学', '院', '官网 >>>  www.mingrisoft.com']
['明日学院官网 ', '', '', ' www.mingrisoft.com']
```

📋 **说明**

> 在使用 split() 方法时，如果不指定参数，默认采用空白符进行分割，这时无论有几个空格或者空白符都将作为一个分隔符进行分割。例如，上面示例中，在"网"和">"之间有两个空格，但是分割结果（第二行内容）中已经被全部过滤掉了。但是，如果指定一个分隔符，那么当这个分隔符出现多个时，就会每个分隔一次，没有得到内容的，将产生一个空元素。例如，上面结果中的最后一行，就出现了两个空元素。

6.1.5　检索字符串

在 Python 中，字符串对象提供了很多应用于字符串查找的方法，这里主要介绍以下几种方法。

（1）count() 方法

count() 方法用于检索指定字符串在另一个字符串中出现的次数。如果检索的字符串不

存在，则返回 0，否则返回出现的次数。其语法格式如下：

```
str.count(sub[, start[, end]])
```

参数说明：

☑ str：表示原字符串。

☑ sub：表示要检索的子字符串。

☑ start：可选参数，表示检索范围的起始位置的索引，如果不指定，则从头开始检索。

☑ end：可选参数，表示检索范围的结束位置的索引，如果不指定，则一直检索到结尾。

例如，定义一个字符串，然后应用 count() 方法检索该字符串中 "@" 符号出现的次数，代码如下：

```
str1 = '@明日科技 @扎克伯格 @雷军 '
print(' 字符串 "',str1,'" 中包括 ',str1.count('@'),' 个 @ 符号 ')
```

上面的代码执行后，将显示以下结果：

```
字符串 " @明日科技 @扎克伯格 @雷军" 中包括 3 个 @ 符号
```

（2）find() 方法

该方法用于检索是否包含指定的子字符串。如果检索的字符串不存在，则返回 −1，否则返回首次出现该子字符串时的索引。其语法格式如下：

```
str.find(sub[, start[, end]])
```

参数说明：

☑ str：表示原字符串。

☑ sub：表示要检索的子字符串。

☑ start：可选参数，表示检索范围的起始位置的索引，如果不指定，则从头开始检索。

☑ end：可选参数，表示检索范围的结束位置的索引，如果不指定，则一直检索到结尾。

例如，定义一个字符串，然后应用 find() 方法检索该字符串中首次出现 "@" 符号的位置索引，代码如下：

```
str1 = '@明日科技 @扎克伯格 @雷军 '
print(' 字符串 "',str1,'" 中 @ 符号首次出现的位置索引为: ',str1.find('@'))
```

上面的代码执行后，将显示以下结果：

```
字符串 " @明日科技 @扎克伯格 @雷军" 中 @ 符号首次出现的位置索引为: 0
```

📖 说明

> 如果只是想要判断指定的字符串是否存在，可以使用 in 关键字实现。例如，上面的字符串 str1 中是否存在 @ 符号，可以使用 "print（'@' in str1）"，如果存在就返回 True，否则返回 False。另外，也可以根据 find() 方法的返回值是否大于 -1 来判断指定的字符串是否存在。

如果输入的子字符串在原字符串中不存在，将返回 −1。例如下面的代码：

```
str1 = '@明日科技 @扎克伯格 @雷军 '
print(' 字符串 "',str1,'" 中 * 符号首次出现的位置索引为: ',str1.find('*'))
```

上面的代码执行后，将显示以下结果：

```
字符串 " @明日科技 @扎克伯格 @雷军" 中 * 符号首次出现的位置索引为: -1
```

📖 **说明**

> Python 的字符串对象还提供了 rfind() 方法，其作用与 find() 方法类似，只是从右边开始查找。

（3）index() 方法

index() 方法同 find() 方法类似，也是用于检索是否包含指定的子字符串。只不过如果使用 index() 方法，当指定的字符串不存在时会抛出异常。其语法格式如下：

```
str.index(sub[, start[, end]])
```

参数说明：

☑ str：表示原字符串。

☑ sub：表示要检索的子字符串。

☑ start：可选参数，表示检索范围的起始位置的索引，如果不指定，则从头开始检索。

☑ end：可选参数，表示检索范围的结束位置的索引，如果不指定，则一直检索到结尾。

例如，定义一个字符串，然后应用 index() 方法检索该字符串中首次出现"@"符号的位置索引，代码如下：

```
str1 = '@明日科技 @扎克伯格 @雷军 '
print(' 字符串 "',str1,'" 中 @ 符号首次出现的位置索引为: ',str1.index('@'))
```

上面的代码执行后，将显示以下结果：

```
字符串 " @明日科技 @扎克伯格 @雷军" 中 @ 符号首次出现的位置索引为: 0
```

如果输入的子字符串在原字符串中不存在，将会产生异常。例如下面的代码：

```
str1 = '#明日科技 #扎克伯格 #雷军 '
print(' 字符串 "',str1,'" 中 @ 符号首次出现的位置索引为: ',str1.index('@'))
```

上面的代码执行后，将显示如图 6.5 所示的异常。

```
Traceback (most recent call last):
  File "E:\program\Python\Code\test.py", line 7, in <module>
    print(' 字符串 "',str1,'" 中@符号首次出现位置索引为: ',str1.index('@'))
ValueError: substring not found
>>>
```

图 6.5　index 检索不存在元素时出现的异常

📖 **说明**

> Python 的字符串对象还提供了 rindex() 方法，其作用与 index() 方法类似，只是从右边开始查找。

（4）startswith() 方法

该方法用于检索字符串是否以指定子字符串开头。如果是，则返回 True，否则返回 False。语法格式如下：

```
str.startswith(prefix[, start[, end]])
```

参数说明：

- ☑ str：表示原字符串。
- ☑ prefix：表示要检索的子字符串。
- ☑ start：可选参数，表示检索范围的起始位置的索引，如果不指定，则从头开始检索。
- ☑ end：可选参数，表示检索范围的结束位置的索引，如果不指定，则一直检索到结尾。

例如，定义一个字符串，然后应用 startswith() 方法检索该字符串是否以"@"符号开头，代码如下：

```
str1 = '@明日科技 @扎克伯格 @雷军 '
print(' 判断字符串 "',str1,'" 是否以 @ 符号开头，结果为：',str1.startswith('@'))
```

上面的代码执行后，将显示以下结果：

```
判断字符串 " @明日科技 @扎克伯格 @雷军 " 是否以 @ 符号开头，结果为：True
```

（5）endswith() 方法

该方法用于检索字符串是否以指定子字符串结尾。如果是，则返回 True，否则返回 False。语法格式如下：

```
str.endswith(suffix[, start[, end]])
```

参数说明：

- ☑ str：表示原字符串。
- ☑ suffix：表示要检索的子字符串。
- ☑ start：可选参数，表示检索范围的起始位置的索引，如果不指定，则从头开始检索。
- ☑ end：可选参数，表示检索范围的结束位置的索引，如果不指定，则一直检索到结尾。

例如，定义一个字符串，然后应用 endswith() 方法检索该字符串是否以".com"结尾，代码如下：

```
str1 = 'http://www.mingrisoft.com'
print(' 判断字符串 "',str1,'" 是否以 .com 结尾，结果为：',str1.endswith('.com'))
```

上面的代码执行后，将显示以下结果：

```
判断字符串 " http://www.mingrisoft.com " 是否以 .com 结尾，结果为：True
```

6.1.6 字母的大小写转换

在 Python 中，字符串对象提供了 lower() 方法和 upper() 方法进行字母的大小写转换，即可用于将大写字母转换为小写字母，或者将小写字母修改为大写字母，如图 6.6 所示。

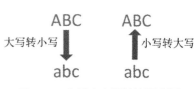

图 6.6 **字母大小写转换示意图**

75

（1）lower() 方法

lower() 方法用于将字符串中的大写字母转换为小写字母。如果字符串中没有需要被转换的字符，则将原字符串返回；否则将返回一个新的字符串，将原字符串中每个需要进行小写转换的字符都转换成等价的小写字符。字符长度与原字符长度相同。lower() 方法的语法格式如下：

```
str.lower()
```

其中，str 为要进行转换的字符串。

例如，下面定义的字符串在使用 lower() 方法后将全部显示为小写字母。

（源码位置：资源包 \MR\Code\06\09）

```
str1 = 'WWW.Mingrisoft.com'
print('原字符串: ',str1)
print('新字符串: ',str1.lower())                # 全部转换为小写字母输出
```

（2）upper() 方法

upper() 方法用于将字符串的小写字母转换为大写字母。如果字符串中没有需要被转换的字符，则将原字符串返回；否则返回一个新字符串，将原字符串中每个需要进行大写转换的字符都转换成等价的大写字符。新字符长度与原字符长度相同。upper() 方法的语法格式如下：

```
str.upper()
```

其中，str 为要进行转换的字符串。

例如，下面定义的字符串在使用 upper() 方法后将全部显示为大写字母。

（源码位置：资源包 \MR\Code\06\10）

```
str1 = 'WWW.Mingrisoft.com'
print('原字符串: ',str1)
print('新字符串: ',str1.upper())                # 全部转换为大写字母输出
```

6.1.7　去除字符串中的空格和特殊字符

用户在输入数据时，可能会无意中输入多余的空格，或在一些情况下，字符串前后不允许出现空格和特殊字符，此时就需要去除字符串中的空格和特殊字符。例如，图 6.7 中"HELLO"这个字符串前后都有一个空格，可以使用 Python 中提供的 strip() 方法去除字符串左右两边的空格和特殊字符，也可以使用 lstrip() 方法去除字符串左边的空格和特殊字符，或使用 rstrip() 方法去除字符串中右边的空格和特殊字符。

图 6.7　前后包含空格的字符串

📑 **说明**

> 这里的特殊字符是指制表符"\t"、回车符"\r"、换行符"\n"等。

（1）strip() 方法

strip() 方法用于去掉字符串左、右两侧的空格和特殊字符，语法格式如下：

```
str.strip([chars])
```

其中，str 为要去除空格的字符串；chars 为可选参数，用于指定要去除的字符，可以指定多个，如果设置 chars 为"@."，则去除左、右两侧包括的"@"或"."。如果不指定 chars 参数，默认将去除空格、制表符"\t"、回车符"\r"、换行符"\n"等。

例如，先定义一个字符串，首尾包括空格、制表符、换行符和回车符等，然后去除空格和这些特殊字符；再定义一个字符串，首尾包括"@"或"."字符，最后去掉"@"和"."。代码如下：

（源码位置：资源包 \MR\Code\06\11）

```
str1 = ' http://www.mingrisoft.com  \t\n\r'
print('原字符串 str1: ' + str1 + '。')
print('字符串: ' + str1.strip() + '。')              # 去除字符串首尾的空格和特殊字符
str2 = '@明日科技 .@.'
print('原字符串 str2: ' + str2 + '。')
print('字符串: ' + str2.strip('@.') + '。')           # 去除字符串首尾的 "@""."
```

上面的代码运行后，将显示如图 6.8 所示的结果。

（2）lstrip() 方法

lstrip() 方法用于去掉字符串左侧的空格和特殊字符，语法格式如下：

```
原字符串str1: http://www.mingrisoft.com
。
字符串: http://www.mingrisoft.com。
原字符串str2: @明日科技.@.。
字符串: 明日科技。
>>>
```

图 6.8　strip() 方法示例

```
str.lstrip([chars])
```

其中，str 为要去除空格的字符串；chars 为可选参数，用于指定要去除的字符，可以指定多个，如果设置 chars 为"@."，则去除左侧包括的"@"或"."。如果不指定 chars 参数，默认将去除空格、制表符"\t"、回车符"\r"、换行符"\n"等。

例如，先定义一个字符串，左侧包括一个制表符和一个空格，然后去除空格和制表符；再定义一个字符串，左侧包括一个 @ 符号，最后去掉 @ 符号。代码如下：

（源码位置：资源包 \MR\Code\06\12）

```
str1 = '\t http://www.mingrisoft.com'
print('原字符串 str1: ' + str1 + '。')
print('字符串: ' + str1.lstrip() + '。')              # 去除字符串左侧的空格和制表符
str2 = '@明日科技 '
print('原字符串 str2: ' + str2 + '。')
print('字符串: ' + str2.lstrip('@') + '。')           # 去除字符串左侧的 @
```

上面的代码运行后，将显示如图 6.9 所示的结果。

（3）rstrip() 方法

rstrip() 方法用于去掉字符串右侧的空格和特殊字符，语法格式如下：

```
原字符串str1:     http://www.mingrisoft.com。
字符串: http://www.mingrisoft.com。
原字符串str2: @明日科技。
字符串: 明日科技。
>>>
```

图 6.9　lstrip() 方法示例

```
str.rstrip([chars])
```

其中，str 为要去除空格的字符串；chars 为可选参数，用于指定要去除的字符，可以指定多个，如果设置 chars 为"@."，则去除右侧包括的"@"或"."。如果不指定 chars 参数，默认将去除空格、制表符"\t"、回车符"\r"、换行符"\n"等。

例如，先定义一个字符串，右侧包括一个制表符和一个空格，然后去除空格和制表符；

再定义一个字符串，右侧包括一个逗号 "，"，最后去掉逗号 "，"。代码如下：

（源码位置：资源包 \MR\Code\06\13）

```
str1 = ' http://www.mingrisoft.com\t '
print('原字符串str1：' + str1 + '。')
print('字符串：' + str1.rstrip() + '。')          # 去除字符串右侧的空格和制表符
str2 = '明日科技，'
print('原字符串str2：' + str2 + '。')
print('字符串：' + str2.rstrip('，') + '。')          # 去除字符串右侧的逗号
```

上面的代码运行后，将显示如图 6.10 所示的结果。

```
原字符串str1： http://www.mingrisoft.com
字符串： http://www.mingrisoft.com。
原字符串str2：明日科技，。
字符串：明日科技。
>>>
```

图 6.10　rstrip() 方法示例

6.1.8　格式化字符串

格式化字符串是指先制定一个模板，在这个模板中预留几个空位，然后再根据需要填上相应的内容。这些空位需要通过指定的符号标记（也称为占位符），而这些符号还不会显示出来。在 Python 中，格式化字符串有以下两种方法。

（1）使用 "%" 操作符

在 Python 中，要实现格式化字符串，可以使用 "%" 操作符。语法格式如下：

```
'%[-][+][0][m][.n] 格式化字符 '%exp
```

参数说明：

☑　− ：可选参数，用于指定左对齐，正数前方无符号，负数前面加负号。

☑　+ ：可选参数，用于指定右对齐，正数前方加正号，负数前方加负号。

☑　0：可选参数，表示右对齐，正数前方无符号，负数前方加负号，用 0 填充空白处（一般与 m 参数一起使用）。

☑　m：可选参数，表示占有宽度。

☑　.n ：可选参数，表示小数点后保留的位数。

☑　格式化字符：用于指定类型，其值如表 6.1 所示。

表 6.1　常用的格式化字符

格式化字符	说明	格式化字符	说明
%s	字符串（采用 str() 显示）	%r	字符串（采用 repr() 显示）
%c	单个字符	%o	八进制整数
%d 或者 %i	十进制整数	%e	指数（基底写为 e）
%x	十六进制整数	%E	指数（基底写为 E）
%f 或者 %F	浮点数	%%	字符 %

☑　exp：要转换的项。如果要指定的项有多个，需要通过元组的形式进行指定，但不能使用列表。

例如，格式化输出一个保存公司信息的字符串，代码如下：

（ 源码位置：资源包 \MR\Code\06\14 ）

```
template = ' 编号:%09d\t 公司名称: %s \t 官网: http://www.%s.com'    # 定义模板
context1 = (7,' 百度 ','baidu')                                   # 定义要转换的内容 1
context2 = (8,' 明日学院 ','mingrisoft')                           # 定义要转换的内容 2
print(template%context1)                                         # 格式化输出
print(template%context2)                                         # 格式化输出
```

上面的代码运行后将显示如图 6.11 所示的效果，即按照指定模板格式输出两条公司信息。

```
编号：000000007 公司名称：  百度      官网： http://www.baidu.com
编号：000000008 公司名称：  明日学院   官网： http://www.mingrisoft.com
>>>
```

图 6.11 格式化输出公司信息

📖 **说明**

> 由于使用 % 操作符是早期 Python 中提供的方法，自从 Python 2.6 版本开始，字符串对象提供了 format() 方法对字符串进行格式化。现在一些 Python 社区也推荐使用这种方法。所以建议大家重点学习 format() 方法的使用。

（2）使用字符串对象的 format() 方法

字符串对象提供了 format() 方法用于字符串格式化，语法格式如下：

```
str.format(args)
```

其中，str 用于指定字符串的显示样式（即模板）；args 用于指定要转换的项，如果有多项，则用逗号进行分隔。

在创建模板时，需要使用 "{}" 和 ":" 指定占位符，基本语法格式如下：

```
{[index][:[[fill]align][sign][#][width][.precision][type]]}
```

参数说明：

☑ index：可选参数，用于指定要设置格式的对象在参数列表中的索引位置，索引值从 0 开始。如果省略，则根据值的先后顺序自动分配。

☑ fill：可选参数，用于指定空白处填充的字符。

☑ align：可选参数，用于指定对齐方式（值为 "<" 表示内容左对齐；值为 ">" 表示内容右对齐；值为 "^" 表示内容居中），需要配合 width 一起使用。

☑ sign：可选参数，用于指定有无符号数（值为 "+" 表示正数加正号，负数加负号；值为 "–" 表示正数不变，负数加负号；值为空格表示正数加空格，负数加负号）。

☑ #：可选参数，对于二进制、八进制和十六进制数，如果加上 #，表示会显示 "0b/0o/0x" 前缀，否则不显示前缀。

☑ width：可选参数，用于指定所占宽度。

☑ .precision：可选参数，用于指定保留的小数位数。

☑ type：可选参数，用于指定类型，其值如表 6.2 所示。

表 6.2　format() 方法中常用的格式化字符

格式化字符	说明	格式化字符	说明
s	对字符串类型格式化	b	将十进制整数自动转换成二进制表示再格式化
d	十进制整数	o	将十进制整数自动转换成八进制表示再格式化
c	将十进制整数自动转换成对应的 Unicode 字符	x 或者 X	将十进制整数自动转换成十六进制表示再格式化
e 或者 E	转换为科学记数法表示再格式化	f 或者 F	转换为浮点数（默认小数点后保留 6 位）再格式化
g 或者 G	自动在 e 和 f 或者 E 和 F 中切换	%	显示百分比（默认显示小数点后 6 位）

📖 **说明**

> 　　当一个模板中出现多个占位符时，指定索引位置的规范需统一，即全部采用手动指定或全部采用自动。例如，定义"'我是数值：{:d}，我是字符串：{1:s}'"模板是错误的，会抛出如图 6.12 所示的异常。
>
> ```
> Traceback (most recent call last):
>   File "E:\program\Python\Code\test.py", line 17, in <module>
>     print(template.format(7,'明日学院'))
> ValueError: cannot switch from automatic field numbering to manual field specification
> >>>
> ```
>
> 图 6.12　字段规范不统一抛出的异常

　　例如，定义一个保存公司信息的字符串模板，然后应用该模板输出不同公司的信息，代码如下：

（源码位置：资源包 \MR\Code\06\15）

```
template = ' 编号：{:0>9s}\t 公司名称：{:s} \t 官网：http://www.{:s}.com'    # 定义模板
context1 = template.format('7',' 百度 ','baidu')                          # 转换内容 1
context2 = template.format('8',' 明日学院 ','mingrisoft')                 # 转换内容 2
print(context1)                                                          # 输出格式化后的字符串
print(context2)                                                          # 输出格式化后的字符串
```

上面的代码运行后将显示如图 6.13 所示的效果，即按照指定模板格式输出两条公司信息。

```
编号：000000007 公司名称：  百度     官网：http://www.baidu.com
编号：000000008 公司名称：  明日学院  官网：http://www.mingrisoft.com
>>>
```

图 6.13　格式化输出公司信息

　　在实际开发中，数值类型有多种显示方式，比如货币形式、百分比形式等，使用 format() 方法可以将数值格式化为不同的形式。

6.2　正则表达式基础

　　在处理字符串时，经常会有查找符合某些复杂规则的字符串的需求。正则表达式就是

用于描述这些规则的工具。换句话说，正则表达式就是记录文本规则的代码。对于接触过
DOS 的用户来说，如果想匹配当前文件夹下所有的文本文件，可以输入"dir *.txt"命令，
按 <Enter> 键后，所有".txt"文件将会被列出来。这里的"*.txt"即可理解为一个简单的正
则表达式。

6.2.1　行定位符

行定位符用来描述子串的边界。"^"表示行的开始，"$"表示行的结尾。如：

```
^tm
```

该表达式表示要匹配子串 tm 的开始位置是行头，如"tm"就可以匹配，而"Tomorrow
Moon equal tm"则不匹配。但如果使用：

```
tm$
```

则表示后者可以匹配，而前者不能匹配。如果要匹配的子串可以出现在字符串的任意部
分，那么可以直接写成：

```
tm
```

这样两个字符串就都可以匹配了。

6.2.2　元字符

除了前面介绍的元字符"^"和"$"外，正则表达式里还有更多的元字符，例如下面的
正则表达式就应用了元字符"\b"和"\w"。

```
\bmr\w*\b
```

上面的正则表达式用于匹配以字母 mr 开头的单词，先是从某个单词开始处"\b"，然
后匹配字母 mr，接着是任意数量的字母或数字"\w*"，最后是单词结束处"\b"。该表达式
可以匹配"mrsoft""mrbook"和"mr123456"等等，但不能与"amr"匹配。更多常用元
字符如表 6.3 所示。

表 6.3　**常用元字符**

元字符	说明
.	匹配除换行符以外的任意字符
\w	匹配字母、数字、下划线或汉字
\W	匹配除字母、数字、下划线或汉字以外的字母
\s	匹配单个空白符（包括 <Tab> 键和换行符）
\S	除单个空白字符（包括 <Tab> 键和换行符）以外的所有字符
\d	匹配数字
\b	匹配单词的开始或结束，单词的分界符通常是空格、标点符号或者换行
^	匹配字符串的开始
$	匹配字符串的结束

6.2.3　限定符

在上面例子中，使用"\w*"匹配任意数量的字母或数字。如果想匹配特定数量的数字，该如何表示呢？正则表达式提供了限定符（指定数量的字符）来实现该功能。如匹配 8 位 QQ 号，可用如下表示式：

```
^\d{8}$
```

常用的限定符如表 6.4 所示。

表 6.4　**常用限定符**

限定符	说明	举例
?	匹配前面的字符零次或一次	colou?r，该表达式可以匹配 colour 和 color
+	匹配前面的字符一次或多次	go+gle，该表达式可以匹配的范围从 gogle 到 goo…gle
*	匹配前面的字符零次或多次	go*gle，该表达式可以匹配的范围从 ggle 到 goo…gle
{n}	匹配前面的字符 n 次	go{2}gle，该表达式只匹配 google
{n,}	匹配前面的字符最少 n 次	go{2,}gle，该表达式可以匹配的范围从 google 到 goo…gle
{n,m}	匹配前面的字符最少 n 次，最多 m 次	employe{0,2}，该表达式可以匹配 employ、employe 和 employee 3 种情况

6.2.4　字符类

正则表达式查找数字和字母是很简单的，因为已经有了对应这些字符集合的元字符（如"\d"，"\w"），但是如果要匹配没有预定义元字符的字符集合（比如元音字母 a, e, i, o, u），应该怎么办？

很简单，只需要在方括号里列出它们就行了，像 [aeiou] 就匹配任何一个英文元音字母，[.?!] 匹配标点符号（"."或"?"或"!"）。也可以轻松地指定一个字符范围，像"[0-9]"代表的含义与"\d"就是完全一致的：一位数字；同理，"[a-z0-9A-Z_]"也完全等同于"\w"（如果只考虑英文的话）。

📖 说明

> 要想匹配给定字符串中任意一个汉字，可以使用"[\u4e00-\u9fa5]"；如果要匹配连续多个汉字，可以使用"[\u4e00-\u9fa5]+"。

6.2.5　排除字符

在 6.2.4 节列出的是匹配符合指定字符集合的字符串。现在反过来，匹配不符合指定字符集合的字符串，正则表达式提供了"^"字符。这个元字符在 6.2.1 节中出现过，表示行的开始。而这里将会放到方括号中，表示排除的意思。例如：

```
[^a-zA-Z]
```

该表达式用于匹配一个不是字母的字符。

6.2.6　选择字符

试想一下，如何匹配身份证号码？首先需要了解一下身份证号码的规则。身份证号码长度为 15 位或者 18 位。如果为 15 位时，全为数字；如果为 18 位时，则前 17 位为数字，最后一位是校验位，可能为数字或字符 X。

在上面的描述中，包含着条件选择的逻辑，这就需要使用选择字符"|"来实现。该字符可以理解为"或"，匹配身份证的表达式可以写成如下方式：

```
(^\d{15}$)|(^\d{18}$)|(^\d{17})(\d|X|x)$
```

该表达式的意思是匹配 15 位数字，或者 18 位数字，或者 17 位数字和最后一位。最后一位可以是数字或者是 X，或者是 x。

6.2.7　转义字符

正则表达式中的转义字符"\"和 Python 中的大同小异，都是将特殊字符（如"."".""\"等）变为普通的字符。举一个 IP 地址的实例，用正则表达式匹配诸如"127.0.0.1"这样格式的 IP 地址。如果直接使用点字符，格式为：

```
[1-9]{1,3}.[0-9]{1,3}.[0-9]{1,3}.[0-9]{1,3}
```

这显然不对，因为"."可以匹配一个任意字符。这时，不仅是"127.0.0.1"这样的 IP，连"127101011"这样的字串也会被匹配出来。所以在使用"."时，需要使用转义字符"\"。修改后上面的正则表达式格式为：

```
[1-9]{1,3}\.[0-9]{1,3}\.[0-9]{1,3}\.[0-9]{1,3}
```

📖 **说明**

> 括号在正则表达式中也算是一个元字符。

6.2.8　分组

通过 6.2.6 节中的例子，相信读者已经对小括号的作用有了一定的了解。小括号字符的第一个作用就是可以改变限定符的作用范围，如"|""*""^"等。例如下面的表达式中包含小括号。

```
(six|four)th
```

这个表达式的意思是匹配单词 sixth 或 fourth，如果不使用小括号，那么就变成了匹配单词 six 和 fourth。

小括号的第二个作用是分组，也就是子表达式。如 (\.[0-9]{1,3}){3}，就是对分组 (\.[0-9]{1,3}) 进行重复操作。

6.2.9　在 Python 中使用正则表达式语法

在 Python 中使用正则表达式时，是将其作为模式字符串使用的。例如，将匹配不是字母的一个字符的正则表达式表示为模式字符串，可以使用下面的代码：

```
'[^a-zA-Z]'
```

而如果将匹配以字母 m 开头的单词的正则表达式转换为模式字符串，则不能直接在其两侧添加引号定界符，例如，下面的代码是不正确的。

```
'\bm\w*\b'
```

而是需要将其中的"\"进行转义，转换后的结果为：

```
'\\bm\\w*\\b'
```

由于模式字符串中可能包括大量的特殊字符和反斜杠，所以需要写为原生字符串，即在模式字符串前加 r 或 R。例如，上面的模式字符串采用原生字符串表示就是：

```
r'\bm\w*\b'
```

 说明

在编写模式字符串时，并不是所有的反斜杠都需要进行转换，例如，前面编写的正则表达式"^\d{8}$"中的反斜杠就不需要转义，因为其中的"\d"并没有特殊意义。不过，为了编写方便，本书中的正则表达式都采用原生字符串表示。

6.3 使用 re 模块实现正则表达式操作

Python 提供了 re 模块，用于实现正则表达式的操作。在实现时，可以使用 re 模块提供的方法（例如，search()、match()、findall() 等）进行字符串处理，也可以先使用 re 模块的 compile() 方法将模式字符串转换为正则表达式对象，然后再使用该正则表达式对象的相关方法来操作字符串。

re 模块在使用时，需要先应用 import 语句引入，具体代码如下：

```
import re
```

如果在使用 re 模块时，未将其引入，将抛出如图 6.14 所示的异常。

```
Traceback (most recent call last):
  File "E:\program\Python\Code\test.py", line 22, in <module>
    pattern =re.compile(pattern)
NameError: name 're' is not defined
>>>
```

图 6.14　未引入 re 模块抛出的异常

6.3.1 匹配字符串

匹配字符串可以使用 re 模块提供的 match()、search() 和 findall() 等方法。

（1）使用 match() 方法进行匹配

match() 方法用于从字符串的开始处进行匹配，如果在起始位置匹配成功，则返回 Match 对象，否则返回 None，语法格式如下：

```
re.match(pattern, string, [flags])
```

参数说明：

☑ pattern：表示模式字符串，由要匹配的正则表达式转换而来。

☑ string：表示要匹配的字符串。

☑ flags：可选参数，表示标志位，用于控制匹配方式，如是否区分字母大小写。常用的标志如表 6.5 所示。

表 6.5 常用标志

标志	说明
A 或 ASCII	对于 \w、\W、\b、\B、\d、\D、\s 和 \S 只进行 ASCII 匹配（仅适用于 Python 3.x）
I 或 IGNORECASE	执行不区分字母大小写的匹配
M 或 MULTILINE	将 ^ 和 $ 用于包括整个字符串的开始和结尾的每一行（默认情况下，仅适用于整个字符串的开始和结尾处）
S 或 DOTALL	使用 "." 字符匹配所有字符，包括换行符
X 或 VERBOSE	忽略模式字符串中未转义的空格和注释

例如，匹配字符串是否以 "mr_" 开头，不区分字母大小写，代码如下：

（源码位置：资源包 \MR\Code\06\16）

```
import re
pattern = r'mr_\w+'                          # 模式字符串
string = 'MR_SHOP mr_shop'                    # 要匹配的字符串
match = re.match(pattern,string,re.I)         # 匹配字符串，不区分大小写
print(match)                                  # 输出匹配结果
string = ' 项目名称 MR_SHOP mr_shop'           # 
match = re.match(pattern,string,re.I)         # 匹配字符串，不区分大小写
print(match)                                  # 输出匹配结果
```

执行结果如下：

```
<_sre.SRE_Match object; span=(0, 7), match='MR_SHOP'>
None
```

从上面的执行结果中可以看出，字符串 "MR_SHOP mr_shop" 是以 "mr_" 开头，所以返回一个 Match 对象，而字符串 "项目名称 MR_SHOP mr_shop" 不是以 "mr_" 开头，将返回 "None"。这是因为 match() 方法从字符串的开始位置开始匹配，当第一个字母不符合条件时，则不再进行匹配，直接返回 None。

Match 对象中包含了匹配值的位置和匹配数据。其中，要获取匹配值的起始位置可以使用 Match 对象的 start() 方法；要获取匹配值的结束位置可以使用 end() 方法。通过 span() 方法可以返回匹配位置的元组；通过 string 属性可以获取要匹配的字符串。例如下面的代码：

（源码位置：资源包 \MR\Code\06\17）

```
import re
pattern = r'mr_\w+'                          # 模式字符串
string = 'MR_SHOP mr_shop'                    # 要匹配的字符串
match = re.match(pattern,string,re.I)         # 匹配字符串，不区分大小写
print(' 匹配值的起始位置: ',match.start())
print(' 匹配值的结束位置: ',match.end())
```

```
print(' 匹配位置的元组: ',match.span())
print(' 要匹配的字符串: ',match.string)
print(' 匹配数据: ',match.group())
```

执行结果如下：

```
匹配值的起始位置: 0
匹配值的结束位置: 7
匹配位置的元组: (0, 7)
要匹配字符串: MR_SHOP mr_shop
匹配数据: MR_SHOP
```

（2）使用 search() 方法进行匹配

search() 方法用于在整个字符串中搜索第一个匹配的值，如果匹配成功，则返回 Match 对象，否则返回 None，语法格式如下：

```
re.search(pattern, string, [flags])
```

参数说明：

☑　pattern：表示模式字符串，由要匹配的正则表达式转换而来。

☑　string：表示要匹配的字符串。

☑　flags：可选参数，表示标志位，用于控制匹配方式，如是否区分字母大小写。常用的标志如表 6.5 所示。

例如，搜索第一个以"mr_"开头的字符串，不区分字母大小写，代码如下：

（源码位置：资源包 \MR\Code\06\18）

```
import re
pattern = r'mr_\w+'                          # 模式字符串
string = 'MR_SHOP mr_shop'                   # 要匹配的字符串
match = re.search(pattern,string,re.I)       # 搜索字符串，不区分大小写
print(match)                                 # 输出匹配结果
string = ' 项目名称 MR_SHOP mr_shop'          # 搜索字符串，不区分大小写
match = re.search(pattern,string,re.I)       # 搜索字符串，不区分大小写
print(match)                                 # 输出匹配结果
```

执行结果如下：

```
<_sre.SRE_Match object; span=(0, 7), match='MR_SHOP'>
<_sre.SRE_Match object; span=(4, 11), match='MR_SHOP'>
```

从上面的运行结果中可以看出，search() 方法不仅仅是在字符串的起始位置搜索，其他位置有符合的匹配也可以。

（3）使用 findall() 方法进行匹配

findall() 方法用于在整个字符串中搜索所有符合正则表达式的字符串，并以列表的形式返回。如果匹配成功，则返回包含匹配结构的列表，否则返回空列表。其语法格式如下：

```
re.findall(pattern, string, [flags])
```

参数说明：

☑　pattern：表示模式字符串，由要匹配的正则表达式转换而来。

☑　string：表示要匹配的字符串。

☑　flags：可选参数，表示标志位，用于控制匹配方式，如是否区分字母大小写。常用

的标志如表 6.5 所示。

例如，搜索以 "mr_" 开头的字符串，代码如下：

（源码位置：资源包 \MR\Code\06\19）

```
import re
pattern = r'mr_\w+'                              # 模式字符串
string = 'MR_SHOP mr_shop'                       # 要匹配的字符串
match = re.findall(pattern,string,re.I)          # 搜索字符串，不区分大小写
print(match)                                      # 输出匹配结果
string = ' 项目名称 MR_SHOP mr_shop'
match = re.findall(pattern,string)               # 搜索字符串，区分大小写
print(match)                                      # 输出匹配结果
```

执行结果如下：

```
['MR_SHOP','mr_shop']
['mr_shop']
```

如果在指定的模式字符串中，包含分组，则返回与分组匹配的文本列表。例如：

（源码位置：资源包 \MR\Code\06\20）

```
import re
pattern = r'[1-9]{1,3}(\.[0-9]{1,3}){3}'         # 模式字符串
str1 = '127.0.0.1 192.168.1.66'                  # 要配置的字符串
match = re.findall(pattern,str1)                 # 进行模式匹配
print(match)
```

上面的代码的执行结果如下：

```
[ '.1' , '.66' ]
```

从上面的结果可以看出，并没有得到匹配的 IP 地址，这是因为在模式字符串中出现了分组，所以得到的结果是根据分组进行匹配的结果，即 "(\.[0-9]{1,3})" 匹配的结果。如果想获取整个模式字符串的匹配，可以将整个模式字符串使用一对小括号进行分组，然后在获取结果时，只取返回值列表的每个元素（是一个元组）的第 1 个元素。代码如下：

（源码位置：资源包 \MR\Code\06\21）

```
import re
pattern = r'([1-9]{1,3}(\.[0-9]{1,3}){3})'       # 模式字符串
str1 = '127.0.0.1 192.168.1.66'                  # 要配置的字符串
match = re.findall(pattern,str1)                 # 进行模式匹配
for item in match:
    print(item[0])
```

执行结果如下：

```
127.0.0.1
192.168.1.66
```

6.3.2 替换字符串

sub() 方法用于实现字符串替换，语法格式如下：

```
re.sub(pattern, repl, string, count, flags)
```

参数说明：

☑ pattern：表示模式字符串，由要匹配的正则表达式转换而来。

☑ repl：表示替换的字符串。

☑ string：表示要被查找替换的原始字符串。

☑ count：可选参数，表示模式匹配后替换的最大次数，默认值为 0，表示替换所有的匹配。

☑ flags：可选参数，表示标志位，用于控制匹配方式，如是否区分字母大小写。

例如，隐藏中奖信息中的手机号码，代码如下：

（源码位置：资源包 \MR\Code\06\22）

```
import re
pattern = r'1[34578]\d{9}'                    # 定义要替换的模式字符串
string = ' 中奖号码为：84978981 联系电话为：13611111111'
result = re.sub(pattern,'1XXXXXXXXXX',string)  # 替换字符串
print(result)
```

执行结果如下：

中奖号码为：84978981 联系电话为：1XXXXXXXXXX

6.3.3 使用正则表达式分割字符串

split() 方法用于实现根据正则表达式分割字符串，并以列表的形式返回，其作用与字符串对象的 split() 方法类似，所不同的就是分割字符由模式字符串指定。语法格式如下：

```
re.split(pattern, string, [maxsplit], [flags])
```

参数说明：

☑ pattern：表示模式字符串，由要匹配的正则表达式转换而来。

☑ string：表示要匹配的字符串。

☑ maxsplit：可选参数，表示最大的拆分次数。

☑ flags：可选参数，表示标志位，用于控制匹配方式，如是否区分字母大小写。

例如，从给定的 URL 地址中提取出请求地址和各个参数，代码如下：

（源码位置：资源包 \MR\Code\06\23）

```
import re
pattern = r'[?|&]'                             # 定义分割符
url = 'http://www.mingrisoft.com/login.jsp?username="mr"&pwd="mrsoft"'
result = re.split(pattern,url)                 # 分割字符串
print(result)
```

执行结果如下：

['http://www.mingrisoft.com/login.jsp','username="mr"', 'pwd="mrsoft"']

6.4　实战任务

任务 1：字符串综合训练

"美国企业请注意，要么创新，要么杰夫·贝佐斯替你创新。"

杰夫·贝佐斯是谁？他是网上书店 Amazon（亚马逊）的创始人，是美国很具创新力、令人生畏的企业领导者。2018 年 3 月 6 日，福布斯 2018 富豪榜发布，杰夫·贝佐斯以 1120 亿美元的身价超越比尔·盖茨成为世界首富。他对"福布斯"表示，自己的发展之路才刚刚开始。

编写一个 Python 程序，将字符串"2018 Amazon Jeff Bezos 1120"进行操作，实现如下功能：

① 去掉字符串中的 2018 字符串，得到字符串："Amazon Jeff Bezos 1120"。

② 将字符串中的数字提取出来，得到字符串："20181120"。

③ 将字符串中的数字部分用【】括起来，得到字符串："【2018】Amazon Jeff Bezos【1120】"。

④ 去除字符串中所有空格，得到字符串："2018AmazonJeffBezos1120"。

⑤ 将字符串中的数字乘以 2，得到字符串："4036AmazonBezos2240"。

⑥ 将字符串"Jeff Bezos"添加到字符串"要么创新，要么杰夫·贝索斯会替你做"中"杰夫·贝索斯"后面，并用括号括起来。得到字符串："要么创新，要么杰夫·贝索斯（Jeff Bezos）会替你做"。

任务 2：查找字符串中字符出现的次数

编写一个程序，要求用户先输入字符串"ArrayListCharacter listnewArrayList3125"，然后要求用户输入一个字符（不区分大小写），如"a"，输出该字符在字符串中出现的次数。

任务 3：格式化输出商品的编号和单价

编写一个程序，实现对商品编号和单价的格式化输出。首先输入一些销售数据，如图 6.15 所示，不用输入第一行商品号等信息。然后将输入的商品信息中的商品号用 6 位输出，单价保留 2 位小数点，前面添加人民币符号（￥）输出，效果如图 6.16 所示。

商品号	商品名	单位	单价
01	电风扇	美的	500
02	洗衣机	TCL	1000
03	冰箱	海尔	1500
04	电视	创维	2000
05	空调	伊克萨斯	2000
06	微波炉	老板	1000

图 6.15 **商品信息**

图 6.16 **输出效果**

任务 4：删除字符串中重复的字符

编写一个程序，要求用户输入一个字符串，然后将字符串中重复的字符去除（只保留一个不重复字符），如输入"abcaadef"，输出为"abcdef"。

任务 5：输出身份证中的生日信息

编写一个程序，要求用户输入一个身份证号，然后输出生日、性别，如输入"220105200502 13****"，则输出信息"2005 年 2 月 13 日男"。

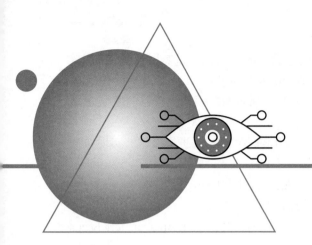

第7章
if 选择语句

流程控制对于任何一门编程语言来说都非常重要，因为它提供了控制程序如何执行的方法。如果没有流程控制的话，整个程序都将按照从上至下的顺序来执行，而不能根据客户的需求决定程序执行的顺序。本章将对 Python 中的流程控制语句进行介绍。

7.1 程序结构

计算机在解决某个具体问题时，主要有 3 种情形，分别是顺序执行所有的语句、选择执行部分语句和循环执行部分语句。对应程序设计中的 3 种基本结构是顺序结构、选择结构和循环结构。这 3 种结构的执行流程如图 7.1 所示。

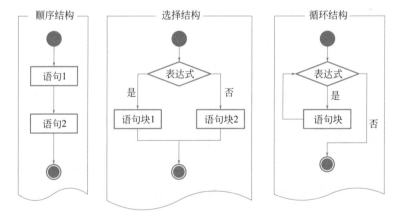

图 7.1　结构化程序设计的 3 种基本结构

其中，第一幅图是顺序结构的流程图，编写完毕的语句按照编写顺序依次被执行；第二幅图是选择结构的流程图，它主要根据条件语句的结果选择执行不同的语句；第三幅图是循环结构的流程图，它是在一定条件下反复执行某段程序的流程结构，其中，被反复执行的语句称为循环体，决定循环是否终止的判断条件称为循环条件。

7.2　常用选择语句

在生活中，我们总是要做出许多选择，程序也是一样。下面给出几个常见的例子：

- ☑　飞机大战中如果打中飞机，飞机就爆炸。
- ☑　如果购买的彩票号码等于公布的彩票大奖号码，就中了彩票大奖。
- ☑　驾驶员理论考试科目中，成绩达到 90 分的为合格。

以上例子中的判断，就是程序中的选择语句，也称为条件语句，即按照条件选择执行不同的代码片段。Python 中选择语句主要有 3 种形式，分别为 if 语句、if…else 语句和 if…elif…else 多分支语句。

 说明

> 在其他语言中（例如，C、C++、Java 等），选择语句还包括 switch 语句，其也可以实现多重选择。但是，在 Python 中，没有 switch 语句，所以实现多重选择的功能时，只能使用 if…elif…else 多分支语句或者 if 语句的嵌套。

7.2.1　最简单的 if 语句

Python 中使用 if 保留字来组成选择语句，其最简单的语法形式如下：

```
if 表达式：
    语句块
```

其中，表达式可以是一个单纯的布尔值或变量，也可以是比较表达式或逻辑表达式（例如，a > b and a != c），如果表达式为真，则执行"语句块"；如果表达式为假，就跳过"语句块"，继续执行后面的语句，这种形式的 if 语句相当于汉语里的关联词语"如果……就……"，其流程图如图 7.2 所示。

在条件语句的表达式中，经常需要操作运算符。表 7.1 是常用的比较运算符。

表 7.1　条件语句中常用的比较运算符

操作符	描述
<	小于
<=	小于或等于
>	大于
>=	大于或等于
==	等于
!=	不等于

图 7.2　**最简单 if 语句的执行流程**

① 如果你购买了一张彩票，现在中奖号码公布出来了，是号码"432678"，那么用 if 语句可以判断是否中奖。

（源码位置：资源包 \MR\Code\07\01 ）

```
number = int(input(" 请输入您的 6 位奖票号码: "))      # 输入奖票号码
if number  == 432678 :                                # 判断是否符合条件，即输入奖票号码是否等于 432678
    print(number," 你中了本期大奖，请速来领奖！！ ")     # 等于中奖号码，输出中奖信息
if number  != 432678 :                                # 判断是否符合条件，即输入奖票号码不等于 432678
    print(number," 你未中本期大奖！！ ")                # 不等于中奖号码，输出未中奖信息
```

② 在实际商品销售中，经常需要对商品价格、销量进行分类，如商品日销量大于或等于 100 的商品，可以用 A 来表示。用 if 语句实现方法如下：

（源码位置：资源包 \MR\Code\07\02 ）

```
data = 105                                  # 商品日销量为 105
if data >=100 :                             # 判断是否符合条件，即日销售量是否大于或等于 100
    print(data," 此商品为 A 类商品！！ ")       # 大于或等于 100 时，输出 A 类商品信息
```

如果商品日销量小于 100，可以用 B 来表示。用 if 语句实现方法如下：

（源码位置：资源包 \MR\Code\07\03 ）

```
data =65                                    # 商品日销量为 65
if data < 100 :                             # 判断是否符合条件，即日销售量是否小于 100
    print(data," 此商品为 B 类商品！！ ")       # 小于 100，输出 B 类商品信息
```

 说明

> 使用 if 语句时，如果只有一条语句，语句块可以直接写到 ":" 的右侧，例如，下面的代码：
>
> ```
> if a > b:max = a
> ```
>
> 但是，为了程序代码的可读性，建议不要这么做。

⑦ 📁 **常见错误**

> ① if 语句后面未加冒号。例如下面的代码。
>
> ```
> number = 5
> if number == 5
>     print("number 的值为 5")
> ```
>
> 运行后，将产生如图 7.3 所示的语法错误。

图 7.3　**语法错误**

> 解决的方法是在第 2 行代码的结尾处添加英文半角的冒号。正确的代码如下：
>
> ```
> number = 5
> if number == 5:
>     print("number 的值为 5")
> ```

② 使用 if 语句时，如果在符合条件时，需要执行多个语句，例如以下语句：

```
if bmi<18.5:
    print(" 您的 BMI 指数为: "+str(bmi))          # 输出 BMI 指数
    print(" 您的体重过轻  ~ @_@ ~ ")
```

但是，在第二个输出语句的位置没有缩进，代码如下：

```
if bmi<18.5:
    print(" 您的 BMI 指数为: "+str(bmi))          # 输出 BMI 指数
print(" 您的体重过轻  ~ @_@ ~ ")
```

执行程序时，无论 bmi 的值是否小于 18.5，都会输出"您的体重过轻 ~ @_@ ~"。这显然与程序的本意是不符的，但程序并不会报告异常，因此这种 bug 很难发现。

7.2.2 if…else 语句

如果遇到只能二选一的条件，例如，某大学毕业生到知名企业实习期满后留用，现在需要选择 Python 开发的方向，示意图如图 7.4 所示。

Python 中提供了 if…else 语句解决类似问题，其语法格式如下：

图 7.4 选择从事的 Python 开发方向

```
if 表达式 :
    语句块 1
else:
    语句块 2
```

使用 if…else 语句时，表达式可以是一个单纯的布尔值或变量，也可以是比较表达式或逻辑表达式，如果满足条件，则执行 if 后面的语句块，否则，执行 else 后面的语句块，这种形式的选择语句相当于汉语里的关联词语"如果……否则……"，其流程图如图 7.5 所示。

在 7.2.1 节使用简单 if 语句彩票中奖的判断，现在使用 if…else 语句来判断是否中奖。如果购买了一张彩票，现在中奖号码公布出来了，是号码 "432678"，根据输入彩票的号码判断是否中奖。

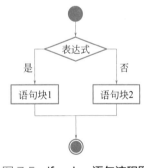

图 7.5 if…else 语句流程图

（源码位置：资源包 \MR\Code\07\04 ）

```
number = int(input(" 请输入您的 6 位奖票号码: "))     # 输入奖票号码
if number  == 432678 :                          # 判断是否符合条件，即输入奖票号码是否等于 432678
    print(number," 你中了本期大奖，请速来领奖! !  ")   # 等于中奖号码，输出中奖信息
else:
    print(number," 你未中本期大奖! !  ")            # 不等于中奖号码，输出未中奖信息
```

商品日销量大于或等于 100 的商品，用 A 来表示，否则用 B 来表示。用 if…else 语句实现方法如下：

（源码位置：资源包 \MR\Code\07\05 ）

```
data = 105                                      # 商品日销量为 105
if data >=100 :                                 # 判断是否符合条件，即日销售量是否大于或等于 100
```

```
        print(data,"此商品为 A 类商品！！")        # 大于或等于 100 时，输出 A 类商品信息
    else:                                          # 判断是否符合条件，即日销售量是否小于 100
        print(data,"此商品为 B 类商品！！")        # 小于 100 时，输出 B 类商品信息
```

> 技巧：if…else 语句可以使用条件表达式进行简化，如下面的代码。
>
> ```
> a = -9
> if a > 0:
>     b = a
> else:
>     b = -a
> print(b)
> ```
>
> 可以简写成：
>
> ```
> a = -9
> b = a if a>0 else -a
> print(b)
> ```
>
> 上段代码主要实现求绝对值的功能，如果 a＞0，就把 a 的值赋值给变量 b，否则将 −a 赋值给变量 b。使用条件表达式的好处是可以使代码简洁，并且有一个返回值。

7.2.3　if…elif…else 语句

前面讲了商品日销售量大于或等于 100 时，评价类别为 A，否则评价为 B。但在实际商品销售中，仅仅评价两个类别往往是不够的，如某公司图书在京东商城的销量 7 天 band、点击 7 天 band 的部分数据，如图 7.6 所示。

A 商品编号	B 商品名称	F 销量7天band	G 点击7天band
12353915	零基础学Python（全彩版）	A	A
12250414	零基础学C语言（全彩版 附光盘 小白手册）	A	B
12185501	零基础学Java（全彩版）（附光盘小白手册）	B	B
12163145	C语言项目开发实战入门（全彩版）	B	B
12163091	Java项目开发实战入门（全彩版）	B	B
12271986	零基础学C#（全彩版 附光盘 小白实战手册）	B	B
12163105	Android项目开发实战入门（全彩版）	B	C
12163129	C#项目开发实战入门（全彩版）	C	B
12163151	JavaWeb项目开发实战入门（全彩版）	C	B

图 7.6　购物时的付款页面

7 天销量达到多少是 A，达到多少是 B，达到多少是 C，这是京东的商业秘密，我们无法知晓。为了实现类似的销量分类，可以这样规定，销量大于或等于 1000，为 A；销量小于 1000、大于或等于 500，为 B；销量小于 500、大于或等于 300，为 C；销量小于 300为 D。是不是有点复杂？这时候可以使用 "if…elif…else" 语句，该语句是一个多分支选择语句，通常表现为 "如果满足某种条件，进行某种处理，否则，如果满足另一种条件，则执行另一种处理……"。"if…elif…else" 语句的语法格式如下：

```
if 表达式 1:
    语句块 1
elif 表达式 2:
    语句块 2
elif 表达式 3:
    语句块 3
…
```

```
else:
    语句块 n
```

使用 if…elif…else 语句时，表达式可以是一个单纯的布尔值或变量，也可以是比较表达式或逻辑表达式，如果表达式为真，执行语句；而如果表达式为假，则跳过该语句，进行下一个 elif 的判断，只有在所有表达式都为假的情况下，才会执行 else 中的语句。if…elif…else 语句的流程如图 7.7 所示。

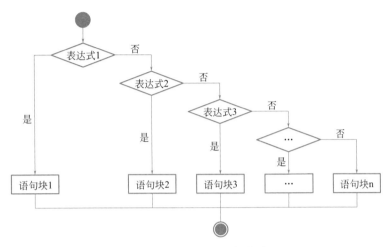

图 7.7　if…elif…else 语句的流程图

下面用代码实现将某公司图书在京东商城的 7 天销售数据进行分类，根据输入商品的 7 天的销售数量，输出该商品 7 天销售 band 属于 A、B、C、D 哪一个级别。

（源码位置：资源包 \MR\Code\07\06）

```
number = int(input("请输入商品 7 天销量:"))    # 输入某个商品 7 天销量
if number >= 1000:                          # 判断是否符合条件，即输入销量是否大于或等于 1000
    print("本商品 7 天销量为 A！！")           # 大于或等于 1000，输出销量评价
elif number >= 500:                         # 判断是否符合条件，即输入销量是否大于或等于 500
    print("本商品 7 天销量为 B！！")           # 大于或等于 500，输出销量评价
elif number >=300:                          # 判断是否符合条件，即输入销量是否大于或等于 300
    print("本商品 7 天销量为 C！！")           # 大于或等于 300，输出销量评价
else:                                        # 判断是否符合条件，即输入销量如果小于 300
    print("本商品 7 天销量为 D！！")           # 小于 300，输出销量评价
```

如果输入商品的销量大于或等于 1000，则输出："本商品 7 天销量为 A！！"如果低于 300，则输出："本商品 7 天销量为 D！！"

注意

　　if 和 elif 都需要判断表达式的真假，而 else 则不需要判断；另外，elif 和 else 都必须跟 if 一起使用，不能单独使用。

7.2.4　if 语句的嵌套

前面介绍了 3 种形式的 if 选择语句，这 3 种形式的选择语句之间都可以进行互相嵌套。在最简单的 if 语句中嵌套 if…else 语句，形式如下：

```
if 表达式 1:
    if 表达式 2:
        语句块 1
    else:
        语句块 2
```

在 if…else 语句中嵌套 if…else 语句，形式如下：

```
if 表达式 1:
    if 表达式 2:
        语句块 1
    else:
        语句块 2
else:
    if 表达式 3:
        语句块 3
    else:
        语句块 4
```

下面使用 if 嵌套语句实现根据 7 天销量数据输出销量分类，根据输入商品的 7 天的销量数据，输出该商品 7 天销售 band 属于 A、B、C、D 哪一个级别。

（源码位置：资源包 \MR\Code\07\07）

```
number = int(input("请输入商品 7 天销量:"))        # 输入某个商品 7 天销量
if number >= 1000:                                # 判断是否符合条件，即输入销量是否大于或等于 1000
    print("本商品 7 天销量为 A！！")                 # 大于或等于 1000，输出销量评价
else:
    if number >= 500:                             # 判断是否符合条件，即输入销量是否大于或等于 500
        print("本商品 7 天销量为 B！！")             # 大于或等于 500，输出销量评价
    else :
        if number >= 300:                         # 判断是否符合条件，即输入销量是否大于或等于 300
            print("本商品 7 天销量为 C！！")         # 大于或等于 300，输出销量评价
        else:                                     # 判断是否符合条件，即输入销量如果小于 300
            print("本商品 7 天销量为 D！！")         # 小于 300，输出销量评价
```

如果输入商品的销量大于或等于 1000，则输出："本商品 7 天销量为 A ！ ！"如果低于 300，则输出："本商品 7 天销量为 D ！ ！"

📖 **说明**

> if 选择语句可以有多种嵌套方式，开发程序时可以根据自身需要选择合适的嵌套方式，但一定要严格控制好不同级别代码块的缩进量。

7.3　使用 and 连接条件的选择语句

在实际工作中，经常会遇到需要同时满足两个或两个以上条件才能执行 if 后面的语句块，如图 7.8 所示。

and 是 Python 的逻辑运算符，可以使用 and 在条件中进行多个条件内容的判断。只有同时满足多个条件，才能执行 if 后面的语句块。例如，年龄在 18 周岁以上 70 周岁以下，可以申请小型汽车驾驶证。可以分解为两个条件：

① 年龄在 18 周岁以上，即"年龄≥18"

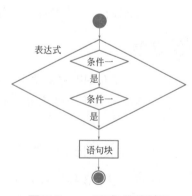

图 7.8　and 语句的流程图

② 70 周岁以下，即"年龄≤ 70"

使用 and 来实现满足这两个条件的判断，输入年龄≥ 18，年龄≤ 70，使用 print 输出"您可以申请小型汽车驾驶证"，代码如下：

（源码位置：资源包 \MR\Code\07\08）

```python
age = int(input("请输入您的年龄: "))        # 输入年龄
if age >= 18  and age <= 70:               # 输入年龄是否在 18 ~ 70 之间
    print("您可以申请小型汽车驾驶证! ")     # 输出 "您可以申请小型汽车驾驶证"
```

其实，不用 and 语句，只用 if 语句嵌套，也可以实现上面的效果，代码如下：

（源码位置：资源包 \MR\Code\07\09）

```python
age = int(input("请输入您的年龄: "))        # 输入年龄
if age  >= 18 :                            # 输入年龄是否在 18 ~ 70 之间
    if age  <= 70:
        print("您可以申请小型汽车驾驶证! ") # 输出 "您可以申请小型汽车驾驶证"
```

求除以三余二，除以五余三，除以七剩二的数，利用 and 连接多个条件语句实现，代码如下：

（源码位置：资源包 \MR\Code\07\10）

```python
print("今有物不知其数，三三数之剩二,五五数之剩三,七七数之剩二，问几何? \n")
number = int(input("请输入您认为符合条件的数: "))            # 输入一个数
if number%3 == 2 and number%5 == 3 and number%7 == 2:      # 判断是否符合条件
    print(number," 符合条件: 三三数之剩二,五五数之剩三,七七数之剩二 ")
```

运行程序，当输入 23 时，效果如图 7.9 所示。

当输入 17 时，效果如图 7.10 所示。

图 7.9　输入的是符合条件的数

图 7.10　输入的是不符合条件的数

 说明

当输入不符合条件的数时，程序没有任何反应，读者可以自己编写相关代码解决该问题。

7.4　使用 or 连接条件的选择语句

有时，会遇到只需要两个或两个以上条件之一，就能执行 if 后面的语句块，如图 7.11 所示。

or 是 Python 的逻辑运算符，可以使用 or 在条件中进行多个条件内容的判断。只要满足一个条件，就可以执行 if 后面的语句块。如将日销量低于 10 的商品，高于 100 的商品，列为重点关注商品。使用 or 来实现

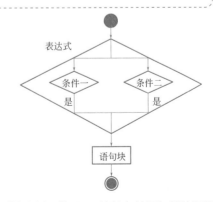

图 7.11　使用 or 连接条件语句的流程图

两个条件的判断，输入日销量 <10 或者输入日销量 >100，使用 print 输出"该商品为重点关注商品"，代码如下：

（源码位置：资源包 \MR\Code\07\11）

```python
sales = int(input("请输入商品日销量 "))          # 输入商品日销量
if sales  <10  or sales > 100:                # 判断条件
    print("该商品为重点关注商品 ")              # 输出 " 该商品为重点关注商品 "
```

不用 or 语句，只用两个简单的 if 语句，也可以实现上面的效果，代码如下：

（源码位置：资源包 \MR\Code\07\12）

```python
sales = int(input("请输入商品日销量 "))          # 输入商品日销量
if sales  <10 :                               # 判断条件
    print("该商品为重点关注商品 ")              # 输出 " 该商品为重点关注商品 "
if  sales > 100:                              # 判断条件
    print("该商品为重点关注商品 ")              # 输出 " 该商品为重点关注商品 "
```

7.5 使用 not 关键字的选择语句

在实际开发中，可能面临如下情况：

☑ 如果变量值不为空值，则输出"You win!"（你赢了），否则输出"You lost!"（你输了）。

☑ 密码输入中，输入非数字键均认为非法输入。

开发中使用 not 关键字来进行上面程序的判断。not 为逻辑运算符，用于布尔型 True 和 False。not 与逻辑判断句 if 连用，代表 not 后面的表达式为 False 的时候，执行冒号后面的语句。例如下面的代码：

（源码位置：资源包 \MR\Code\07\13）

```python
data = None
if not data:                       # 代码并未为 data 赋值，所以 data 是空值，即 data 为 False
    print("You lost!")             # 输出结果为 "You lost!" （你输了 !）
else:
    print("You win!")              # 输出结果为 "You win!" （你赢了 !）
```

本程序输出结果为"You lost !"。特别注意：not 后面的表达式为 False 的时候，执行冒号后面的语句，所以 not 后面的表达式的值尤为关键。如果代码前加入：

```python
data ="a"
```

则输出结果为"You win !"。

📑 说明

> 在 Python 中 False、None、空字符串、空列表、空字典、空元组都相当于 False。

"if x is not None"是最好的写法，不仅清晰，而且不会出现错误，以后请坚持使用这种写法。使用"if not x"这种写法的前提是：必须清楚 x 等于 None、False、空字符串、0、空列表、空字典、空元组时，对判断没有影响。

在 Python 中，要判断特定的值是否存在于列表中，可使用关键字 in；判断特定的值不存在于列表中，可使用关键字 not in。例如，密码输入中，输入非数字键均认为非法输入：

（源码位置：资源包 \MR\Code\07\14）

```
a = input("请输入1位数字密码")                          # 输入数字密码
b = ['0','1','2','3','4','5','6','7','8','9']          # 设定数字密码的数字列表
if a not in b:                                         # 输入内容未在数字列表中
    print("非法输入")                                   # 输出"非法输入"
```

运行程序，通过键盘输入 1 位数字，没有任何提示；如果输入非数字，则输出“非法输入”。

7.6 实战任务

任务 1：判断支付密码的输入数字是否合法

在淘宝购物支付时，需要输入支付密码，通常为 6 位数字，如图 7.12 所示。编写一个简单的输入验证程序（不用实现图 7.13 所示的效果，不用实现密码验证，简单实现对输入的内容判断是否为数字即可）。如输入“666666”，因为输入的全部为数字，所以输出“支付数字合法”；输入“asc666”，输出“支付数字不合法，请重新输入”。因为输入的支付数字中包含了字母“asc”。（数字 0 ~ 9 的 ASCII 码十进制为 48 ~ 57，通过数字的 ASCII 码判断输入是否非法）。

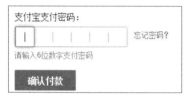

图 7.12 支付宝支付密码

```
支付宝支付密码：
88888a
支付数字不合法，请重新输入：
888888
支付数字合法
```

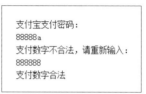

图 7.13 数字输入验证

任务 2：竞猜商品价格

编写一个程序，先从 4 款商品（图 7.14）中随机抽取一款商品，输出展示（不显示价格）。然后要求竞猜者猜价格，如果猜的价格高于实际价格，则输出“价格高了，请继续竞猜”；如果猜的价格低于实际价格，则输出“价格低了，请继续竞猜”；如果输入价格等于商品实际价格，则输出“恭喜你，你猜对了该商品的价格，你是大赢家！”，如图 7.15 所示。竞猜次数超过 20 次输出“竞猜失败，下次再战！”。

SanDisk 闪迪 u 盘 128g	149
苹果鼠标 Magic Mouse2	550
罗技 MK235 无线键盘鼠标套装	120
小米 米家扫地机器人	1400

图 7.14 4 款商品列表

```
竞猜商品为：苹果鼠标 Magic Mouse2，请输入您的竞猜价格：
300
价格低了，请继续竞猜：
550
恭喜你，你猜对了该商品的价格，你是大赢家！
```

图 7.15 输出程序运行结果

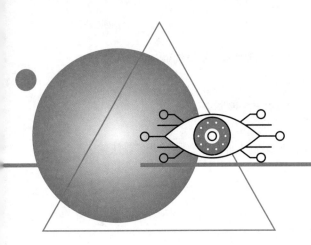

第 8 章

循环结构语句

鼠扫码享受
全方位沉浸式
学 Python 开发

日常生活中有很多问题都无法一次解决。如盖楼，所有高楼都是一层一层地垒起来的。还有一些事物必须要周而复始地运转才能保证其存在的意义，如公交车、地铁等交通工具必须每天往返于始发站和终点站之间。类似这样反复做同一件事的情况，称为循环。循环主要有两种类型：

☑　重复一定次数的循环，称为计次循环。如 for 循环。

☑　一直重复，直到条件不满足时才结束的循环，称为条件循环。只要条件为真，这种循环会一直持续下去。如 while 循环。

8.1　基础 for 循环

for 循环是一个计次循环，通常适用于枚举或遍历序列，以及迭代对象中的元素。一般应用在循环次数已知的情况下。

语法如下：

```
for 迭代变量 in 对象：
    循环体
```

其中，迭代变量用于保存读取出的值；对象为要遍历或迭代的对象，该对象可以是任何有序的序列对象，如字符串、列表和元组等；循环体为一组被重复执行的语句。

for 循环语句的执行流程如图 8.1 所示。

用现实生活中的例子来理解 for 循环的执行流程。在体育课上，体育老师要求同学们排队进行踢毽球测试，

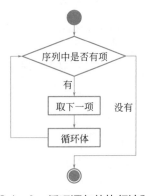

图 8.1　for 循环语句的执行流程图

每个同学只有一次机会，键球落地则换另一个同学，直到全部同学都测试完毕，即循环结束。

8.1.1　进行数值循环

在使用 for 循环时，最基本的应用就是进行数值循环。数值循环可以帮助我们解决很多重复的输入或计算问题。如可以利用数值循环批量输出带 3 位顺序数字的档案编号，代码如下：

```
for num in "12345":               # for 语句循环从 "12345" 取数给 num
    print(' 档案编号 DS'+num.zfill(3))   # zfill(3) 方法设置生成三位编号的字符串
```

运行结果如图 8.2 所示。

上面代码中 for 语句循环从 "12345" 中取字符串 "1"、"2"、"3"、"4"、"5" 给变量 num，要生成指定位数编号，最简单的是使用字符串的 zfill() 方法，zfill() 方法返回指定长度的字符串，原字符串右对齐，前面填充 0，如 '1'.zfill(3) 的值为 "001"，'1'.zfill(4) 的值为 "0001"。

档案编号 DS001
档案编号 DS002
档案编号 DS003
档案编号 DS004
档案编号 DS005

图 8.2　运行结果

在上面代码中，把字符串 "12345" 换成元祖 ("1","2","3","4","5")，运行程序试一试。发现程序正常运行。把 "12345" 换成元祖 (1,2,3,4,5) 呢？运行程序出现如图 8.3 所示的错误。分析原因：因为元祖 (1,2,3,4,5) 内的元素是数字元素，所以变量 num 每次取值也是数字，需要使用 str() 函数转为字符串，然后使用 zfill() 方法生成三位编号的字符串。

AttributeError: 'int' object has no attribute 'zfill'

图 8.3　运行结果

利用数值循环输出列表的值，如输出 [" 自强不息 "," 厚德载物 "] 中的值，代码如下：

```
for i in [" 自强不息 "," 厚德载物 "]:
    print(i)                        # 循环输出 " 自强不息 "," 厚德载物 "
```

运行程序，结果如下所示：

```
自强不息
厚德载物
```

8.1.2　利用 range() 函数强化循环

利用列表可以输出一些简单重复的内容，但如果循环次数过多，如要实现从 1 到 20 的累乘该如何实现呢？这时就需要使用 range() 函数了，看看利用 range() 函数实现的代码：

```
result=1
for i in range(1,21):
    result *=(i+1)                  # 实现累乘功能
print(" 计算 1*2*3*…*20 的结果为: "+str(result))   # 在循环结束时输出结果
```

运行程序，计算结果如下所示：

```
计算 1*2*3*…*20 的结果为: 51090942171709440000
```

在上面的代码中，使用了 range() 函数，该函数是 Python 内置的函数，用于生成一系列连续的整数。多用于 for 循环语句中。其语法格式如下：

```
range(start,end,step)
```

参数说明:

☑ start:用于指定计数的起始值,可以省略,如果省略则从 0 开始。

☑ end:用于指定计数的结束值(但不包括该值,如 range(7) 得到的值为 0 ~ 6,不包括 7),不能省略。当 range() 函数中只有一个参数时,即表示指定计数的结束值。

☑ step:用于指定步长,即两个数之间的间隔可以省略,如果省略则表示步长为 1。例如,rang(1,7) 将得到 1、2、3、4、5、6。

⚡ 注意

在使用 range() 函数时,如果只有一个参数,那么表示指定的是 end;如果是两个参数,则表示指定的是 start 和 end;只有三个参数都存在时,最后一个才表示步长。

例如,使用下面的 for 循环语句,将输出 10 以内的所有奇数:

```
for i in range(1,10,2):
    print(i,end = ' ')
```

得到的结果如下:

```
1 3 5 7 9
```

📑 多学两招

在 Python 2.x 中,如果想让 print 语句输出的内容在一行上显示,可以在后面加上逗号(例如,print i,),但是在 Python 3.x 中,使用 print() 函数时,不能直接加逗号,需要加上 ",end = '分隔符'",在上面的代码中使用的分隔符为一个空格。

📑 说明

在 Python 2.x 中,除提供 range() 函数外,还提供了一个 xrange() 函数,用于解决 range() 函数会不经意间耗掉所有可用内存的问题,而在 Python 3.x 中删除了老式的 xrange() 函数。

例:计算 1 到 100 的累加,使用 range() 函数。设置起始值为 1,结束值为 101(不包含 101,所以范围是 1 ~ 100),编写代码如下:

```
result=0
for i in range(1,101):
    result +=i                                    # 实现累加功能
print(" 计算 1+2+3+…+100 的结果为: "+str(result))    # 在循环结束时输出结果
```

运行程序,计算结果如下所示

```
计算 1+2+3+…+100 的结果为: 5050
```

上面代码的 range(1,101) 也可以省略起始值 1,即 range(101),代码如下:

```
result=0
for i in range(101):
    result +=i                                    # 实现累加功能
print(" 计算 1+2+3+…+100 的结果为: "+str(result))    # 在循环结束时输出结果
```

例：计算 1 到 500 中 5 的倍数的和，使用 range() 函数。设置起始值为 0，结束值为 501，步进值为 5（不包含 501，所以范围是 0 ~ 500），编写代码如下：

```
result=0
for i in range(0,501,5):
        result +=i                                    # 实现累加功能
print("1 到 500 中 5 的倍数的和为: "+str(result))        # 在循环结束时输出结果
```

运行程序，计算结果如下所示：

```
1 到 500 中 5 的倍数的和为: 25250
```

使用 range() 函数，如果步进值为负值，那么起始值要设置大于结束值。如计算 50 到 10，步进值为 −2 的累加，编写代码如下：

```
result=0
for i in range(50,10,-2):
        result +=i                                              # 实现累加功能
print(" 计算 50 到 10（不包括 10），步进值为 -2 的累加结果为: "+str(result))   # 在循环结束时输出结果
```

运行程序，计算结果如下所示：

```
计算 50 到 10（不包括 10），步进值为 −2 的累加结果为: 620
```

8.1.3 遍历字符串

使用 for 循环语句除了可以循环数值，还可以逐个遍历字符串。例如，下面的代码可以将横向显示的字符串转换为纵向显示：

```
string = ' 千秋功业 '
print(string)                                    # 横向显示
for ch in string:
    print(ch)                                    # 纵向显示
```

运行程序，结果如下：

```
千秋功业
千
秋
功
业
```

8.1.4 使用 enumerate() 函数简化循环

如果对一个列表，既要遍历索引又要遍历元素时，可以这样写：

```
string = ' 千秋功业 '
for i in range(len(string)):
        print(i,string[i])                                    # i 初始值为 0
```

运行程序，结果如下：

```
0 千
1 秋
2 功
3 业
```

8

其实使用 enumerate() 函数遍历索引和元素更简单。enumerate() 函数为可遍历 / 可迭代的对象 (如列表、字符串)，多用于在 for 循环中得到计数，利用它可以同时获得索引和值，即需要 index 和 value 值的时候可以使用 enumerate。如对 string 字符串中的姓氏进行编号，利用索引 index 对值 value 进行编号，代码如下：

```
result=''
string = ' 赵钱孙李 '
max= len(string)-1
for index,value in enumerate(string):
        result +=str(index+1)+'  '+ string[index]+'\n'
print(result)
```

运行程序，结果如下：

```
1   赵
2   钱
3   孙
4   李
```

enumerate 还可以接收第二个参数，用于指定索引起始值，如：

```
units=[' 赫兹 ', ' 牛顿 ',' 帕斯卡 ',' 焦耳 ',' 瓦特 ',' 库仑 ']
for index,value in enumerate(units,100):
    print(str(index+1)+'  '+ value)
```

运行程序，结果如下：

```
101   赫兹
102   牛顿
103   帕斯卡
104   焦耳
105   瓦特
106   库仑
```

8.1.5 翻转字符串

翻转字符的方法很多，使用切片方法最简单，如翻转麻省理工学院的校训 "mind and hand"，代码如下：

```
string = 'mind and hand'
result =string [::-1]
print(result)
```

使用 for 循环也可以翻转字符串，如翻转麻省理工学院的校训 "mind and hand"，代码如下：

```
result=''
string = 'mind and hand'
max= len(string)-1
for i in range(max,-1,-1):
        result += string[i]
print(result)
```

运行程序，结果如下：

```
dnah dna dnim
```

使用 enumerate() 函数也可以实现字符串翻转。代码如下：

```
result=''
string = 'mind and hand'
max= len(string)-1
for index,value in enumerate(string):
    result += string[max-index]
print(result)
```

运行程序，结果如下：

```
dnah dna dnim
```

8.1.6 遍历列表

for 循环也可以用于遍历列表，如遍历列表 heart，并行输出该列表。代码如下：

```
heart=['红桃 2', '红桃 3', ' 红桃 4', ' 红桃 5', ' 红桃 6']
for item in heart:                          # 直接循环列表内容
    print(item,end=' ')                     # 循环在一行输出列表内容
```

运行程序，结果如下：

```
红桃 2   红桃 3   红桃 4   红桃 5   红桃 6
```

通过列表的索引值也可以遍历列表，代码如下：

```
units=['赫兹 ', ' 牛顿 ',' 帕斯卡 ',' 焦耳 ',' 瓦特 ',' 库仑 ']
for index in range(len(units)):             # 根据列表内容多少进行循环
    print(units[index])                     # 循环输出游标以及对应内容
```

运行程序，结果如下：

```
赫兹
牛顿
帕斯卡
焦耳
瓦特
库仑
```

使用 enumerate() 函数可以对列表进行编号，如对 string 字符串中的姓氏进行编号，利用索引 index 对值 value 进行编号，代码如下：

```
units=['赫兹 ', ' 牛顿 ',' 帕斯卡 ',' 焦耳 ',' 瓦特 ',' 库仑 ']
for index,value in enumerate(units):
    print(str(index+1).zfill(3)+'  '+ value)
```

运行程序，结果如下：

```
001   赫兹
002   牛顿
003   帕斯卡
004   焦耳
005   瓦特
006   库仑
```

8.1.7 遍历字典

for 循环支持直接对字典遍历，如遍历字典 phone。代码如下：

8

105

```
phone = { 1: 'huawei',2: 'apple', 3: 'vivo', 4: 'xiaomi'}
for i in phone:
        print( i,phone[i])
```

运行程序，结果如下：

```
1 huawei
2 apple
3 vivo
4 xiaomi
```

也可以通过字典的 items() 方法获取 key、value 值，从而遍历字典，如遍历字典 phone，代码如下：

```
phone = { 1: 'huawei',2: 'apple', 3: 'vivo', 4: 'xiaomi'}
for key, value in phone.items():
        print(key, value)
```

运行程序，结果如下：

```
1 huawei
2 apple
3 vivo
4 xiaomi
```

也可以遍历 xxx.keys()，通过返回字典的 key 和序列获取键值进行遍历，如遍历字典 phone，代码如下：

```
phone = { 1: 'huawei',2: 'apple', 3: 'vivo', 4: 'xiaomi'}
for key in phone.keys():
        print(key,phone[key])
```

运行程序，结果如下：

```
1 huawei
2 apple
3 vivo
4 xiaomi
```

也可以遍历 xxx.values()，通过返回字典的 value 进行遍历，代码如下：

```
phone = { 1: 'huawei',2: 'apple', 3: 'vivo', 4: 'xiaomi'}
for value in phone.values():
        print(value)
```

运行程序，结果如下：

```
1 huawei
2 apple
3 vivo
4 xiaomi
```

通过 sorted() 函数可以对字典排序后再进行遍历，如遍历 student，代码如下：

```
student={'name':'linan','age':20,'gender':' 男 '}
for it in sorted(student.keys()):
        print(it,student[it])
```

运行程序，结果如下：

```
age 20
gender 男
name linan
```

8.1.8 在 for 循环中使用条件语句

在 for 循环中使用条件语句，可以实现对程序的有效控制，如输出 1 ~ 100 之间能被 23 整除的数，代码如下：

```
for i in range(1, 101):
        if i % 23 == 0:
            print(i)
        else:
            print(" 以上是 1 ~ 100 之间能被 23 整除的数 ")
```

运行程序，结果如下：

```
23
46
69
92
```

以上是 1 ~ 100 之间能被 23 整除的数。

要找出 1 ~ 30 之间的偶数和奇数，也可以使用 for 循环和 if 语句，代码如下：

```
even=[]
odd=[]
for i in range(1, 30):
        if i % 2 == 0:
            even.append(i)
        else:
            odd.append(i)
print("1 ~ 30 之间的偶数 :",even,"\n1 ~ 30 之间的奇数 :",odd)
```

运行程序，结果如下：

```
1 ~ 30 之间的偶数 : [2, 4, 6, 8, 10, 12, 14, 16, 18, 20, 22, 24, 26, 28]
1 ~ 30 之间的奇数 : [1, 3, 5, 7, 9, 11, 13, 15, 17, 19, 21, 23, 25, 27, 29]
```

8.2 嵌套 for 循环

在 Python 中，允许在一个循环体中嵌入另一个循环，这称为循环嵌套。例如，在电影院找座位号，需要知道第几排第几列才能准确找到自己的座位号，假如寻找如图 8.4 所示的在第二排第三列的座位号，首先需要寻找第二排，然后在第二排寻找第三列，这个寻找座位的过程类似于循环嵌套。

在 Python 中，在 for 循环中套用 for 循环

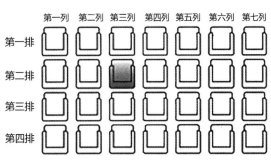

图 8.4 寻找座位

的格式如下:

```
for 迭代变量1 in 对象1:
    for 迭代变量2 in 对象2:
        循环体2
    循环体1
```

8.2.1 双层 for 循环遍历列表

通过 for 循环可遍历列表,对于嵌套列表,如果要把嵌套列表内的元素遍历出来,就要使用 for 嵌套循环。如遍历 province 列表,分别输出两个嵌套列表的省份,代码如下:

```
province= [['广东','江苏','浙江','安徽','江西','福建'],['四川','云南','贵州']]
for item in province :
    print('\n 该区域有: ',len(item),' 省份 ')
    for it in item :
        print(it,end=',')
```

运行程序,结果如下:

```
该区域有: 6 省份
广东,江苏,浙江,安徽,江西,福建,
该区域有: 3 省份
四川,云南,贵州
```

如果只想输出嵌套列表的元素,可以使用 for 列表推导式,代码如下:

```
new=[j for i in province  for j in i]
print(new)
```

运行程序,结果如下:

```
['广东','江苏','浙江','安徽','江西','福建','四川','云南','贵州']
```

8.2.2 双层 for 循环生成数字矩阵

for 语句嵌套可以组成数字矩阵或图形矩阵,如按输入生成指定长度与宽度的数字矩阵,w 表示矩阵宽度,h 表示矩阵的高度,实现代码如下:

```
h=int(input(' 请输入高度 '))
w=int(input(' 请输入长度 '))
for m in range(1,1+h):
    for n in range(m,m+w):
        print('%2d'%n,end='  ')
    print()
```

运行程序,结果如下:

```
请输入高度6
请输入长度9
```

```
1   2   3   4   5   6   7   8   9
2   3   4   5   6   7   8   9  10
3   4   5   6   7   8   9  10  11
4   5   6   7   8   9  10  11  12
5   6   7   8   9  10  11  12  13
6   7   8   9  10  11  12  13  14
```

8.2.3 三层 for 循环生成多个互不相同且不重复的三位数

嵌套 for 循环与 if 语句配合，可以实现复杂的数据处理。如利用三个数字生成多个互不相同且不重复的三位数，代码如下：

```
for i in range(1,4):
    for j in range(1,4):
        if i == j:
            continue
        for k in range(1,4):
            if k != i and k != j:
                print("%d%d%d" % (j,i,k), end=",")
                count += 1
            else:
                continue
print("\n 不重复的三位数有 :",count)
```

运行程序，程序运行结果如下：

```
213,312,123,321,132,231,
不重复的三位数有 : 6
```

8.3 for 表达式（序列推导式）

for 表达式利用可迭代对象创建新的序列，所以 for 表达式也称为序列推导式，具体语法格式如下：

```
[ 表达式 for 迭代变量 in 可迭代对象 [if 条件表达式 ] ]
```

其中，可迭代对象是要从中提取元素的可迭代对象；迭代变量是新生成的序列；[if 条件表达式] 控制生成条件，对迭代变量进行控制，但不是必需的，可以省略。如生成 0 ~ 9 的幂，实现代码如下：

```
num = range(10)
new = [i*i for i in num]
```

运行程序，结果如下：

```
[0, 1, 4, 9, 16, 25, 36, 49, 64, 81]
```

如要生成 0 ~ 9 中偶数的幂，就需要使用 [if 条件表达式] 控制生成条件，控制 i 为偶数时生成幂，实现代码如下：

```
num = range(10)
new = [i*i for i in num if i %2==0]
```

运行程序，结果如下：

```
[0, 4, 16, 36, 64]
```

上面实现 0 ~ 9 中偶数幂的 for 表达式对应关系如图 8.5 所示。

for 表达式与普通 for 循环区别如下：

① 新生成的序列是通过 for 关键字前面的表达式建立的，与 for 后的变量直接关联。

② for 表达式生成的序列类型，与外侧的序列标志有关，外侧为 []，则生成列表；外侧为 ()，则生成元祖；外侧为 {}，则生成字典。

③ for 表达式只有一行，返回的是一个序列，也称为序列推导式。

```
              if 语句对应变量i
           ┌──────────────┐
r = [i*i for i in num if i%2==0]
    └───┘      └─┘
   生成结果   可迭代对象
```

图 8.5　0 ～ 9 中偶数幂的 for 表达式对应关系

8.3.1　利用 for 表达式生成数字、字母

在编写程序时，有时需要使用数字 0 ～ 9，有时需要使用英文小写字母 a ～ z。利用 for 循环可以快速生成数字列表、英文小写字母 a ～ z、大写字母 A ～ Z，代码如下：

```
digit=[chr(i) for i in range(48, 58)]        # 生成数字 0 ~ 9
numu=[chr(i) for i in range(97, 123)]        # 英文小写字母 a ~ z
numl=[chr(i) for i in range(65, 91)]         # 英文大写字母 A ~ Z
print(digit)
print(numu)
print(numl)
```

运行程序，结果如下：

```
['0', '1', '2', '3', '4', '5', '6', '7', '8', '9']
['a', 'b', 'c', 'd', 'e', 'f', 'g', 'h', 'i', 'j', 'k', 'l', 'm', 'n', 'o', 'p', 'q', 'r',
's', 't', 'u', 'v', 'w', 'x', 'y', 'z']
['A', 'B', 'C', 'D', 'E', 'F', 'G', 'H', 'I', 'J', 'K', 'L', 'M', 'N', 'O', 'P', 'Q', 'R',
'S', 'T', 'U', 'V', 'W', 'X', 'Y', 'Z']
```

8.3.2　使用 for 表达式输出 1 ～ 100 个数

使用 for 表达式，结合 join() 方法，可以实现 1 到 100 数字的列输出，实现效果如图 8.6 所示。实现代码如下：

```
print("\n".join([str(i) for i in range(1,101)]))
```

```
1
2
3
~
98
99
100
```

图 8.6　列输出 1 ～ 100

8.4　For 循环使用 else 语句

Python 中的 for 循环可以添加一个可选的 else 分支语句，只有当 for 循环语句正常执行后，才会执行 else 语句，如果 for 循环语句中遇到 break 或 return 跳出而中断，同时又符合被跳出去的条件，则不会执行 else 语句。语法如下：

```
for <循环变量> in <遍历结构>:
          <语句块 1>
     else:
          <语句块 2>
```

其实，for … else 语句可以这样理解，for 中的语句和普通的没有区别，else 中的语句会在循环正常执行完（即 for 不是通过 break 跳出而中断的）的情况下执行，while … else 也是一样。例如判断 10 到 20 之间的数字是否为质数，代码如下：

```
for num in range(10,20):     # 迭代 10 到 20 之间的数字
  for i in range(2,num):     # 根据因子迭代
```

```
    if num%i == 0:                              # 确定第一个因子
        j=num/i                                 # 计算第二个因子
        print ('%d 等于 %d * %d' % (num,i,j))
        break                                   # 跳出当前循环
else:                                           # 循环的 else 部分
  print (num, ' 是一个质数 ')
```

得到的结果如下:

```
10 等于 2 * 5
11 是一个质数
12 等于 2 * 6
13 是一个质数
14 等于 2 * 7
15 等于 3 * 5
16 等于 2 * 8
17 是一个质数
18 等于 2 * 9
19 是一个质数
```

判断用户是否为注册用户，有 5 次输入机会。如果用户输入正确，提示"用户正确"，退出程序（因为是 break 退出，所以不执行 else 后面的语句）；否则，提示输入用户错误及剩余输入机会，让用户继续输入；输入错误 5 次后退出循环，执行 else 后面的语句（提示"用户输入错误超过 5 次，请与管理员联系！"），并退出程序。业务流程图如图 8.7 所示，代码如下:

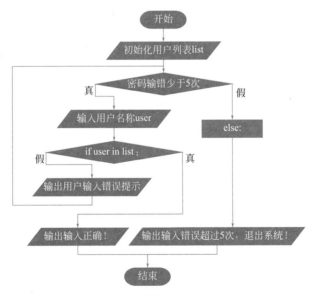

图 8.7　注册用户输入判断流程图

```
list=['john','mary','jack','jobs','jone']
for i in range(5):
    user=  input("输入你的用户名称 :")
    if user in list:
        print("用户输入正确，正在进入系统！")
        break
    else:
        print("用户输入错误，还有 ",4-i," 次机会！")
else:
    print("用户输入错误超过 5 次，请与管理员联系！")
```

运行程序，输入用户名称，输入错误超过 5 次，输出结果如图 8.8 所示；输入用户名称，输入 2 次后正确，输出结果如图 8.9 所示。

```
输入你的用户名称:sdf
用户输入错误，还有 4 次机会！
输入你的用户名称:siln
用户输入错误，还有 3 次机会！
输入你的用户名称:moon
用户输入错误，还有 2 次机会！
输入你的用户名称:cook
用户输入错误，还有 1 次机会！
输入你的用户名称:amen
用户输入错误，还有 0 次机会！
用户输入错误超过5次，请与管理员联系！
```

```
输入你的用户名称:jokmk
用户输入错误，还有 4 次机会！
输入你的用户名称:john
用户输入正确，正在进入系统！
输入竞猜年龄:
```

图 8.8　输入 5 次错误，输出结果　　　图 8.9　输入 2 次后正确，输出结果

8.5　while 循环语句

while 循环是通过一个条件来控制是否要继续反复执行循环体中的语句。语法如下：

```
while 条件表达式：
    循环体
```

 说明

> 循环体是指一组被重复执行的语句。

当条件表达式的返回值为 True 时，则执行循环体中的语句。执行完毕后，重新判断条件表达式的返回值，直到表达式返回的结果为 False 时，退出循环。while 循环语句的执行流程如图 8.10 所示。

以现实生活中的例子来理解 while 循环的执行流程。在体育课上，体育老师要求同学们沿着环形操场跑圈，要求当听到老师吹的哨子声时就停下来。同学们每跑一圈，可能会请求一次老师吹哨子。如果老师吹哨子，则停下来，即循环结束；否则继续跑步，即执行循环。

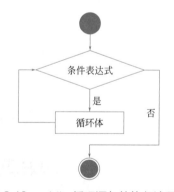

图 8.10　while 循环语句的执行流程图

下面利用 while 循环输出 3 遍"笑傲江湖"，代码如下：

```
i=1
while i <= 3:
    print(" 笑傲江湖 ")                              # 输出 " 笑傲江湖 "
    i =i+1
```

上面代码的运行结果如图 8.11 所示。

```
笑傲江湖
笑傲江湖
笑傲江湖
```

图 8.11　利用 while 循环输出 3 遍"笑傲江湖"

8.5.1 使用 while 计数循环实现密码输错 6 次锁死功能

在取款机上取款时需要输入 6 位银行卡密码。下面模拟一个简单的取款机（只有 1 位密码），每次要求用户输入 1 位数字密码。密码正确，输出"密码正确，正进入系统！"；如果输入错误，输出"密码错误，已经输错 * 次"，密码连续输入错误 6 次后，输出"密码错误 6 次，请与发卡行联系！！"。代码如下：

```
password = 0
i = 1
while i < 7:
    num = input(" 请输入 1 位数字密码！ ")
    num =int(num)                        # 记录用户输入
    if  num == password  :               # 判断密码是否正确
        print(" 密码正确，正进入系统！ " )
        i =7
    else:
        print(" 密码错误，已经输错 " , i ," 次 ")
    i+=1                                 # 次数加 1
if i== 7:
    print(" 密码错误 6 次，请与发卡行联系！！ ")
```

运行程序，根据提示输入密码，输错 1 次还可以继续输入密码，如图 8.12 所示。如果密码输入正确，则提示"密码正确，正在入系统！"，如图 8.13 所示。

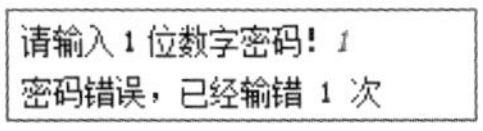

```
请输入 1 位数字密码！ 1
密码错误，已经输错 1 次
```

```
请输入 1 位数字密码！ 0
密码正确，正进入系统！
```

图 8.12　输入错误密码，进行提示 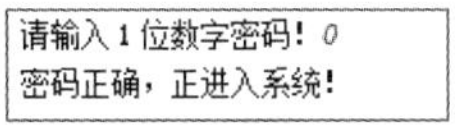　　　　图 8.13　输入密码正确，进行提示

如果输入密码错误 6 次及 6 次以上，将提示用户与发卡行联系。运行结果如图 8.14 所示。

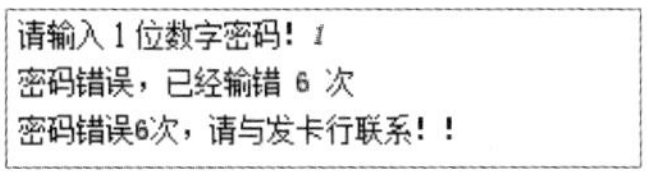

```
请输入 1 位数字密码！ 1
密码错误，已经输错 6 次
密码错误6次，请与发卡行联系！！
```

8.5.2　通过特定字符对 while 循环进行控制

图 8.14　输入错误密码 6 次，进行提示

在 while 循环中，可以在 while 语句中指定字符，对循环进行控制。如一个简单的文本输入器，用户输入字符或字符串进行列累加，输入"q"或者"Q"时退出程序，并输出已经输入的内容。实现代码如下：

```
msg=''                              # 对 msg 变量进行初始化，msg 变量用于记录用户输入的内容
text=''                             # 对 text 变量进行初始化，text 变量用于记录用户输入的累加内容
while msg.lower()!= 'q' :           # 当输入不是 "q" 或 "Q" 时，执行循环
    msg=input('')                   # 输入信息赋值给 msg
    text+=msg+"\n"                  # 输入内容累加
print(text)
```

上面代码中对循环进行判断的语句"while msg.lower()!='q':"等价于下面代码：

```
while msg!= 'q' and msg!= 'Q' :
```

8.5.3　while 比较循环

在 while 语句中可以通过 !=、==、>、< 等运算符进行循环判断。如判断输入的奖号是否为中奖号码，只有输入的奖号等于中奖号码，输出""恭喜，你中奖了!""，退出程序；否则一直要求用户输入奖票号码。代码如下：

```
win="888888"
guess=""
while guess != win:
    guess = input("请输入彩票号码: ")
else:
    print("恭喜, 你中奖了! ")
```

下面通过一个商品价格竞猜游戏，详细了解 while 语句中运算符进行循环判断的方法。

编写一个商品竞猜价格游戏，用户可以选择竞猜商品，然后根据商品竞猜价格，如图 8.15 所示。用户输入小于指定数字，提示"猜的价格小了 ..."，用户输入大于指定数字，提示"猜的价格大了 ..."，如果输入的价格等于该商品的价格，则提示"恭喜，你猜对了！"，如图 8.16 所示。

```
数字猜谜游戏!
可以竞猜的商品如下:
  1 小米手环4
  2 荣耀手环5
  3 华为手环B5
  4 ZNNCO智能血压手环
请输入竞猜商品前面的数字: 2
您选择的竞猜商品是: 荣耀手环5
```

图 8.15　**数学猜谜游戏**

```
请输入竞猜价格(只能输入整数价格): 233
猜的价格大了...
请输入竞猜价格(只能输入整数价格): e
输入价格非法, 请重新输入!
请输入竞猜价格(只能输入整数价格): 180
猜的价格小了...
请输入竞猜价格(只能输入整数价格): 199
恭喜, 你猜对了!
```

图 8.16　**实现效果**

定义 list 列表存储竞猜商品名称和价格，order 存储竞猜商品的索引，price 存储竞猜商品的价格。为实现循环进行输入价格判断，使用了 while 循环和 if 语句程序判断控制，实现代码如下：

```
list=[[' 小米手环 4',209],[' 荣耀手环 5',199],[' 华为手环 B5',849],['ZNNCO 智能血压手环 ',379]]
order=0
price =0
print(" 数字猜谜游戏 !")
print(' 可以竞猜的商品如下: \n','1',list[0][0],'\n 2',list[1][0],'\n 3',list[2][0],'\n 4',list[3][0])
number = input("请输入竞猜商品前面的数字: ")              # 竞猜价格
if number.isdigit() ==True:
    order=int(number)
    if order<4 and order>0  :
        print(" 您选择的竞猜商品是 :",list[order-1][0])
        price=list[order-1][1]
guess = -1
while guess != price:
    guess =  input("请输入竞猜价格（只能输入整数价格）: ")
    if guess.isdigit() ==True:
        guess=int(guess)
        if guess == price:
            print(" 恭喜, 你猜对了! ")
        elif guess < price:
            print(" 猜的价格小了 ...")
        elif guess > price:
            print(" 猜的价格大了 ...")
    else:
        print(" 输入价格非法, 请重新输入! ")
```

8.5.4　while none 循环

使用 while 循环语句实现从 1 开始依次尝试符合条件的数，直到找到符合条件的数时，才退出循环。具体的实现方法是：首先定义一个用于计数的变量 number 和一个作为循环条件的变量 none（默认值为真），然后编写 while 循环语句，在循环体中，将变量 number 的

值加 1，并且判断 number 的值是否符合条件，当符合条件时，将变量 none 设置为假，从而
退出循环。具体代码如下：

```python
print(" 今有物不知其数，三三数之剩二,五五数之剩三,七七数之剩二，问几何？ \n")
none = True                                              # 作为循环条件的变量
number = 0                                               # 计数的变量
while none:
        number += 1                                      # 计数加 1
        if number%3 ==2 and number%5 ==3 and number%7 ==2:  # 判断是否符合条件
            print(" 答日: 这个数是 ",number)              # 输出符合条件的数
            none = False                                 # 将循环条件的变量赋值为否
```

运行程序，将显示如图 8.17 所示的效果。
从图 8.17 中可以看出第一个符合条件的数是
23，这就是想要的答案。

图 8.17　while 循环版解题法

 注意

在使用 while 循环语句时，一定不要忘记添加将循环条件改变为 False 的代码
（例如，以上实例的第 08 行代码一定不能少），否则将产生死循环。

8.5.5　while True 循环

while True 作为无限循环，经常在不知道循环次数的时候使用，并且需要在循环内使用
break 才会停止。如判断用户输入的用户名称是否正确，只有正确才能进入系统，否则重复
要求输入用户名。实现代码如下：

```python
user={'jack':'123456', 'jone':'888888',  'job':'66666'}
while True:
        name = input('请输入您的用户名: ')
        if name in user:                      #判断输入的用户名称是否在列表中
            print('用户名正确, 正在进入系统! ')
            break                             #退出循环
        else:
            print('您输入的用户名不存在，请重新输入')
```

运行程序，输入用户名 jock，将输出 "您输入的用户名不存在，请重新输入"，运行效
果如图 8.18 所示；输入用户名 jack，将输出 "用户名正确，正在进入系统！"，然后退出程
序，运行效果如图 8.19 所示。

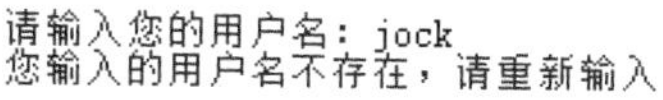

请输入您的用户名：jock
您输入的用户名不存在，请重新输入

图 8.18　输出效果

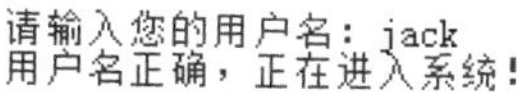

请输入您的用户名：jack
用户名正确，正在进入系统！

图 8.19　输出效果

注意

while True 语句中一定要有结束该循环的 break 语句，否则会一直循环下去的。

在 while True 语句进行输入判断时，可以根据用户输入的内容对流程进行控制。如注册
账户的程序，如果用户输入字母 "q" 或者 "Q"，输出 "正在退出程序！"，退出程序；如果

密码和确认密码一致，则可以进行注册，输出"密码确认正确，正在进行注册！"；否则要求用户重新输入密码和确认密码，输出"密码输入不一致，请重新输入！"，实现代码如下：

```python
while True:
    one = input("请输入注册密码：")
    if one.lower() == "q":
        print('正在退出程序！')
        break
    two = input("请输入确认密码：")
    if one==two:
        print('密码确认正确，正在进行注册！')
        break
    else:
        print('密码输入不一致，请重新输入！')
```

运行程序，如果输入的注册密码和确认密码不一致，则提示"密码输入不一致，请重新输入！"，要求重新输入密码和确认密码，运行效果如图 8.20 所示；如果输入的密码和确认密码一致，则提示"密码确认正确，正在进行注册！"，退出程序，运行效果如图 8.21 所示；如果输入的是"q"或者"Q"，则提示"正在退出程序！"，退出程序，运行效果如图 8.22 所示。

```
请输入登录密码：mingrisoft
请输入确认密码：mingribook
密码输入不一致，请重新输入！
```

图 8.20　密码输入不一致，
输出效果

```
请输入登录密码：mingrisoft
请输入确认密码：mingrisoft
密码确认正确，正在进行注册！
```

图 8.21　密码确认正确，
输出效果

```
请输入登录密码：q
正在退出程序！
```

图 8.22　输入"q"，
输出效果

使用 while True 语句读取文件时，可以根据读取的内容判断是否需要退出 while True 循环。如读取文件"d:\new\go.txt"，采用按行读取方式读取文件内容，如果读取的行内容为空，就退出程序，否则一直读取文件内容。实现代码如下：

```python
with open(r'd:\go.txt', 'r', encoding='UTF-8') as file:   # r，取消转义符
    while True:
        line = file.readline()                            # 按行读取文件内容
        if line == '':                                    # 如果读取的行内容为空
            break                                         # 退出程序
        str += line                                       # 将读取的行内容添加到 str 变量
```

8.6　退出 while 循环的 5 种方法

使用 while 语句进行循环条件运行时，如何退出 while 循环十分关键和重要。下面介绍 5 种退出 while 循环的方法。

（1）在循环中计数，达到指定值退出循环

如输出 1 到指定数字（用户输入）的偶数，可以设置 while 循环计数大于 1 时，执行循环体内的程序，一旦等于 1 或小于 1，退出循环。

```python
count=int(input("数字："))
while count>1:
    if count%2 ==0:
        print(count)
    count-= 1
```

通过计数退出循环需要根据实际情况设置合理的计数方式，如输出指定数字区间能整除 3 的数字，可以设置低位数进行计数，达到高位数后退出循环。

```
low=int(input(" 低位数: "))
upp=int(input(" 高位数: "))
while low<=upp :
    if low%3 ==0:
        print(low)
    low+= 1
```

（2）设置指定输入字符退出循环

如果在 while 循环中通过 input() 函数进行内容输入，也可以在输入时设置指定字符，当用户输入指定字符，退出循环。如键盘练习程序，当用户输入"q"或者"Q"时退出系统。但要注意，指定字符必须先设置一个与退出循环不同的指定值，可以为空值。

```
msg = ''
key="go big or go home"
print(" 键盘练习，输入以下字母。输入 q 或 Q 键退出系统 ")
print(key)
while msg.lower()!= 'q' :
    msg = input("")
    if msg.lower() != 'q':
        print(msg)
```

（3）设置标志

可以设置一个变量，用来判断程序是否处于活动状态，这个变量被称为标志，标志变量为逻辑性变量。标志初始值为真。当要退出循环时，设置标志位为假，即可退出 while 循环。如输出列表内容，如果列表内容为空，则退出循环，设置 active 为标志变量。

```
import time
list=[' 马云 ',' 张昭 ',' 刘一虎 ',' 白雪 ',' 张楠 ',' 李芳 ']
active = True
while active:
    if not list:        # 列表为空
        active = False
        continue
    print(list[0])
    list.remove(list[0])
    time.sleep(1)
```

（4）通过 break 退出循环

通过跳转语句 break 跳出循环是最常用的方法。如任意输入一些正整数进行加法计算，当输入负数时结束输入，并输出加数的和。

```
count=0
while True:
    num=int(input(" 输入加数: "))
    if num<0:
        print(count)
        break
    count+=num
```

（5）回车键结束循环

回车键在 ASCII 码中的十进制值为 13。但是通过判断输入码的 ASCII 码无法判断输入是否为回车操作。在 python IDE 中，回车后得到的是一个空值，可以通过空值判断模拟回车操作。如输入的值为 num，用 not num 的值来判断是否为回车，如果 not num 的值为真，判断为回车。特别注意，此时 num 的值不能用 int() 等函数进行处理。

```
count=0
while True:
        num=input(" 输入加数（回车退出）: ")
        if not num:
            break
        count+=int(num)
        print(count)
```

8.7　while 循环嵌套

在 Python 中，while 循环可以进行循环嵌套。在 while 循环中套用 while 循环的格式如下：

```
while  条件表达式 1:
    while  条件表达式 2:
        循环体 2
    循环体 1
```

在 while 循环中套用 for 循环的格式如下：

```
while  条件表达式 :
    for  迭代变量 in  对象 :
        循环体 2
    循环体 1
```

在 for 循环中套用 while 循环的格式如下：

```
for  迭代变量 in  对象 :
    while  条件表达式 :
        循环体 2
    循环体 1
```

除了上面介绍的 3 种嵌套格式外，还可以实现更多层的嵌套，因为方法与上面的类似，所以这里就不再一一列出。

8.7.1　双 while 循环嵌套输出九九乘法表

我国古时的乘法口诀，是自上而下，从"九九八十一"开始，至"一一如一"止，因此古人用乘法口诀开始的两个字"九九"作为此口诀的名称，又称九九表、九九歌、九因歌、九九乘法表。使用 while 循环中套用 while 循环实现 9×9 的乘法表。实现代码如下：

```
i = 1                                    # 初始化乘法表列起始值为 1
while i<=9:                               # 控制列输出乘法表
    j = 1                                # 初始化乘法表行起始值为 1
    while j<=i:                           # 行输出乘法表
        print("{}*{}={:<2}".format(j,i,i * j),end = " ")   # 输出乘法表
        j += 1
    i += 1
print("")
```

运行程序，输出结果如下：

```
1*1=1
1*2=2   2*2=4
1*3=3   2*3=6   3*3=9
1*4=4   2*4=8   3*4=12  4*4=16
1*5=5   2*5=10  3*5=15  4*5=20  5*5=25
1*6=6   2*6=12  3*6=18  4*6=24  5*6=30  6*6=36
1*7=7   2*7=14  3*7=21  4*7=28  5*7=35  6*7=42  7*7=49
1*8=8   2*8=16  3*8=24  4*8=32  5*8=40  6*8=48  7*8=56  8*8=64
1*9=9   2*9=18  3*9=27  4*9=36  5*9=45  6*9=54  7*9=63  8*9=72  9*9=81
```

上面 9×9 的乘法表是从左侧开始输出的，也可以实现从右侧开始输出，实现代码如下：

```python
i = 1
while i<=9:
    k = 1
    while k<=9-i:
        print(end="        ")
        k += 1
    j = i
    while (j>=1):
      print("{}*{}={:<2}".format(i,j,i*j),end = " ")
      j -= 1
i += 1
print("")
```

运行程序，输出结果如下：

```
                                                        1*1=1
                                                2*2=4   2*1=2
                                        3*3=9   3*2=6   3*1=3
                                4*4=16  4*3=12  4*2=8   4*1=4
                        5*5=25  5*4=20  5*3=15  5*2=10  5*1=5
                6*6=36  6*5=30  6*4=24  6*3=18  6*2=12  6*1=6
        7*7=49  7*6=42  7*5=35  7*4=28  7*3=21  7*2=14  7*1=7
8*8=64  8*7=56  8*6=48  8*5=40  8*4=32  8*3=24  8*2=16  8*1=8
9*9=81  9*8=72  9*7=63  9*6=54  9*5=45  9*4=36  9*3=27  9*2=18  9*1=9
```

8.7.2 双 while 循环嵌套输出长方形

根据用户输入的高度值和宽度值，使用 while 循环嵌套输出使用 @ 填充的长方形，实现代码如下：

```python
height = int(input("Height:"))
width = int(input("Width:"))
num_height = 1
while num_height <= height:
    num_width = 1
    while num_width <= width:
        print("@", end = "")
        num_width += 1
    print()
    num_height +=1
```

运行程序，结果如下：

```
Height:5
Width:50
@@@@@@@@@@@@@@@@@@@@@@@@@@@@@@@@@@@@@@@@@@@@@@@@@@@@
@@@@@@@@@@@@@@@@@@@@@@@@@@@@@@@@@@@@@@@@@@@@@@@@@@@@
@@@@@@@@@@@@@@@@@@@@@@@@@@@@@@@@@@@@@@@@@@@@@@@@@@@@
@@@@@@@@@@@@@@@@@@@@@@@@@@@@@@@@@@@@@@@@@@@@@@@@@@@@
@@@@@@@@@@@@@@@@@@@@@@@@@@@@@@@@@@@@@@@@@@@@@@@@@@@@
```

8.8　跳转语句

当循环条件一直满足时，程序将会一直执行下去，就像一辆迷路的车，在某个地方不停地转圈。如果希望在中间离开循环，也就是 for 循环结束计数之前，或者 while 循环找到结束条件之前。有两种方法来做到：

- ☑　使用 break 语句完全中止循环。
- ☑　使用 continue 语句直接跳到下一次循环。

8.8.1　break 语句

break 语句可以终止当前的循环，包括 while 和 for 在内的所有控制语句。以独自一人沿着操场跑步为例，原计划跑 10 圈，可是在跑到第 2 圈的时候，遇到自己的好朋友，于是果断停下来，终止跑步，这就相当于使用了 break 语句提前终止了循环。break 语句的语法比较简单，只需要在相应的 while 或 for 语句中加入即可。

📖 说明

> break 语句一般会结合 if 语句进行搭配使用，表示在某种条件下，跳出循环。如果使用嵌套循环，break 语句将跳出最内层的循环。

在 while 语句中使用 break 语句的形式如下：

```
while 条件表达式1：
    执行代码
    if 条件表达式2：
        break
```

其中，条件表达式 2 用于判断何时调用 break 语句跳出循环。在 while 语句中使用 break 语句的流程如图 8.23 所示。

在 for 语句中使用 break 语句的形式如下：

```
for 迭代变量in 对象：
    if 条件表达式：
        break
```

其中，条件表达式用于判断何时调用 break 语句跳出循环。在 for 语句中使用 break 语句的流程如图 8.24 所示。

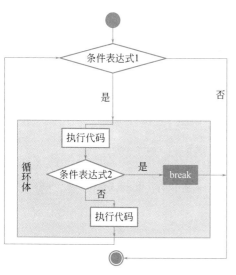

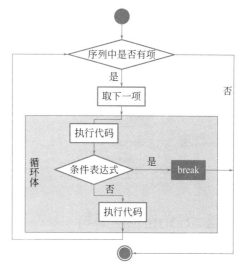

图 8.23　在 while 语句中使用 break 语句的流程图　　图 8.24　在 for 语句中使用 break 语句的流程图

在 while 循环中，break 语句一般会结合 if 语句进行搭配使用，如开发一个加法器，输入数字，累加这些数字，当输入负数时结束输入并输出累加结果，实现代码如下：

```
count=0
while True:
        num=int(input("请输入加数:"))
        if num<=0:
                break
        count+=num
print(count)
```

运行程序，输出结果如下：

```
请输入加数: 12
请输入加数: 2
请输入加数: 5
请输入加数: 7
请输入加数: -2
26
```

在for循环中，break 语句一般也会结合if语句进行搭配使用，如提取字符串"mingrisoft"中"s"之前的字符串。使用 for 循环遍历字符串，如果检索到"s"，退出程序并输出提取的字母，实现代码如下：

```
var=""
for num in 'mingrisoft':
        if num == 's':
                break
        var+=num
print('提取的字母是 :', var)
```

运行程序，输出结果如下：

```
提取的字母是 : mingri
```

在双层循环或多层循环语句中使用 break 语句退出循环，可以分层使用 break 语句，break

语句只退出其上层的循环。例如实现一个从 0 开始的二级等差数列（数列的后项减前项，组成的新数列是等差数列），需要分层使用 break 语句退出相应循环。实现代码如下：

```
count=0
for i in range(9):                    # 产生 0 ~ 8 的整数序列
    for j in range(9):                # 产生 0 ~ 8 的整数序列
        if i*j==12:
            break                     # 跳出本级 for 循环
        else:
            count+=i+j                # 等值于 count=count+i+j
            print(count)
    if count>=100:
        break                         # 退出程序，即退出大循环
```

8.8.2 continue 语句

continue 语句的作用没有 break 语句强大，它只能终止本次循环而提前进入到下一次循环中。仍然以独自一人沿着操场跑步为例，原计划跑步 10 圈，当跑到第 2 圈一半的时候，遇到自己的好朋友也在跑步，于是果断停下来，跑回起点等，然后从第 3 圈开始继续。

continue 语句的语法比较简单，只需要在相应的 while 或 for 语句中加入即可。

 说明

> continue 语句一般会结合 if 语句进行搭配使用，表示在某种条件下，跳过当前循环的剩余语句，然后继续进行下一轮循环。如果使用嵌套循环，continue 语句将只跳过最内层循环中的剩余语句。

在 while 语句中使用 continue 语句的形式如下：

```
while  条件表达式 1:
    执行代码
    if 条件表达式 2:
        continue
```

其中，条件表达式 2 用于判断何时调用 continue 语句跳出循环。在 while 语句中使用 continue 语句的流程如图 8.25 所示。

在 for 语句中使用 continue 语句的形式如下：

```
for  迭代变量 in 对象:
    if 条件表达式:
        continue
```

其中，条件表达式用于判断何时调用 continue 语句跳出循环。在 for 语句中使用 continue 语句的流程如图 8.26 所示。

在 for 循环中，如果要去除电话号码 "0431-84978981" 中的 "-"，可以在循环中使用 continue 语句跳过 "-" 字符，实现代码如下：

```
for num in '0431-84978981':    # 遍历字符串
    if num == '-':
        continue
    print( num ,end="")
```

运行程序，输出结果如下：

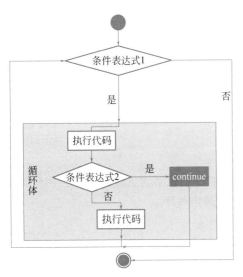

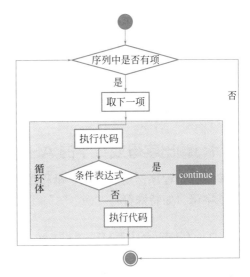

图 8.25　在 while 语句中使用 continue 语句的流程图　　图 8.26　在 for 语句中使用 continue 语句的流程图

043184978981

如果要输出 0 ～ 30 范围内不含 1 的数字，并计算这些数字的和，可以在循环中使用 continue 语句跳过含 1 的数字，实现代码如下：

```
var = 0
total=0
while var <30:
    var = var +1
    if "1" in str(var):
        continue
    total+=var
    print(var,end=",")
print(" 总和为: ",total )
```

运行程序，输出结果如下：

```
2,3,4,5,6,7,8,9,20,22,23,24,25,26,27,28,29,30,总和为: 298
```

几个朋友一起玩"逢七拍腿"游戏，即从 1 开始依次数数，当数到 7（包括尾数是 7 的情况）或 7 的倍数时，则不说出该数，而是拍一下腿。现在编写程序，计算从 1 数到 99，一共要拍多少次腿？（前提是每个人都没有出错）

通过在 for 循环中使用 continue 语句实现"逢七拍腿"游戏，即计算从 1 数到 100（不包括 100），一共要拍多少次腿？代码如下：

```
total = 99                          # 记录拍腿次数的变量
for number in range(1,100):         # 创建一个从 1 到 100（不包括）的循环
    if number % 7 ==0:              # 判断是否为 7 的倍数
        continue                    # 继续下一次循环
    else:
        string = str(number)        # 将数值转换为字符串
        if string.endswith('7'):    # 判断是否以数字 7 结尾
            continue                # 继续下一次循环
    total -= 1                      # 可拍腿次数 −1
print(" 从 1 数到 99 共拍腿 ",total," 次。")    # 显示拍腿次数
```

8

程序运行结果如下：

从 1 数到 99 共拍腿 22 次。

8.9　实战任务

任务 1：输出字母或数字的 ASCII 值

编写一个程序，用户输入字母和数字时，输出该字母或数字的 ASCII 值。当用户输入非数字或字母（如特殊符号"@""*""[""\"等）时，退出程序。

任务 2：编程输出星号"*"阵列

编程输出 20 行递阶星号"*"，第 1 行一个星号，第 2 行 2 个星号，依此类推第 20 行 20 个星号。

任务 3：输出九九乘法表

九九乘法表是数学中的乘法速算口诀，别名有九九歌，产生年代是春秋战国。九九乘法表是中小学生的必背数学经典内容之一。请输出效果如图 8.27 所示的九九乘法表。

```
1×1=1
1×2=2 2×2=4
1×3=3 2×3=6  3×3=9
1×4=4 2×4=8  3×4=12 4×4=16
1×5=5 2×5=10 3×5=15 4×5=20 5×5=25
1×6=6 2×6=12 3×6=18 4×6=24 5×6=30 6×6=36
1×7=7 2×7=14 3×7=21 4×7=28 5×7=35 6×7=42 7×7=49
1×8=8 2×8=16 3×8=24 4×8=32 5×8=40 6×8=48 7×8=56 8×8=64
1×9=9 2×9=18 3×9=27 4×9=36 5×9=45 6×9=54 7×9=63 8×9=72 9×9=81
```

图 8.27　九九乘法表

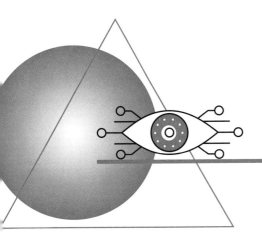

第 9 章

字典与集合

在第 5 章，讲到了列表与元组，它们与字典、集合都是常用的序列结构，本章将详细讲解字典与集合的应用。

9.1　字典

字典和列表类似，也是可变序列，不过与列表不同的是，它是无序的可变序列，保存的内容是以"键值对"的形式存放的。这类似于《新华字典》，可以把拼音和汉字关联起来，通过音节表可以快速找到想要的汉字。其中《新华字典》里的音节表相当于键（key），而对应的汉字，相当于值（value）。键是唯一的，而值可以有多个。字典在定义一个包含多个命名字段的对象时，很有用。

📋 **说明**

> Python 中的字典相当于 Java 或者 C++ 中的 Map 对象。

字典的主要特征如下：

① 通过键而不是通过索引来读取。字典有时也称为关联数组或者散列表（hash）。它是通过键将一系列的值联系起来的，这样就可以通过键从字典中获取指定项，但不能通过索引来获取。

② 字典是任意对象的无序集合。字典是无序的，各项是从左到右随机排序的，即保存在字典中的项没有特定的顺序，这样可以提高查找的效率。

③ 字典是可变的，并且可以任意嵌套。字典可以在原处增长或者缩短（无需生成一份备份），并且它支持任意深度的嵌套（即它的值可以是列表或者其他的字典）。

④ 字典中的键必须唯一。不允许同一个键出现两次，如果出现

两次，则后一个值会被记住。

⑤ 字典中的键必须不可变。字典中的键是不可变的，所以可以使用数字、字符串或者元组，但不能使用列表。

9.1.1 字典的创建和删除

定义字典时，每个元素都包含两个部分："键"和"值"。以水果名称和价钱的字典为例，键为水果名称，值为水果价格，如图 9.1 所示。

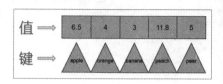

图 9.1　字典示意图

创建字典时，在"键"和"值"之间使用冒号分隔，相邻两个元素使用逗号分隔，所有元素放在一个大括号"{}"中。语法格式如下：

```
dictionary = { 'key1' :' value1' , 'key2' :' value2' , …, 'keyn' :' valuen' ,}
```

参数说明：

☑ dictionary：表示字典名称。

☑ key1、key2、…、keyn：表示元素的键，必须是唯一的，并且是不可变的，可以是字符串、数字或者元组。

☑ value1、value2、…、valuen：表示元素的值，可以是任何数据类型，不是必须唯一。

例如，创建一个保存通讯录信息的字典，可以使用下面的代码：

```
dictionary = {'qq':'84978981','mr':'84978982',' 无语 ':'0431-84978981'}
print(dictionary)
```

执行结果如下：

```
{ 'qq' : '84978981' , 'mr' : '84978982' , '无语' : '0431-84978981' }
```

同列表和元组一样，在 Python 中也可以创建空字典。使用下面两种方法创建空字典：

```
dictionary = {}
```

或者

```
dictionary = dict()
```

Python 的 dict() 方法除了可以创建一个空字典外，还可以通过已有数据快速创建字典。主要表现为以下两种形式：

① 通过映射函数创建字典，语法如下：

```
dictionary = dict(zip(list1,list2))
```

参数说明：

☑ dictionary：表示字典名称。

☑ zip() 函数：用于将多个列表或元组对应位置的元素组合为元组，并返回包含这些内容的 zip 对象。如果想得到元组，可以使用 tuple() 函数将 zip 对象转换为元组；如果想得到列表，则可以使用 list() 函数将其转换为列表。

📋 **说明**

在 Python 2.x 中，zip() 函数返回的内容为包含元组的列表。

☑ list1：一个列表，用于指定要生成字典的键。

☑ list2：一个列表，用于指定要生成字典的值。

☑ 返回值：如果 list1 和 list2 的长度不同，则与最短的列表长度相同。

例如，定义两个各包括 3 个元素的列表，再应用 dict() 函数和 zip() 函数将前两个列表转换为对应的字典，并输出该字典，代码如下：

（源码位置：资源包 \MR\Code\09\01）

```
name = ['邓肯','吉诺比利','帕克']        # 作为键的列表
sign = ['石佛','妖刀','跑车']           # 作为值的列表
dictionary = dict(zip(name,sign))       # 转换为字典
print(dictionary)                       # 输出转换后字典
```

运行实例后，将显示如图 9.2 所示的结果。

图 9.2　创建字典

② 通过给定的"键值对"创建字典，语法如下：

```
dictionary = dict(key1=value1,key2=value2,…,keyn=valuen)
```

参数说明：

☑ dictionary：表示字典名称。

☑ key1、key2、…、keyn：表示元素的键，必须是唯一的，并且是不可变，可以是字符串、数字或者元组。

☑ value1、value2、…、valuen：表示元素的值，可以是任何数据类型，不是必须唯一。

例如，将球员名称和绰号通过"键值对"的形式创建一个字典，可以使用下面的代码：

```
dictionary =dict(邓肯 = '石佛', 吉诺比利 = '妖刀', 帕克 = '跑车')
print(dictionary)
```

在 Python 中，还可以使用 dict 对象的 fromkeys() 方法创建值为空的字典，语法如下：

```
dictionary = dict.fromkeys(list1)
```

参数说明：

☑ dictionary：表示字典名称。

☑ list1：作为字典的键的列表。

例如，创建一个只包括名字的字典，可以使用下面的代码：

（源码位置：资源包 \MR\Code\09\02）

```
name_list = ['邓肯','吉诺比利','帕克']       # 作为键的列表
dictionary = dict.fromkeys(name_list)
print(dictionary)
```

执行结果如下：

> {' 邓肯 ': None,' 吉诺比利 ': None,' 帕克 ': None }

另外，还可以通过已经存在的元组和列表创建字典。例如，创建一个保存名字的元组和保存绰号的列表，通过它们创建一个字典，可以使用下面的代码：

（源码位置：资源包 \MR\Code\09\03）

```
name_tuple = (' 邓肯 ',' 吉诺比利 ', ' 帕克 ')        # 作为键的元组
sign = [' 石佛 ',' 妖刀 ',' 跑车 ']                  # 作为值的列表
dict1 = {name_tuple:sign}                           # 创建字典
print(dict1)
```

执行结果如下：

> {(' 邓肯 ',' 吉诺比利 ', ' 帕克 '): [' 石佛 ', ' 妖刀 ', ' 跑车 ']}

将作为键的元组修改为列表，再创建一个字典，代码如下：

```
name_list = [' 邓肯 ',' 吉诺比利 ', ' 帕克 ' ]       # 作为键的列表
sign = [' 石佛 ',' 妖刀 ',' 跑车 ']                  # 作为值的列表
dict1 = {name_list:sign}                            # 创建字典
print(dict1)
```

执行结果如图 9.3 所示。

同列表和元组一样，也可以使用 del 命令删除整个不再需要的字典。例如，通过下面的代码即可将已经定义的字典删除。

```
Traceback (most recent call last):
  File "E:\program\Python\Code\test.py", line 16, in <module>
    dict1 = {name_list:sign}    # 创建字典
TypeError: unhashable type: 'list'
>>>
```

图 9.3　将列表作为字典的键产生的异常

```
del dictionary
```

另外，如果只是想删除字典的全部元素，可以使用字典对象的 clear() 方法实现。执行 clear() 方法后，原字典将变为空字典。下面的代码将清除字典的全部元素：

```
dictionary.clear()
```

除了上面介绍的方法可以删除字典元素，还可以使用字典对象的 pop() 方法删除并返回指定 "键" 的元素，以及使用字典对象的 popitem() 方法删除并返回字典中的一个元素。

9.1.2　通过 "键值对" 访问字典

在 Python 中，如果想将字典的内容输出也比较简单，可以直接使用 print() 函数。例如，要想打印 9.1.1 小节中定义的 dictionary 字典，可以使用下面的代码：

```
print(dictionary)
```

执行结果如下：

> {' 邓肯 ':' 石佛 ', ' 吉诺比利 ': ' 妖刀 ',' 帕克 ': ' 跑车 '}

但是，在使用字典时，很少直接输出它的内容。一般需要根据指定的键得到相应的结果。在 Python 中，访问字典的元素可以通过下标的方式实现，与列表和元组不同，这里的下标不是索引号，而是键。例如，想要获取 "吉诺比利" 的绰号，可以使用下面的代码：

```
print(dictionary['吉诺比利'])
```

执行结果如下:

> 妖刀

在使用该方法获取键的值时,如果指定的键不存在,将抛出如图9.4所示的异常。

```
Traceback (most recent call last):
  File "E:/program/Python/Code/demo.py", line 3, in <module>
    print(dictionary['冷伊'])
KeyError: '冷伊'
```

图9.4　获取指定键不存在时抛出异常

而在实际开发中,很可能不知道当前存在什么键,所以需要避免该异常的产生。具体的解决方法是使用 if 语句对不存在的情况进行处理,即给一个默认值。例如,可以将上面的代码修改为以下内容:

```
print("罗宾逊的绰号是: ",dictionary['罗宾逊'] if '罗宾逊' in dictionary else '我的字典里没有此人')
```

当"罗宾逊"不存在时,将显示以下内容:

> 罗宾逊的绰号是: 我的字典里没有此人

另外,Python 中推荐的方法是使用字典对象的 get() 方法获取指定键的值。其语法格式如下:

```
dictionary.get(key,[default])
```

其中,dictionary 为字典对象,即要从中获取值的字典; key 为指定的键; default 为可选项,用于指定当指定的"键"不存在时,返回一个默认值,如果省略,则返回 None。

例如,通过 get() 方法获取"吉诺比利"的绰号,可以使用下面的代码:

```
print("吉诺比利的绰号是: ",dictionary.get('吉诺比利'))
```

执行结果如下:

> 吉诺比利的绰号是: 妖刀

📖 **说明**

> 为了解决在获取指定键的值时,因不存在该键而导致抛出异常的问题,可以为 get() 方法设置默认值,这样当指定的键不存在时,得到的结果就是指定的默认值。例如,将上面的代码修改为以下内容:
>
> ```
> print("罗宾逊的绰号是: ",dictionary.get('罗宾逊','我的字典里没有此人'))
> ```
>
> 将得到以下结果:
>
> > 罗宾逊的绰号是: 我的字典里没有此人

9.1.3　遍历字典

字典是以"键值对"的形式存储数据的,所以在使用字典时需要获取到这些"键值对"。Python 提供了遍历字典的方法,通过遍历可以获取字典中的全部"键值对"。

使用字典对象的 items() 方法可以获取字典的"键值对"列表。其语法格式如下：

```
dictionary.items()
```

其中，dictionary 为字典对象；返回值为可遍历的（"键值对"）的元组列表。想要获取到具体的"键值对"，可以通过 for 循环遍历该元组列表。

例如，定义一个字典，然后通过 items() 方法获取"键值对"的元组列表，并输出全部"键值对"，代码如下：

（源码位置：资源包 \MR\Code\09\04）

```
dictionary = {'qq':'84978981',' 明日科技 ':'84978982',' 无语 ':'0431-84978981'}
for item in dictionary.items():
    print(item)
```

执行结果如下：

```
('qq', '84978981')
(' 明日科技 ', '84978982')
(' 无语 ', '0431-84978981')
```

上面的示例得到的是元组中的各个元素，如果想要获取到具体的每个键和值，可以使用下面的代码进行遍历：

（源码位置：资源包 \MR\Code\09\05）

```
dictionary = {'qq':'4006751066',' 明日科技 ':'0431-84978982',' 无语 ':'0431-84978981'}
for key,value in dictionary.items():
    print(key," 的联系电话是 ",value)
```

执行结果如下：

```
qq 的联系电话是 4006751066
明日科技的联系电话是 0431-84978982
无语的联系电话是 0431-84978981
```

📖 **说明**

> 在 Python 中，字典对象还提供了 values() 和 keys() 方法，用于返回字典的值和键列表，它们的使用方法同 items() 方法类似，也需要通过 for 循环遍历该字典列表，获取对应的值和键。

9.1.4 添加、修改和删除字典元素

由于字典是可变序列，所以可以随时在其中添加"键值对"，这和列表类似。向字典中添加元素的语法格式如下：

```
dictionary[key] = value
```

参数说明：

☑ dictionary：表示字典名称。

☑ key：表示要添加元素的键，必须是唯一的，并且不可变，可以是字符串、数字或者元组。

☑ value：表示元素的值，可以是任何数据类型，不是必须唯一。

例如，还是以之前的保存 3 位 NBA 球员绰号的场景为例，在创建的字典中添加一个元素，并显示添加后的字典，代码如下：

（源码位置：资源包 \MR\Code\09\06）

```
dictionary =dict((('邓肯','石佛'),('吉诺比利','妖刀'), ('帕克','跑车')))
dictionary["罗宾逊"] = "海军上将"                    # 添加一个元素
print(dictionary)
```

执行结果如下：

{'邓肯': '石佛', '吉诺比利': '妖刀', '帕克': '跑车', '罗宾逊': '海军上将'}

从上面的结果可以看出又添加了一个键为"罗宾逊"的元素。

由于在字典中，"键"必须是唯一的，所以如果新添加元素的"键"与已经存在的"键"重复，那么将使用新的"值"替换原来该"键"的值，这也相当于修改字典的元素。例如，再添加一个"键"为"帕克"的元素，这次设置他为"法国跑车"，可以使用下面的代码：

（源码位置：资源包 \MR\Code\09\07）

```
dictionary =dict((('邓肯','石佛'),('吉诺比利','妖刀'), ('帕克','跑车')))
dictionary["帕克"] = "法国跑车"                # 添加一个元素，当元素存在时，则相当于修改功能
print(dictionary)
```

执行结果如下：

{'邓肯': '石佛', '吉诺比利': '妖刀', '帕克': '法国跑车'}

从上面的结果可以看出，并没有添加一个新的"键"——"帕克"，而是直接对"帕克"进行了修改。

当字典中的某一个元素不需要时，可以使用 del 命令将其删除。例如，要删除字典 dictionary 的键为"帕克"的元素，可以使用下面的代码：

（源码位置：资源包 \MR\Code\09\08）

```
dictionary =dict((('邓肯','石佛'),('吉诺比利','妖刀'), ('帕克','跑车')))
del dictionary["帕克"]                          # 删除一个元素
print(dictionary)
```

执行结果如下：

{'邓肯': '石佛', '吉诺比利': '妖刀'}

从上面的执行结果中可以看到，在字典 dictionary 中只剩下 2 个元素了。

⚡ 注意

当删除一个不存在的键时，将抛出如图 9.5 所示的异常。

```
Traceback (most recent call last):
    File "E:\program\Python\Code\test.py", line 7, in <module>
        del dictionary["香辣1"]    # 删除一个元素
KeyError: '香辣1'
>>>
```

图 9.5　删除一个不存在的键时将抛出的异常

因此，需要将上面的代码修改为以下内容，从而防止删除不存在的元素时抛出异常：

```
dictionary =dict((('邓肯','石佛'),('吉诺比利','妖刀'),('帕克','跑车')))
if "帕克" in dictionary:                         # 如果存在
    del dictionary["帕克"]                        # 删除一个元素
print(dictionary)
```

9.1.5 字典推导式

使用字典推导式可以快速生成一个字典，它的表现形式和列表推导式类似。例如，可以使用下面的代码生成一个包含 4 个随机数的字典，其中字典的键使用数字表示：

（源码位置：资源包 \MR\Code\09\09）

```
import random                                   # 导入 random 标准库
randomdict = {i:random.randint(10,100) for i in range(1,5)}
print("生成的字典为: ",randomdict)
```

执行结果如下：

```
生成的字典为: {1: 21, 2: 85, 3: 11, 4: 65}
```

9.2 集合

Python 中的集合同数学中的集合概念类似，也是用于保存不重复元素的。它有可变集合（set）和不可变集合（frozenset）两种。其中，本节所要介绍的 set 集合是无序可变序列，而另一种在本书中不做介绍。在形式上，集合的所有元素都放在一对大括号"{}"中，两个相邻元素间使用逗号","分隔。集合最好的应用就是去重，因为集合中的每个元素都是唯一的。

📑 说明

> 在数学中，集合的定义是把一些能够确定的不同的对象看成一个整体，而这个整体就是由这些对象的全体构成的集合。集合通常用大括号"{}"或者大写的拉丁字母表示。

集合最常用的操作就是创建集合，以及集合的添加、删除、交集、并集和差集等运算，下面分别进行介绍。

9.2.1 集合的创建

在 Python 中提供了两种创建集合的方法：一种是直接使用"{}"创建；另一种是通过 set() 函数将列表、元组等可迭代对象转换为集合。推荐使用第二种方法。下面分别进行介绍。

（1）直接使用"{}"创建

在 Python 中，创建 set 集合也可以像列表、元组和字典一样，直接将集合赋值给变量从而实现创建集合，即直接使用大括号"{}"创建。语法格式如下：

```
setname = {element 1,element 2,element 3,…,element n}
```

其中，setname 表示集合的名称，可以是任何符合Python命名规则的标识符；element 1、element 2、element 3、…、element n 表示集合中的元素，个数没有限制，并且只要是 Python 支持的数据类型就可以。

💡 注意

在创建集合时，如果输入了重复的元素，Python 会自动只保留一个。

例如，下面的每一行代码都可以创建一个集合：

```
set1 = {' 石佛 ',' 妖刀 ',' 跑车 '}
set2 = {3,1,4,1,5,9,2,6}
set3 = {'Python', 28, (' 人生苦短 ', ' 我用 Python')}
```

上面的代码将创建以下集合：

```
{' 石佛 ', ' 妖刀 ', ' 跑车 '}
{1, 2, 3, 4, 5, 6, 9}
{'Python', (' 人生苦短 ', ' 我用 Python'), 28}
```

📖 说明

由于 Python 中的 set 集合是无序的，所以每次输出时元素的排列顺序可能与上面的不同，读者不必在意。

（2）使用 set() 函数创建

在 Python 中，可以使用 set() 函数将列表、元组等其他可迭代对象转换为集合。set() 函数的语法格式如下：

```
setname = set(iteration)
```

参数说明：

☑ setname：表示集合名称。

☑ iteration：表示要转换为集合的可迭代对象，可以是列表、元组、range 对象等。另外，也可以是字符串，如果是字符串，返回的集合将是包含全部不重复字符的集合。

例如，下面的每一行代码都可以创建一个集合：

```
set1 = set(" 命运给予我们的不是失望之酒，而是机会之杯。")
set2 = set([1.414,1.732,3.14159,2.236])
set3 = set((' 人生苦短 ', ' 我用 Python'))
```

上面的代码将创建以下集合：

```
{' 不 ', ' 的 ', ' 望 ', ' 是 ', ' 给 ', '，', ' 我 ', '。', ' 酒 ', ' 会 ', ' 杯 ', ' 运 ', ' 们 ', ' 予 ', ' 而 ',
' 失 ', ' 机 ', ' 命 ', ' 之 '}
{1.414, 2.236, 3.14159, 1.732}
{' 人生苦短 ', ' 我用 Python'}
```

从上面创建的集合结果中可以看出，在创建集合时，如果出现了重复元素，那么将只保留一个，如在第一个集合中的"是"和"之"都只保留了一个。

💡 注意

在创建空集合时，只能使用 set() 函数实现，而不能使用一对大括号"{}"实现，这是因为在 Python 中，直接使用一对大括号"{}"表示创建一个空字典。

下面使用 set() 函数创建保存 NBA 球员位置信息的集合。修改后的代码如下：

```
pf = set(['邓肯','加内特','马龙'])                          # 保存大前锋位置的球员名字
print('大前锋位置的球员有：',pf,'\n')                       # 输出大前锋的球员名字
sf = set(['吉诺比利','科比','库里'])                        # 保存后卫的球员名字
print('后卫位置的球员有：',sf)                              # 输出后卫的球员名字
```

 说明

> 在 Python 中，创建集合时推荐采用 set() 函数实现。

9.2.2　集合中元素的添加和删除

集合是可变序列，所以在创建集合后，还可以对其添加或者删除元素。下面分别进行介绍。

（1）向集合中添加元素

向集合中添加元素可以使用 add() 方法实现。它的语法格式如下：

```
setname.add(element)
```

其中，setname 表示要添加元素的集合；element 表示要添加的元素内容。这里只能使用字符串、数字及布尔类型的 True 或者 False 等，不能使用列表、元组等可迭代对象。

例如，定义一个保存明日科技零基础学系列图书书名的集合，然后向该集合中添加另一个图书书名，代码如下：

（源码位置：资源包 \MR\Code\09\10）

```
mr = set(['零基础学 Java','零基础学 Android','零基础学 C 语言','零基础学 C#','零基础学 PHP'])
mr.add('零基础学 Python')                               # 添加一个元素
print(mr)
```

上面的代码运行后，将输出以下集合：

```
{'零基础学 PHP', '零基础学 Android', '零基础学 C#', '零基础学 C 语言', '零基础学 Python', '零基础学
Java'}
```

（2）从集合中删除元素

在 Python 中，可以使用 del 命令删除整个集合，也可以使用集合的 pop() 方法或者 remove() 方法删除一个元素，或者使用集合对象的 clear() 方法清空集合，即删除集合中的全部元素，使其变为空集合。

例如，下面的代码将分别实现从集合中删除指定元素、删除一个元素和清空集合。

（源码位置：资源包 \MR\Code\09\11）

```
mr = set(['零基础学 Java','零基础学 Android','零基础学 C 语言','零基础学 C#','零基础学 PHP','零基础
学 Python'])
mr.remove('零基础学 Python')                            # 移除指定元素
print('使用 remove() 方法移除指定元素后：',mr)
mr.pop()                                               # 移除一个元素
print('使用 pop() 方法移除一个元素后：',mr)
mr.clear()                                             # 清空集合
print('使用 clear() 方法清空集合后：',mr)
```

上面的代码运行后，将输出以下内容：

使用 remove() 方法移除指定元素后: {' 零基础学 Android', ' 零基础学 PHP', ' 零基础学 C 语言 ', ' 零基础学 Java', ' 零基础学 C#'}

使用 pop() 方法移除一个元素后: {' 零基础学 PHP', ' 零基础学 C 语言 ', ' 零基础学 Java', ' 零基础学 C#'}

使用 clear() 方法清空集合后: set()

注意

使用集合的 remove() 方法时，如果指定的内容不存在，将抛出如图 9.6 所示的异常。所以在移除指定元素前，最好先判断其是否存在。要判断指定的内容是否存在，可以使用 in 关键字实现。例如，使用 "'零语' in c" 可以判断在 c 集合中是否存在"零语"。

```
Traceback (most recent call last):
  File "E:\program\Python\Code\test.py", line 25, in <module>
    mr.remove('零基础学Python1')  # 移除指定元素
KeyError: '零基础学Python1'
>>>
```
图 9.6　从集合中移除的元素不存在时抛出异常

9.2.3　集合的交集、并集和差集运算

集合最常用的操作就是进行交集、并集和差集运算。进行交集运算时使用 "&" 符号；进行并集运算时使用 " | " 符号；进行差集运算时使用 "-" 符号。下面通过一个具体的实例演示如何对集合进行交集、并集和差集运算。

在 IDLE 中创建一个名称为 section_operate.py 的文件，然后在该文件中，定义两个包括 3 个元素的集合，再根据需要对两个集合进行交集、并集和差集运算，并输出运算结果，代码如下：

（源码位置：资源包 \MR\Code\09\12 ）

```python
pf = set(['邓肯','加内特','马龙'])              # 保存大前锋位置的球员名字
print(' 大前锋位置的球员有: ',pf,'\n')          # 输出大前锋的球员名字
cf = set(['邓肯','奥尼尔','姚明'])              # 保存中锋位置的球员名字
print(' 中锋位置的球员有: ', cf,'\n')           # 输出中锋的球员名字
print(' 交集运算: ', pf & cf)                  # 输出既是大前锋又是中锋的球员名字
print(' 并集运算: ', pf | cf)                  # 输出大前锋和中锋的全部球员名字
print(' 差集运算: ', pf - cf)                  # 输出是大前锋但不是中锋的球员名字
```

运行上面代码，效果如图 9.7 所示。

图 9.7　对球员集合进行交集、并集和差集运算

9.3　列表、元组、字典和集合的区别

第 5 章中介绍了列表、元组，而本章介绍了序列中的字典和集合，下面通过表 9.1 对这几个数据序列进行比较。

表 9.1　列表、元组、字典和集合的区别

数据结构	是否可变	是否重复	是否有序	定义符号
列表	可变	可重复	有序	[]
元组	不可变	可重复	有序	()
字典	可变	可重复	无序	{key:value}
集合	可变	不可重复	无序	{ }

9.4　实战任务

任务 1：统计需要取快递人员的名单

　　"双十一"过后，某公司每天都能收到很多快递，门卫小张想要写一个程序统计一下收到快递的人员名单，以便统一通知。现请你帮他编写一段 Python 程序，统计出需要来取快递的人员名单。

　　提示：可以通过循环一个一个录入有快递的人员姓名，并且添加到集合中，由于集合有去重功能，这样最后得到的就是一个不重复的人员名单。

任务 2：手机通讯录管理

　　现在的手机都有通讯录程序，如图 9.8 就是手机上通讯录程序的截图。编写一个程序，模拟手机通讯录设置添加、查询、删除联系人等功能，联系人信息只包含联系人姓名和电话即可，按 <Enter> 键确认执行。模拟效果如图 9.9 所示。

图 9.8　手机通讯录

```
STAR通讯录功能：  1：添加联系人    2：删除联系人    3：查找联系人    4：电话本显示：

请输入您要操作菜单的数字：1
请输入联系人姓名：张飞
请输入联系人电话：18686861234
         联系人已成功保存到通讯录！！
请输入您要操作菜单的数字：3
请输入要查找的联系人的电话：18686861234
您要查找的联系人是：
18686861234    张飞
```

图 9.9　模拟实现添加、查询、删除联系人功能

第 10 章

函数

在前面的章节中，所有编写的代码都是从上到下依次执行的，如果某段代码需要多次使用，那么则需要将该段代码多次复制。这种做法势必会影响到开发效率，在实际项目开发中是不可取的。那么如果想要多次使用某段代码，应该怎么做呢？在 Python 中，可以使用函数来达到这个目的。把实现某一功能的代码定义为一个函数，在需要使用时，随时调用即可，十分方便。对于函数，简单理解就是可以完成某项工作的代码块，类似于积木块，可以反复地使用。

本章将对如何定义和调用函数，以及函数的参数、变量的作用域等进行详细介绍。

10.1 函数的创建和调用

提到函数，大家会想到数学函数，函数是数学最重要的一个模块，贯穿整个数学学习。在 Python 中，函数的应用非常广泛。在前面已经多次接触过函数。例如，用于输出的 print() 函数、用于输入的 input() 函数，以及用于生成一系列整数的 range() 函数。这些都是 Python 内置的标准函数，可以直接使用。除了可以直接使用标准函数外，Python 还支持自定义函数，即通过将一段有规律的、重复的代码定义为函数，来达到一次编写多次调用的目的。使用函数可以提高代码的重复利用率。

10.1.1 创建一个函数

创建函数也称为定义函数，可以理解为创建一个具有某种用途的工具。使用 def 关键字实现，具体的语法格式如下：

```
def functionname([parameterlist]):
    ['"'comments'"']
    [functionbody]
```

参数说明:

☑ functionname: 函数名称,在调用函数时使用。

☑ parameterlist: 可选参数,用于指定向函数中传递的参数。如果有多个参数,各参数间使用逗号","分隔;如果不指定,则表示该函数没有参数。在调用时,也不指定参数。

☑ '''comments''': 可选参数,表示为函数指定注释,注释的内容通常是说明该函数的功能、要传递的参数的作用等,可以为用户提供友好提示和帮助的内容。

📖 说明

在调用函数时,即使函数没有参数,也必须保留一对空的小括号"()",否则将显示如图 10.1 所示的错误提示对话框。另外,在输入函数名和左侧括号后,会显示友好提示,如图 10.2 所示。

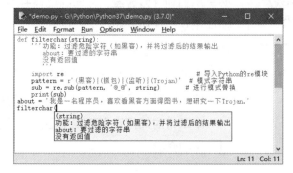

图 10.1　语法错误对话框　　　　图 10.2　调用函数时显示帮助信息

💡 注意

如果在输入函数名和左侧括号后,没有显示友好提示,那么就检查函数本身是否有误,检查方法可以是在未调用该方法时,先按下 <F5> 快捷键执行一遍代码。

☑ functionbody: 可选参数,用于指定函数体,即该函数被调用后,要执行的功能代码。如果函数有返回值,可以使用 return 语句返回。

💡 注意

函数体"functionbody"和注释"'"comments'""相对于 def 关键字必须保持一定的缩进。

📖 说明

如果想定义一个什么也不做的空函数,可以使用 pass 语句作为占位符。

例如，定义一个根据身高、体重计算 BMI 指数的函数 fun_bmi()，该函数包括 3 个参数，分别用于指定姓名、身高和体重，再根据公式：BMI= 体重 /（身高 × 身高）计算 BMI 指数，并输出结果，代码如下：

```
01  def fun_bmi(person,height,weight):
02      ''' 功能: 根据身高和体重计算 BMI 指数
03          person : 姓名
04          height : 身高，单位: 米
05          weight : 体重，单位: 千克
06      '''
07      print(person + " 的身高: "+ str(height) + " 米 \t 体重: "+ str(weight) + " 千克")
08      bmi=weight/(height*height)              # 用于计算 BMI 指数，公式为 " 体重 / 身高的平方 "
09      print(person + " 的 BMI 指数为: "+str(bmi))  # 输出 BMI 指数
10      # 判断身材是否合理
11      if bmi<18.5:
12          print(" 您的体重过轻  ~ @_@ ~ ")
13      if bmi>=18.5 and bmi<24.9:
14          print(" 正常范围，注意保持 (-_-)")
15      if bmi>=24.9 and bmi<29.9:
16          print(" 您的体重过重  ~ @_@ ~ ")
17      if bmi>=29.9:
18          print(" 肥胖  ^@_@^")
```

运行上面的代码，将不显示任何内容，也不会抛出异常，因为 fun_bmi() 函数还没有被调用。

10.1.2 调用函数

调用函数也就是执行函数。如果把创建的函数理解为创建一个具有某种用途的工具，那么调用函数就相当于使用该工具。调用函数的基本语法格式如下：

```
functionname([parametersvalue])
```

参数说明：

☑ functionname：函数名称，要调用的函数名称，必须是已经创建好的。

☑ parametersvalue：可选参数，用于指定各个参数的值。如果需要传递多个参数值，则各参数值间使用逗号 "，" 分隔；如果该函数没有参数，则直接写一对小括号即可。

例如，调用在 10.1.1 节创建的 fun_bmi 函数，可以使用下面的代码。

```
fun_bmi(" 匿名 ",1.76,50)          # 计算匿名的 BMI 指数
```

调用 fun_bmi() 函数后，将显示如图 10.3 所示的结果。

图 10.3　调用 fun_bmi() 函数的结果

10.1.3 pass 空语句

在 Python 中有一个 pass 语句，表示空语句，它不做任何事情，一般起到占位作用。例如，创建一个函数，但暂时不知道该函数要实现什么功能，这时就可以使用 pass 语句填充函数的主体，表示 "以后会填上"，示例代码如下：

```
01  def func():
02      # pass                                   # 占位符，不做任何事情
```

⚡ **注意**

> 在 Python 3.x 版本中，允许在可以使用表达式的任何地方使用…（3 个连续的点号）来省略代码，由于省略号自身什么都不做，因此，可以当作是 pass 语句的一种替代方案，例如，上面的示例代码可以用下面的代码代替：

```
01  def func():
02      ...
```

10.2　参数传递

在调用函数时，大多数情况下，主调函数和被调用函数之间有数据传递关系，这就是有参数的函数形式。函数参数的作用是传递数据给函数使用，函数利用接收的数据进行具体的操作处理。

函数参数在定义函数时放在函数名称后面的一对小括号中，如图 10.4 所示。

图 10.4　**函数参数**

10.2.1　了解形式参数和实际参数

在使用函数时，经常会用到形式参数（形参）和实际参数（实参）。二者都叫作参数，二者之间的区别将先通过形式参数与实际参数的作用来进行理解，再通过一个比喻进行理解。

（1）通过作用理解

形式参数和实际参数在作用上的区别如下：

☑　形式参数：在定义函数时，函数名后面括号中的参数为"形式参数"，也称形参。

☑　实际参数：在调用一个函数时，函数名后面括号中的参数为"实际参数"。也就是将函数的调用者提供给函数的参数称为实际参数，也称实参。通过图 10.5 可以更好地理解。

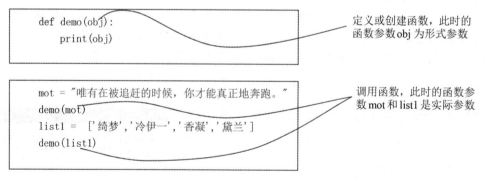

图 10.5　**形式参数与实际参数的区别**

根据实参的类型不同，可以分为将实参的值传递给形参，和将实参的引用传递给形参两种情况。其中，当实参为不可变对象时，进行的是值传递；当实参为可变对象时，进行的是引用传递。实际上，值传递和引用传递的基本区别就是，进行值传递后，改变形参的值，实参的值不变；而进行引用传递后，改变形参的值，实参的值也一同改变。

例如，定义一个名称为 demo 的函数，然后为 demo() 函数传递一个字符串类型的变量作为参数（代表值传递），并在函数调用前后分别输出该字符串变量；再为 demo() 函数传递一个列表类型的变量作为参数（代表引用传递），并在函数调用前后分别输出该列表。代码如下：

（源码位置：资源包 \MR\Code\10\01）

```
01  # 定义函数
02  def demo(obj):
03      print(" 原值: ",obj)
04      obj += obj
05  # 调用函数
06  print("========= 值传递 ========")
07  mot = " 唯有在被追赶的时候，你才能真正地奔跑。"
08  print(" 函数调用前: ",mot)
09  demo(mot)                                    # 采用不可变对象——字符串
10  print(" 函数调用后: ",mot)
11  print("========= 引用传递 ========")
12  list1 = [' 邓肯 ',' 吉诺比利 ',' 帕克 ']
13  print(" 函数调用前: ",list1)
14  demo(list1)                                  # 采用可变对象——列表
15  print(" 函数调用后: ",list1)
```

上面代码的执行结果如下：

```
========= 值传递 ========
函数调用前: 唯有在被追赶的时候，你才能真正地奔跑。
原值: 唯有在被追赶的时候，你才能真正地奔跑。
函数调用后: 唯有在被追赶的时候，你才能真正地奔跑。
========= 引用传递 ========
函数调用前: [' 邓肯 ', ' 吉诺比利 ', ' 帕克 ']
原值: [' 邓肯 ', ' 吉诺比利 ', ' 帕克 ']
函数调用后: [' 邓肯 ', ' 吉诺比利 ', ' 帕克 ', ' 邓肯 ', ' 吉诺比利 ', ' 帕克 ']
```

从上面的执行结果中可以看出，在进行值传递时，改变形参的值后，实参的值不改变；在进行引用传递时，改变形参的值后，实参的值会发生改变。

（2）通过一个比喻来理解形参和实参

函数定义时参数列表中的参数就是形参，而函数调用时传递进来的参数就是实参。就像剧本的角色相当于形参，而演角色的演员就相当于实参。

10.2.2　位置参数

位置参数也称必备参数，必须按照正确的顺序传到函数中。即调用时的数量和位置必须和定义时是一样的。下面分别进行介绍。

（1）数量必须与定义时一致

在调用函数时，指定的实参数量必须与形参数量一致，否则将抛出 TypeError 异常，提示缺少必要的位置参数。

例如，定义了一个函数 fun_bmi(person,height,weight)，该函数中有 3 个参数，但如果在调用时，只传递 2 个参数，比如：

```
fun_bmi(" 路人甲 ",1.83)                          # 计算路人甲的 BMI 指数
```

运行时，将显示如图 10.6 所示的异常信息。

从图 10.6 所示的异常信息中可以看出，抛出的异常类型为 TypeError，具体的意思是

"fun_bmi() 方法缺少一个必要的位置参数 weight"。

图 10.6　缺少必要的参数抛出的异常

（2）位置必须与定义时一致

在调用函数时，指定的实参位置必须与形参位置一致，否则将产生以下两种结果：

① 抛出 TypeError 异常。

② 在调用函数时，如果指定的实参与形参的位置不一致，但是它们的数据类型一致，那么就不会抛出异常，而是产生结果与预期不符的问题。

例如，调用 fun_bmi(person,height,weight) 函数，将第 2 个参数和第 3 个参数的位置调换，代码如下：

```
fun_bmi(" 路人甲 ",60,1.83)                    # 计算路人甲的 BMI 指数
```

函数调用后，将显示如图 10.7 所示的结果。从结果中可以看出，虽然没有抛出异常，但是得到的结果与预期不一致。

图 10.7　结果与预期不符

📖 **说明**

由于调用函数时，传递的实参位置与形参位置不一致时，并不会总是抛出异常，所以在调用函数时一定要确定好位置，否则容易产生 Bug，而且不容易被发现。

10.2.3　关键字参数

关键字参数是指使用形参的名字来确定输入的参数值。通过该方式指定实参时，不再需要与形参的位置完全一致，只要将参数名写正确即可。这样可以避免用户需要牢记参数位置的麻烦，使得函数的调用和参数传递更加灵活方便。

例如，调用 fun_bmi(person,height,weight) 函数，通过关键字参数指定各个实际参数，代码如下：

```
fun_bmi( height = 1.83, weight = 60, person = " 路人甲 ")# 计算路人甲的 BMI 指数
```

调用函数后，将显示以下结果：

```
路人甲的身高: 1.83 米体重: 60 千克
路人甲的 BMI 指数为: 17.916330735465376
您的体重过轻  ~ @_@ ~
```

从上面的结果中可以看出，虽然在指定实际参数时，顺序与定义函数时不一致，但是其运行结果与预期是一致的。

10.2.4　为参数设置默认值

调用函数时，如果没有指定某个参数将抛出异常，在定义函数时，直接指定形式参数的默认值。这样，当没有传入参数时，则直接使用定义函数时设置的默认值。定义带有默认值参数的函数语法格式如下：

```
def functionname(…,[parameter1 = defaultvalue1]):
        [functionbody]
```

参数说明：

☑　functionname：函数名称，在调用函数时使用。

☑　parameter1 = defaultvalue1：可选参数，用于指定向函数中传递的参数，并且为该参数设置默认值为 defaultvalue1。

☑　functionbody：可选参数，用于指定函数体，即该函数被调用后，要执行的功能代码。

⚡ 注意

在定义函数时，指定默认的形参必须在所有参数的最后，否则将产生语法错误。

📘 多学两招

在 Python 中，可以使用"函数名 . __defaults__"查看函数的默认值参数的当前值，其结果是一个元组。例如，显示上面定义的 fun_bmi() 函数的默认值参数的当前值，可以使用"fun_bmi.__defaults__"，结果为"(路人甲)"。

另外，使用可变对象作为函数参数的默认值时，多次调用可能会导致意料之外的情况。例如，编写一个名称为 demo() 的函数，并为其设置一个带默认值的参数，代码如下：

（源码位置：资源包 \MR\Code\10\02）

```
01  def demo(obj=[]):            # 定义函数，并为参数 obj 指定默认值
02      print("obj 的值: ",obj)
03      obj.append(1)
```

调用 demo() 函数，代码如下：

```
demo()                          # 调用函数
```

将显示以下结果：

```
obj 的值: []
```

连续两次调用 demo() 函数，并且都不指定实际参数，代码如下：

```
01  demo()                      # 调用函数
02  demo()                      # 调用函数
```

将显示以下结果：

```
obj 的值: []
obj 的值: [1]
```

从上面的结果看，这显然不是我们想要的结果。为了防止出现这种情况，最好使用 None 作为可变对象的默认值，这时还需要进行代码的检查。修改后的代码如下：

（源码位置：资源包 \MR\Code\10\03）

```
01  def demo(obj=None):              # 定义一个函数
02      if obj==None:                # 判断是否为空
03          obj = []
04      print("obj 的值: ",obj)       # 输出 obj 的值
05      obj.append(1)                # 连续调用并输出
```

这时再连续两次调用 demo() 函数，将显示以下运行结果：

```
obj 的值: []
obj 的值: []
```

 说明

定义函数时，为形式参数设置默认值要牢记默认参数必须指向不可变对象。

10.2.5 可变参数

在 Python 中，还可以定义可变参数。可变参数也称为不定长参数，即传入函数中的实际参数可以是 0 个、1 个、2 个到任意个。

定义可变参数时，主要有两种形式：一种是 *parameter，另一种是 **parameter。下面分别进行介绍。

（1）*parameter

这种形式表示接收任意多个实际参数并将其放到一个元组中。例如，定义一个函数，让其可以接收任意多个实际参数，代码如下：

（源码位置：资源包 \MR\Code\10\04）

```
01  def printplayer(*name):          # 定义输出我喜欢的 NBA 球员的函数
02      print('\n 我喜欢的 NBA 球员有: ')
03      for item in name:
04          print(item)              # 输出球员名称
```

调用 3 次上面的函数，分别指定不同个数的实际参数，代码如下：

```
01  printplayer(' 邓肯 ')
02  printplayer(' 邓肯 ', ' 乔丹 ', ' 吉诺比利 ', ' 帕克 ')
03  printplayer(' 邓肯 ', ' 大卫罗宾逊 ', ' 卡特 ', ' 鲍文 ')
```

执行结果如图 10.8 所示。

图 10.8 **让函数具有可变参数**

如果想要使用一个已经存在的列表作为函数的可变参数，可以在列表的名称前加 "*"。例如下面的代码：

```
01  param = ['邓肯', '吉诺比利', '帕克']        # 定义一个列表
02  printplayer(*param)                     # 通过列表指定函数的可变参数
```

通过上面的代码调用 printplayer() 函数后，将显示以下运行结果：

```
我喜欢的球员有：
邓肯
吉诺比利
帕克
```

(2) **parameter

这种形式表示接收任意多个显式赋值的实际参数，并将其放到一个字典中。例如，定义一个函数，让其可以接收任意多个显式赋值的实际参数，代码如下：

（源码位置：资源包 \MR\Code\10\05）

```
01  def printsign(**sign):                          # 定义输出姓名和绰号的函数
02      print()                                     # 输出一个空行
03      for key, value in sign.items():             # 遍历字典
04          print("[" + key + "] 的绰号是：" + value)   # 输出组合后的信息
```

调用两次 printsign() 函数，代码如下：

```
01  printsign(邓肯='石佛', 罗宾逊='海军上将')
02  printsign(吉诺比利='妖刀', 帕克='跑车', 鲍文='鲍三叔')
```

执行结果如下：

```
[邓肯] 的绰号是：石佛
[罗宾逊] 的绰号是：海军上将

[吉诺比利] 的绰号是：妖刀
[帕克] 的绰号是：跑车
[鲍文] 的绰号是：鲍三叔
```

如果想要使用一个已经存在的字典作为函数的可变参数，可以在字典的名称前加 "**"。例如下面的代码：

```
01  dict1 = {'邓肯': '石佛', '罗宾逊': '海军上将','吉诺比利':'妖刀'}   # 定义一个字典
02  printsign(**dict1)                                          # 通过字典指定函数的可变参数
```

通过上面的代码调用 printsign() 函数后，将显示以下运行结果：

```
[邓肯] 的绰号是：石佛
[罗宾逊] 的绰号是：海军上将
[吉诺比利] 的绰号是：妖刀
```

10.3 返回值

到目前为止，创建的函数都只是做一些事，做完了就结束。但实际上，有时还需要对事情的结果进行获取。这类似于主管向下级职员下达命令，职员去做，最后需要将结果报告给主管。为函数设置返回值的作用就是将函数的处理结果返回给调用它的程序。

在 Python 中,可以在函数体内使用 return 语句为函数指定返回值。该返回值可以是任意类型,并且无论 return 语句出现在函数的什么位置,只要得到执行,就会直接结束函数的执行。return 语句的语法格式如下:

```
result = return [value]
```

参数说明:

☑ result:用于保存返回结果,如果返回一个值,那么 result 中保存的就是返回的一个值,该值可以是任意类型。如果返回多个值,那么 result 中保存的是一个元组。

☑ value:可选参数,用于指定要返回的值,可以返回一个值,也可返回多个值。

说明

> 当函数中没有 return 语句时,或者省略了 return 语句的参数时,将返回 None,即返回空值。

例如,定义一个函数,用来根据用户输入的球员名称,获取其绰号,然后在函数体外调用该函数,并获取返回值,代码如下:

（源码位置:资源包 \MR\Code\10\06）

```
01  def fun_checkout(name):
02      nickName=""
03      if  name =="邓肯":                                    # 如果输入的是邓肯
04          nickName = "石佛"
05      elif name =="吉诺比利":                                # 如果输入的是吉诺比利
06          nickName = "妖刀"
07      elif name =="罗宾逊":                                  # 如果输入的是罗宾逊
08          nickName = "海军上将"
09      else:
10          nickName = "无法找到您输入的信息"
11      return nickName                                        # 返回球员对应的绰号
12  # ************************ 调用函数 ********************************#
13  while True:
14      name= input("请输入 NBA 球员名称:")                  # 接收用户输入
15      nickname= fun_checkout(name)                          # 调用函数
16      print("球员:", name, "绰号:", nickname)             # 显示球员及对应的绰号
```

运行结果如图 10.9 所示。

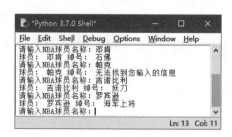

图 10.9　获取函数的返回值

10.4　变量的作用域

变量的作用域是指程序代码能够访问该变量的区域,如果超出该区域,再访问时就会出

现错误。在程序中，一般会根据变量的"有效范围"，将变量分为"局部变量"和"全局变量"。

10.4.1 局部变量

局部变量是指在函数内部定义并使用的变量，它只在函数内部有效。即函数内部的名字只在函数运行时才会创建，在函数运行之前或者运行完毕之后，所有的名字就都不存在了。所以，如果在函数外部使用函数内部定义的变量，就会出现抛出 NameError 异常。

例如，定义一个名称为 f_demo 的函数，在该函数内部定义一个变量 message（称为局部变量），并为其赋值，然后输出该变量，最后在函数体外部再次输出 message 变量，代码如下：

```
01  def f_demo():
02      message = '唯有在被追赶的时候，你才能真正地奔跑。'
03      print('局部变量 message =',message)              # 输出局部变量的值
04  f_demo()                                             # 调用函数
05  print('局部变量 message =',message)                  # 在函数体外输出局部变量的值
```

运行上面的代码将显示如图 10.10 所示的异常。

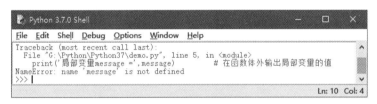

图 10.10　要访问的变量不存在

10.4.2 全局变量

与局部变量对应，全局变量是能够作用于函数内外的变量。全局变量主要有以下两种情况：

① 如果一个变量，在函数外定义，那么不仅可以在函数外可以访问到，在函数内也可以访问到。在函数体以外定义的变量是全局变量。

例如，定义一个全局变量 message，然后再定义一个函数，在该函数内输出全局变量 message 的值，代码如下：

（源码位置：资源包 \MR\Code\10\07）

```
01  message = '唯有在被追赶的时候，你才能真正地奔跑。'      # 全局变量
02  def f_demo():
03      print('函数体内：全局变量 message =',message)       # 在函数体内输出全局变量的值
04  f_demo()                                             # 调用函数
05  print('函数体外：全局变量 message =',message)           # 在函数体外输出全局变量的值
```

运行上面的代码，将显示以下内容：

```
函数体内：全局变量 message = 唯有在被追赶的时候，你才能真正地奔跑。
函数体外：全局变量 message = 唯有在被追赶的时候，你才能真正地奔跑。
```

② 在函数体内定义变量并且使用 global 关键字修饰后，该变量也可以变为全局变量。在函数体外也可以访问到该变量，并且在函数体内还可以对其进行修改。

例如，定义两个同名的全局变量和局部变量，并输出它们的值，代码如下：

（源码位置：资源包 \MR\Code\10\08）

```
01  message = '唯有在被追赶的时候，你才能真正地奔跑。'        # 全局变量
02  print('函数体外: message =',message)                   # 在函数体外输出全局变量的值
03  def f_demo():
04      message = '命运给予我们的不是失望之酒，而是机会之杯。'    # 局部变量
05      print('函数体内: message =',message)               # 在函数体内输出局部变量的值
06  f_demo()                                              # 调用函数
07  print('函数体外: message =',message)                   # 在函数体外输出全局变量的值
```

执行上面的代码后，将显示以下内容：

```
函数体外: message = 唯有在被追赶的时候，你才能真正地奔跑。
函数体内: message = 命运给予我们的不是失望之酒，而是机会之杯。
函数体外: message = 唯有在被追赶的时候，你才能真正地奔跑。
```

从上面的结果中可以看出，在函数内部定义的变量即使与全局变量重名，也不影响全局变量的值。那么想要在函数体内部改变全局变量的值，需要在定义局部变量时，使用 global 关键字修饰。例如，将上面的代码修改为以下内容：

（源码位置：资源包 \MR\Code\10\09）

```
01  message = '唯有在被追赶的时候，你才能真正地奔跑。'        # 全局变量
02  print('函数体外: message =',message)                   # 在函数体外输出全局变量的值
03  def f_demo():
04      global message                                    # 将 message 声明为全局变量
05      message = '命运给予我们的不是失望之酒，而是机会之杯。'    # 全局变量
06      print('函数体内: message =',message)               # 在函数体内输出全局变量的值
07  f_demo()                                              # 调用函数
08  print('函数体外: message =',message)                   # 在函数体外输出全局变量的值
```

执行上面的代码后，将显示以下内容：

```
函数体外: message = 唯有在被追赶的时候，你才能真正地奔跑。
函数体内: message = 命运给予我们的不是失望之酒，而是机会之杯。
函数体外: message = 命运给予我们的不是失望之酒，而是机会之杯。
```

从上面的结果中可以看出，在函数体内部修改了全局变量的值。

💡 注意

尽管 Python 允许全局变量和局部变量重名，但是在实际开发时，不建议这么做，因为这样容易让代码混乱，很难分清哪些是全局变量，哪些是局部变量。

10.5 匿名函数

匿名函数是指没有名字的函数，它主要应用在需要一个函数，但是又不想去命名这个函数的场合。通常情况下，这样的函数只使用一次。在 Python 中，使用 lambda 表达式创建匿名函数，其语法格式如下：

```
result = lambda [arg1 [,arg2,……,argn]]:expression
```

参数说明：

☑ result：用于调用 lambda 表达式。

☑　[arg1 [,arg2,……,argn]]：可选参数，用于指定要传递的参数列表，多个参数间使用逗号“,”分隔。

☑　expression：必选参数，用于指定一个实现具体功能的表达式。如果有参数，那么在该表达式中将应用这些参数。

注意

> 使用 lambda 表达式时，参数可以有多个，用逗号“,”分隔，但是表达式只能有一个，即只能返回一个值。而且也不能出现其他非表达式语句（如 for 或 while）。

例如，要定义一个计算圆面积的函数，常规的代码如下：

（源码位置：资源包 \MR\Code\10\10）

```
01  import math                           # 导入 math 模块
02  def circlearea(r):                     # 计算圆面积的函数
03      result = math.pi*r*r               # 计算圆面积
04      return result                      # 返回圆面积
05  r = 10                                 # 半径
06  print(' 半径为 ',r,' 的圆面积为: ',circlearea(r))
```

执行上面的代码后，将显示以下内容：

```
半径为 10 的圆面积为: 314.1592653589793
```

使用 lambda 表达式的代码如下：

（源码位置：资源包 \MR\Code\10\11）

```
01  import math                           # 导入 math 模块
02  r = 10                                 # 半径
03  result = lambda r:math.pi*r*r          # 计算圆的面积的 lambda 表达式
04  print(' 半径为 ',r,' 的圆面积为: ',result(r))
```

执行上面的代码后，将显示以下内容：

```
半径为 10 的圆面积为: 314.1592653589793
```

从上面的示例中，可以看出虽然使用 lambda 表达式比使用自定义函数的代码减少了一些。但是在使用 lambda 表达式时，需要定义一个变量，用于调用该 lambda 表达式，否则将输出类似下面的结果：

```
<function <lambda> at 0x0000000002FDD510>
```

技巧

> lambda 表达式的首要用途是指定短小的回调函数。

10.6　常用 Python 内置函数

Python 中内置了很多常用的函数，开发人员可以直接使用，常用的 Python 内置函数如表 10.1 所示。

表 10.1　常用的 Python 内置函数及作用

内置函数	作用
dict()	用于创建一个字典
help()	用于查看函数或模块用途的详细说明
dir()	不带参数时，返回当前范围内的变量、方法和定义的类型列表；带参数时，返回参数的属性、方法列表。如果参数包含方法 __dir__()，该方法将被调用。如果参数不包含 __dir__()，该方法将最大限度地收集参数信息
hex()	用于将十进制整数转换成十六进制，以字符串形式表示
next()	返回迭代器的下一个项目
divmod()	把除数和余数运算结果结合起来，返回一个包含商和余数的元组 (a // b, a % b)
id()	用于获取对象的内存地址
sorted()	对所有可迭代的对象进行排序操作
ascii()	返回一个表示对象的字符串，但是对于字符串中的非 ASCII 字符，则返回通过 repr() 函数使用 \x、\u 或 \U 编码的字符
oct()	将一个整数转换成八进制字符串
bin()	返回一个整数 int 或者长整数 long int 的二进制形式
open()	用于打开一个文件
str()	将对象转化为适于人阅读的形式
sum()	对序列进行求和计算
filter()	用于过滤序列，过滤掉不符合条件的元素，返回由符合条件元素组成的新列表
format()	格式化字符串

10.7　实战任务

任务 1：设计黑客精英对讲机

　　写一个函数，将黑客精英发送的信息转换为暗语输出，如发送的信息中含有数字 0，就把数字 0 替换为暗语字母 O。含有数字 2，就把数字 2 替换为暗语字母 Z。黑客精英暗语规则如表 10.2 所示。

表 10.2　黑客精英暗语规则

数字	0	1	2	3	4	5	6	7	8	9
暗语（字母）	O	I	Z	E	Y	S	G	L	B	P

任务 2：货币币值兑换函数

　　编写一个函数，实现中国和俄罗斯货币间币值转换。人民币与卢布兑换汇率按图 10.11 所示值进行计算。程序可以接受人民币或卢布输入，转换为卢布或人民币输出。人民币采用 RMB 表示，卢布采用 RUB 表示。

货币兑换
1人民币=9.912俄罗斯卢布
1俄罗斯卢布=0.1009人民币

图 10.11　**人民币与卢布转换器**

第**11**章

类和对象

类是面向对象编程的核心概念，面向对象程序设计是在面向过程程序设计的基础上发展而来的，它比面向过程编程具有更强的灵活性和扩展性。面向对象程序设计也是一个程序员发展的"分水岭"，很多初学者和略有成就的开发者，就是因为无法理解"面向对象"而放弃深入学习编程。这里想提醒一下初学者：要想在编程这条路上走得比别人远，就一定要掌握面向对象编程技术。

Python 从设计之初就已经是一门面向对象的语言。它可以方便创建类和对象。本章将对类和对象进行详细讲解。

11.1 面向对象概述

面向对象（object oriented）的英文缩写是 OO，它是一种设计思想。从 20 世纪 60 年代提出面向对象的概念到现在，它已经发展成为一种比较成熟的编程思想，并且逐步成为目前软件开发领域的主流技术。如我们经常听说的面向对象编程（object oriented programming，即 OOP）就是主要针对大型软件设计而提出的，它可以使软件设计更加灵活，并且能更好地进行代码复用。

面向对象中的对象（object），通常是指客观世界中存在的对象，这个对象具有唯一性，对象之间各不相同，各有各的特点，每一个对象都有自己的运动规律和内部状态。对象与对象之间又是可以相互联系、相互作用的。另外，对象也可以是一个抽象的事物，例如，可以从圆形、正方形、三角形等图形中抽象出一个简单图形，简单图形就是一个对象，它有自己的属性和行为，图形中边的个数是它的属性，图形的面积也是它的属性，输出图形的面积就是它的行为。概括地讲，面向对象技术是一种从组织结构上模拟客观世界的方法。

11.1.1　对象

对象，是一个抽象概念，英文称作"object"，表示任意存在的事物。世间万物皆对象。现实世界中，随处可见的一种事物就是对象，对象是事物存在的实体，如一个人。

通常将对象划分为两个部分，即静态部分与动态部分。静态部分被称为"属性"，任何对象都具备自身属性，这些属性不仅是客观存在的，而且是不能被忽视的，如人的性别。动态部分指的是对象的行为，即对象执行的动作，如人可以行走。

📖 **说明**

> 在 Python 中，一切都是对象。即不仅是具体的事物称为对象，字符串、函数等也都是对象。这说明 Python 天生就是面向对象的。

11.1.2　类

类是封装对象属性和行为的载体，反过来说具有相同属性和行为的一类实体被称为类。例如，把雁群比作大雁类，那么大雁类就具备了喙、翅膀和爪等属性，觅食、飞行和睡觉等行为。

在 Python 语言中，类是一种抽象概念，如定义一个大雁类（Geese），在该类中，可以定义每个对象共有的属性和方法，而一只要从北方飞往南方的大雁则是大雁类的一个对象（wildGeese），对象是类的实例。有关类的具体实现将在 11.2 节进行详细介绍。

11.1.3　面向对象程序设计的特点

面向对象程序设计具有三大基本特征：封装、继承和多态。下面分别描述。

（1）封装

封装是面向对象编程的核心思想，将对象的属性和行为封装起来，其载体就是类，类通常会对客户隐藏其实现细节，这就是封装的思想。例如，用户使用计算机，只需要使用手指敲击键盘就可以实现一些功能，而无需知道计算机内部是如何工作的。

采用封装思想保证了类内部数据结构的完整性，使用该类的用户不能直接看到类中的数据结构，而只能执行类允许公开的数据，这样就避免了外部对内部数据的影响，提高了程序的可维护性。

（2）继承

矩形、菱形、平行四边形和梯形等都是四边形。因为四边形与它们具有共同的特征：拥有 4 个边。只要将四边形适当地延伸，就会得到上述图形。以平行四边形为例，如果把平行四边形看作四边形的延伸，那么平行四边形就复用了四边形的属性和行为，同时添加了平行四边形特有的属性和行为，如平行四边形的对边平行且相等。在 Python 中，可以把平行四边形类看作是继承四边形类后产生的类，其中，将类似于平行四边形的类称为子类，将类似于四边形的类称为父类或超类。值得注意的是，在阐述平行四边形和四边形的关系时，可以说平行四边形是特殊的四边形，但不能说四边形是平行四边形。同理，Python 中可以说子类的实例都是父类的实例，但不能说父类的实例是子类的实例。

综上所述，继承是实现重复利用的重要手段，子类通过继承复用了父类的属性和行为，又添加了子类特有的属性和行为。

（3）多态

将父类对象应用于子类的特征就是多态。比如创建一个螺钉类，螺钉类有两个属性：粗细和螺纹密度；然后再创建两个类，一个是长螺钉类，一个短螺钉类，并且它们都继承了螺钉类。这样长螺钉类和短螺钉类不仅具有相同的特征（粗细相同，且螺纹密度也相同），还具有不同的特征（一个长一个短，长的可以用来固定大型支架，短的可以固定生活中的家具）。综上所述，一个螺钉类衍生出不同的子类，子类继承父类特征的同时，也具备了自己的特征，并且能够实现不同的效果，这就是多态化的结构。

11.2　类的定义和使用

在 Python 中，类表示具有相同属性和方法的对象的集合。在使用类时，需要先定义类，然后再创建类的实例，通过类的实例就可以访问类中的属性和方法了。下面进行具体介绍。

11.2.1　定义类

在 Python 中，类的定义使用 class 关键字来实现，语法如下：

```
class ClassName:
    ''' 类的帮助信息 '''          # 类文档字符串
    statement                    # 类体
```

参数说明：

☑ ClassName：用于指定类名，一般使用大写字母开头，如果类名中包括两个单词，第二个单词的首字母也要大写，这种命名方法也称为"驼峰式命名法"，这是惯例。当然，也可以根据自己的习惯命名，但是一般推荐按照惯例来命名。

☑ ''' 类的帮助信息 '''：用于指定类的文档字符串，定义该字符串后，在创建类的对象时，输入类名和左侧的括号"("后，将显示该信息。

☑ statement：类体，主要由类变量（或类成员）、方法和属性等定义语句组成。如果在定义类时，没想好类的具体功能，也可以在类体中直接使用 pass 语句代替。

例如，下面以大雁为例声明一个类，代码如下：

```
01  class Geese:
02      ''' 大雁类 '''
03      pass
```

11.2.2　创建类的实例

定义完成后，并不会真正创建一个实例。这就好比一个汽车的设计图。设计图可以告诉你汽车看上去怎么样，但设计图本身不是一个汽车，你不能开走它，它只能用来制造真正的汽车，而且可以使用它制造很多汽车。那么如何创建实例呢？

class 语句本身并不创建该类的任何实例。所以在类定义完成以后，可以创建类的实例，即实例化该类的对象。创建类的实例的语法如下：

```
ClassName(parameterlist)
```

其中，ClassName 是必选参数，用于指定具体的类；parameterlist 是可选参数，当创建一个类时，没有创建 __init__() 方法（该方法将在 11.2.3 小节进行详细介绍），或者当 __init__() 方法只有一个 self 参数时，parameterlist 可以省略。

例如，创建 11.2.1 小节定义的 Geese 类的实例，可以使用下面的代码：

```
01  wildGoose = Geese()                          # 创建大雁类的实例
02  print(wildGoose)
```

执行上面代码后，将显示类似下面的内容：

```
<__main__.Geese object at 0x0000000002F47AC8>
```

从上面的执行结果中可以看出，wildGoose 是 Geese 类的实例。

⚡ 注意

在 Python 中创建实例不使用 new 关键字，这是它与其他面向对象语言的区别。

11.2.3 "魔术"方法—__init__()

在创建类后，类通常会自动创建一个 __init__() 方法。该方法是一个特殊的方法，类似 Java 语言中的构造方法。每当创建一个类的新实例时，Python 都会自动执行它。__init__() 方法必须包含一个 self 参数，并且必须是第一个参数。self 参数是一个指向实例本身的引用，用于访问类中的属性和方法。在方法调用时会自动传递实际参数 self。因此，当 __init__() 方法只有一个参数时，在创建类的实例时，就不需要指定实际参数了。

📘 说明

在 __init__() 方法的名称中，开头和结尾处是两个下划线（中间没有空格），这是一种约定，旨在区分 Python 的默认方法和普通方法。

例如，下面仍然以大雁为例声明一个类，并且创建 __init__() 方法，代码如下：

（源码位置：资源包 \MR\Code\11\01）

```
01  class Geese:
02      ''' 大雁类 '''
03      def __init__(self):                       # 构造方法
04          print(" 我是大雁类! ")
05  wildGoose = Geese()                           # 创建大雁类的实例
```

运行上面的代码，将输出以下内容：

```
我是大雁类!
```

从上面的运行结果可以看出，在创建大雁类的实例时，虽然没有为 __init__() 方法指定参数，但是该方法会自动执行。

⑪

📁 常见错误

在为类创建 __init__() 方法时，在开发环境中运行下面代码：

```
01  class Geese:
02      ''' 大雁类 '''
03      def __init__():                         # 构造方法
04          print("我是大雁类! ")
05  wildGoose = Geese()                          # 创建大雁类的实例
```

将显示如图 11.1 所示的异常信息。该错误的解决方法是在第 3 行代码的括号中添加 self 参数。

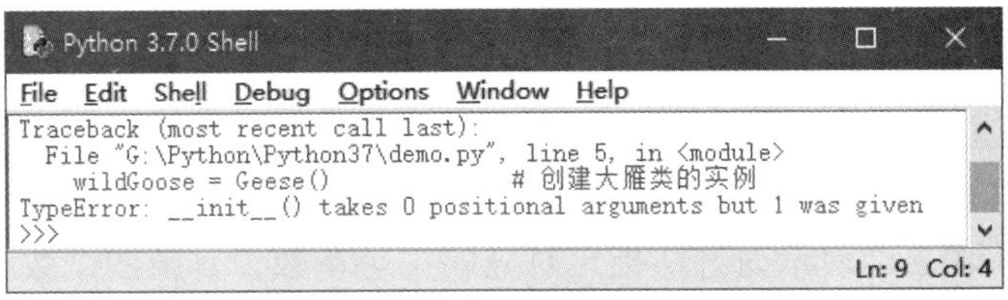

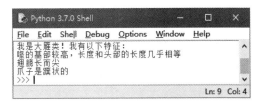

图 11.1　缺少 self 参数抛出的异常信息

在 __init__() 方法中，除了 self 参数外，还可以自定义一些参数，参数间使用逗号 "," 进行分隔。例如，下面的代码将在创建 __init__() 方法时，再指定 3 个参数，分别是 beak、wing 和 claw：

（源码位置：资源包 \MR\Code\11\02）

```
01  class Geese:
02      ''' 大雁类 '''
03      def __init__(self,beak,wing,claw):              # 构造方法
04          print("我是大雁类! 我有以下特征: ")
05          print(beak)                                 # 输出喙的特征
06          print(wing)                                 # 输出翅膀的特征
07          print(claw)                                 # 输出爪子的特征
08  beak_1 = "喙的基部较高，长度和头部的长度几乎相等"      # 喙的特征
09  wing_1 = "翅膀长而尖"                                # 翅膀的特征
10  claw_1 = "爪子是蹼状的"                              # 爪子的特征
11  wildGoose = Geese(beak_1,wing_1,claw_1)             # 创建大雁类的实例
```

执行上面的代码，将显示如图 11.2 所示的运行结果。

11.2.4　创建类的成员并访问

类的成员主要由实例方法和数据成员组成。在类中创建了类的成员后，可以通过类的实例进行访问。下面进行详细介绍。

图 11.2　创建 __init__() 方法时指定 3 个参数

（1）创建实例方法并访问

所谓实例方法是指在类中定义的函数。该函数是一种在类的实例上操作的函数。同 __init__() 方法一样，实例方法的第一个参数必须是 self，并且必须包含一个 self 参数。创建实例方法的语法格式如下：

```
def functionName(self,parameterlist):
    block
```

参数说明：

☑　functionName：用于指定方法名，一般使用小写字母开头。

☑ self：必要参数，表示类的实例，其名称可以是 self 以外的单词，使用 self 只是一个惯例而已。

☑ parameterlist：用于指定除 self 参数以外的参数，各参数间使用逗号","进行分隔。

☑ block：方法体，实现的具体功能。

实例方法创建完成后，可以通过类的实例名称和点"."操作符进行访问。具体的语法格式如下：

```
instanceName.functionName(parametervalue)
```

参数说明：

☑ instanceName：类的实例名称。

☑ functionName：要调用的方法名称。

☑ parametervalue：表示为方法指定对应的实际参数，其值的个数与创建实例方法中 parameterlist 的个数相同。

（2）创建数据成员并访问

数据成员是指在类中定义的变量，即属性，根据定义位置，又可以分为类属性和实例属性。下面分别进行介绍。

① 类属性。类属性是指定义在类中，并且在函数体外的属性。类属性可以在类的所有实例之间共享值，也就是在所有实例化的对象中公用。

例如，定义一个雁类 Geese，在该类中定义 3 个类属性，用于记录雁类的特征，代码如下：

（源码位置：资源包 \MR\Code\11\03）

```
01  class Geese:
02      ''' 雁类 '''
03      neck = " 脖子较长 "                      # 定义类属性（脖子）
04      wing = " 振翅频率高 "                     # 定义类属性（翅膀）
05      leg = " 腿是身体的中心支点，行走自如 "      # 定义类属性（腿）
06      def __init__(self):                    # 实例方法（相当于构造方法）
07          print(" 我属于雁类！我有以下特征: ")
08          print(Geese.neck)                  # 输出脖子的特征
09          print(Geese.wing)                  # 输出翅膀的特征
10          print(Geese.leg)                   # 输出腿的特征
```

创建上面的类 Geese，然后创建该类的实例，代码如下：

```
geese = Geese()                               # 实例化一个雁类的对象
```

应用上面的代码创建 Geese 类的实例后，将显示以下内容：

```
我是雁类！我有以下特征:
脖子较长
振翅频率高
腿是身体的中心支点，行走自如
```

② 实例属性。实例属性是指定义在类的方法中的属性，只作用于当前实例中。

例如，定义一个雁类 Geese，在该类的 __init__() 方法中定义 3 个实例属性，用于记录雁类的特征，代码如下：

（源码位置：资源包 \MR\Code\11\04）

```
01  class Geese:
02      ''' 雁类 '''
```

```
03        def __init__(self):            # 实例方法（相当于构造方法）
04            self.neck = " 脖子较长 "      # 定义实例属性（脖子）
05            self.wing = " 振翅频率高 "     # 定义实例属性（翅膀）
06            self.leg = " 腿是身体的中心支点，行走自如 "   # 定义实例属性（腿）
07            print(" 我属于雁类！我有以下特征: ")
08            print(self.neck)             # 输出脖子的特征
09            print(self.wing)             # 输出翅膀的特征
10            print(self.leg)              # 输出腿的特征
```

创建上面的雁类 Geese，然后创建该类的实例，代码如下：

```
geese = Geese()                          # 实例化一个雁类的对象
```

应用上面的代码创建 Geese 类的实例后，将显示以下内容：

```
我是雁类！我有以下特征:
脖子较长
振翅频率高
腿是身体的中心支点，行走自如
```

对于实例属性也可以通过实例名称修改，与类属性不同，通过实例名称修改实例属性后，并不影响该类的其他实例中相应的实例属性的值。例如，定义一个雁类，并在 _init_() 方法中定义一个实例属性，然后创建两个 Geese 类的实例，并且修改第一个实例的实例属性，最后分别输出定义的实例属性，代码如下：

（源码位置：资源包 \MR\Code\11\05）

```
01  class Geese:
02      ''' 雁类 '''
03      def __init__(self):              # 实例方法（相当于构造方法）
04          self.neck = " 脖子较长 "        # 定义实例属性（脖子）
05          print(self.neck)             # 输出脖子的特征
06  goose1 = Geese()                     # 创建 Geese 类的实例 1
07  goose2 = Geese()                     # 创建 Geese 类的实例 2
08  goose1.neck = " 脖子没有天鹅的长 "        # 修改实例属性
09  print("goose1 的 neck 属性: ",goose1.neck)
10  print("goose2 的 neck 属性: ",goose2.neck)
```

运行上面的代码，将显示以下内容：

```
脖子较长
脖子较长
goose1 的 neck 属性: 脖子没有天鹅的长
goose2 的 neck 属性: 脖子较长
```

11.2.5 访问限制

在类的内部可以定义属性和方法，而在类的外部则可以直接调用属性或方法来操作数据，从而隐藏了类内部的复杂逻辑。但是 Python 并没有对属性和方法的访问权限进行限制。为了保证类内部的某些属性或方法不被外部访问，可以在属性或方法名前面添加单下划线（_foo）、双下划线（__foo）或首尾加双下划线（__foo__），从而限制访问权限。其中，单下划线、双下划线、首尾双下划线的作用如下：

☑ _foo：以单下划线开头的表示 protected（保护）类型的成员，只允许类本身和子类进行访问，但不能使用"from module import *"语句导入。

11

157

例如，创建一个 Swan 类，定义保护属性 _neck_swan，并在 __init__() 方法中访问该属性，然后创建 Swan 类的实例，并通过实例名输出保护属性 _neck_swan，代码如下：

（源码位置：资源包 \MR\Code\11\06 ）

```
01  class Swan:
02      ''' 天鹅类 '''
03      _neck_swan = ' 天鹅的脖子很长 '              # 定义私有属性
04      def __init__(self):
05          print("__init__():", Swan._neck_swan)    # 在实例方法中访问私有属性
06  swan = Swan()                                     # 创建 Swan 类的实例
07  print(" 直接访问 :" , swan._neck_swan)            # 保护属性可以通过实例名访问
```

执行下面的代码，将显示以下内容：

```
__init__(): 天鹅的脖子很长
直接访问 : 天鹅的脖子很长
```

从上面的运行结果中可以看出：保护属性可以通过实例名访问。

☑ __foo：双下划线表示 private（私有）类型的成员，只允许定义该方法的类本身进行访问，不能通过类的实例进行访问，但是可以通过"类的实例名 . 类名 __xxx"方式访问。

例如，创建一个 Swan 类，定义私有属性 __neck_swan，并在 __init__() 方法访问该属性，然后创建 Swan 类的实例，并通过实例名输出私有属性 __neck_swan，代码如下：

```
01  class Swan:
02      ''' 天鹅类 '''
03      __neck_swan = ' 天鹅的脖子很长 '                # 定义私有属性
04      def __init__(self):
05          print("__init__():", Swan.__neck_swan)      # 在实例方法中访问私有属性
06  swan = Swan()                                       # 创建 Swan 类的实例
07  print(" 加入类名 :" , swan._Swan__neck_swan)        # 私有属性, 可以通过 " 实例名 . 类名 __xxx" 方式访问
08  print(" 直接访问 :" , swan.__neck_swan)             # 私有属性不能通过实例名访问, 将出错
```

执行上面的代码后，将输出如图 11.3 所示的结果。

图 11.3　访问私有属性

从上面的运行结果可以看出：私有属性可以通过"类名 . 属性名"方式访问，也可以通过"实例名 . 类名 __xxx"方式访问，但是不能直接通过"实例名 . 属性名"方式访问。

☑ __foo__：首尾双下划线表示定义特殊方法，一般是系统定义名字，如 __init__()。

11.3　属性

本节介绍的属性与 11.2.4 小节介绍的类属性和实例属性不同。11.2.4 小节介绍的属性将返回所存储的值，而本节要介绍的属性则是一种特殊的属性，访问它时将计算它的值。另外，该属性还可以为属性添加安全保护机制。下面分别进行介绍。

11.3.1　创建用于计算的属性

在 Python 中，可以通过 @property（装饰器）将一个方法转换为属性，从而实现用于计算的属性。将方法转换为属性后，可以直接通过方法名来访问方法，而不需要再添加一对小括号 "()"，这样可以让代码更加简洁。

通过 @property 创建用于计算的属性的语法格式如下：

```
@property
def methodname(self):
    block
```

参数说明：

☑　methodname：用于指定方法名，一般使用小写字母开头。该名称最后将作为创建的属性名。

☑　self：必要参数，表示类的实例。

☑　block：方法体，实现的具体功能。在方法体中，通常以 return 语句结束，用于返回计算结果。

例如，定义一个矩形类，在 _init_() 方法中定义两个实例属性，然后再定义一个计算矩形面积的方法，并应用 @property 将其转换为属性，最后创建类的实例，并访问转换后的属性，代码如下：

（源码位置：资源包 \MR\Code\11\07）

```
01  class Rect:
02      def __init__(self,width,height):
03          self.width = width             # 矩形的宽
04          self.height = height           # 矩形的高
05      @property                          # 将方法转换为属性
06      def area(self):                    # 计算矩形的面积的方法
07          return self.width*self.height  # 返回矩形的面积
08  rect = Rect(800,600)                   # 创建类的实例
09  print("面积为: ",rect.area)            # 输出属性的值
```

运行上面的代码，将显示以下运行结果：

```
面积为: 480000
```

11.3.2　为属性添加安全保护机制

在 Python 中，默认情况下，创建的类属性或者实例，是可以在类体外进行修改的，如果想要限制其不能在类体外修改，可以将其设置为私有的，但设置为私有后，在类体外也不能获取它的值。如果想要创建一个可以读取，但不能修改的属性，那么可以使用 @property 实现只读属性。

例如，创建一个电视节目类 TVshow，再创建一个 show 属性，用于显示当前播放的电视节目，代码如下：

（源码位置：资源包 \MR\Code\11\08）

```
01  class TVshow:     # 定义电视节目类
02      def __init__(self,show):
03          self.__show = show
04      @property                          # 将方法转换为属性
```

```
05      def show(self):                            # 定义 show() 方法
06          return self.__show                     # 返回私有属性的值
07  tvshow = TVshow(" 正在播放《战狼 2》")            # 创建类的实例
08  print(" 默认: ",tvshow.show)                    # 获取属性值
```

执行上面的代码，将显示以下内容：

```
默认: 正在播放《战狼 2》
```

通过上面的方法创建的 show 属性是只读的，尝试修改该属性的值，再重新获取。在上面代码的下方添加以下代码：

```
01  tvshow.show = " 正在播放《红海行动》"              # 修改属性值
02  print(" 修改后: ",tvshow.show)                   # 获取属性值
```

运行后，将显示如图 11.4 所示的运行结果。其中红字的异常信息就是修改属性 show 时抛出的异常。

通过 @property 不仅可以将属性设置为只读属性，而且可以为属性设置拦截器，即允许对属性进行修改，但修改时需要遵守一定的约束。

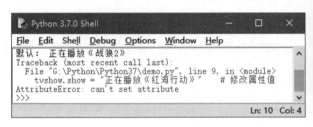

图 11.4　修改只读属性时抛出的异常

11.4　继承

在编写类时，并不是每次都要从空白开始。当要编写的类和另一个已经存在的类之间存在一定的继承关系时，就可以通过继承来达到代码重用的目的，提高开发效率。下面将介绍如何在 Python 中实现继承。

11.4.1　继承的基本语法

继承是面向对象编程最重要的特性之一，它源于人们认识客观世界的过程，是自然界普遍存在的一种现象。例如，我们每一个人都从祖辈和父母那里继承了一些体貌特征，但是每个人却又不同于父母，因为每个人身上都存在自己的一些特性，这些特性是独有的，在父母身上并没有体现。在程序设计中实现继承，表示这个类拥有它继承的类的所有公有成员或者受保护成员。在面向对象编程中，被继承的类称为父类或基类，新的类称为子类或派生类。

通过继承不仅可以实现代码的重用，还可以通过继承来理顺类与类之间的关系。在 Python 中，可以在类定义语句中的类名右侧使用一对小括号将要继承的基类名称括起来，从而实现类的继承。具体的语法格式如下：

```
class ClassName(baseclasslist):
    ''' 类的帮助信息 '''                              # 类文档字符串
    statement                                       # 类体
```

参数说明：

☑　ClassName：用于指定类名。

☑　baseclasslist：用于指定要继承的基类，可以有多个，类名之间用逗号 "," 分隔。

如果不指定，将使用所有 Python 对象的根类 object。

  ☑ '''类的帮助信息''': 用于指定类的文档字符串，定义该字符串后，在创建类的对象时，输入类名和左侧的括号"("后，将显示该信息。

  ☑ statement: 类体，主要由类变量（或类成员）、方法和属性等定义语句组成。如果在定义类时，没想好类的具体功能，也可以在类体中直接使用 pass 语句代替。

11.4.2　方法重写

基类的成员都会被派生类继承，当基类中的某个方法不完全适用于派生类时，就需要在派生类中重写父类的这个方法，这和 Java 语言中的重写方法是一样的。

例如，定义一个 Fruit 水果基类，该类中定义一个 harvest() 方法，无论派生类是什么水果都将显示"水果……"，如果想要针对不同水果给出不同的提示，可以在派生类中重写 harvest() 方法。例如，在创建派生类 Orange 时，重写 harvest() 方法，代码如下：

```
01  class Fruit:                                        # 定义水果类（基类）
02      color = " 绿色 "                                 # 定义类属性
03      def harvest(self, color):
04          print(" 水果是: " + color + " 的! ")          # 输出的是形式参数 color
05          print(" 水果已经收获……")
06          print(" 水果原来是: " + Fruit.color + " 的! ");  # 输出的是类属性 color
07  class Orange(Fruit):                                # 定义橘子类（派生类）
08      color = " 橙色 "
09      def __init__(self):
10          print("\n 我是橘子 ")
11      def harvest(self, color):
12          print(" 橘子是: " + color + " 的! ")          # 输出的是形式参数 color
13          print(" 橘子已经收获……")
14          print(" 橘子原来是: " + Fruit.color + " 的! ");  # 输出的是类属性 color
```

11.4.3　派生类中调用基类的 __init__() 方法

在派生类中定义 _init_() 方法时，不会自动调用基类的 _init_() 方法。例如，定义一个 Fruit 类，在 _init_() 方法中创建类属性 color，然后在 Fruit 类中定义一个 harvest() 方法，在该方法中输出类属性 color 的值，再创建继承自 Fruit 类的 Apple 类，最后创建 Apple 类的实例，并调用 harvest() 方法，代码如下：

```
01  class Fruit:                                        # 定义水果类（基类）
02      def __init__(self,color = " 绿色 "):
03          Fruit.color = color                         # 定义类属性
04      def harvest(self):
05          print(" 水果原来是: " + Fruit.color + " 的! ");  # 输出的是类属性 color
06  class Apple(Fruit):                                 # 定义苹果类（派生类）
07      def __init__(self):
08          print(" 我是苹果 ")
09  apple = Apple()                                     # 创建类的实例（苹果）
10  apple.harvest()                                     # 调用基类的 harvest() 方法
```

执行上面的代码后，将显示如图 11.5 所示的异常信息。

因此，要在派生类中使用基类的 _init_() 方法，必须要进行初始化，即需要在派生类中使用 super() 函数调用基类的 _init_() 方法。例如，在上面代码的第 8 行代码的下方添加以下代码：

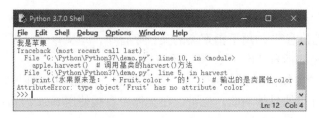

图 11.5　基类的 __init__() 方法未执行引起的异常

```
super().__init__()                                        # 调用基类的 __init__() 方法
```

11.5　实战任务

任务 1：银行账户资金交易管理

用类和对象实现一个银行账户的资金交易管理，包括存款、取款和打印交易详情，交易详情中包含每次交易的时间、存款或者取款的金额、每次交易后的余额。如图 11.6 所示。

交易日期	摘要	金额	币种	余额
2018-09-10	转入	+80.02	人民币	512.33
2018-09-06	消费	-100.00	人民币	32.31
2018-09-04	网转	-1,721.00	人民币	132.31
2018-09-04	消费	-17.00	人民币	853.31
2018-09-03	消费	-11.00	人民币	870.31

图 11.6　银行账户资金交易管理

任务 2：设计药品 medicine 类

电影《我不是药神》上映后，口碑极高，一种名为"格列宁"的进口药为人们所熟知，医药话题也引起了人们讨论。下面按照要求定义一个药品 medicine 类。medicine 类属性如下：

1. 药名　　　　　　name
2. 价格　　　　　　price
3. 生产日期　　　　PD
4. 失效日期　　　　Exp

medicine 类方法如下：

1. 获取药品名称　　　　　　　　　　　　　　　　　　get_name() 返回类型：str
2. 计算保质期（失效日期和生产日期的间隔时间）　　　get_GP() 返回类型：str

第12章
模块

Python 提供了强大的模块支持，主要体现为不仅在 Python 标准库中包含了大量的模块（称为标准模块），而且还有很多第三方模块，另外开发者自己也可以开发自定义模块。通过这些强大的模块支持，将极大地提高开发效率。

本章将首先对如何开发自定义模块进行详细介绍，然后介绍如何使用标准模块和第三方模块。

扫码享受
全方位沉浸式
学 Python 开发

12.1　模块概述

模块的英文是 modules，可以认为是一盒（箱）主题积木，通过它可以拼出某一主题的东西。这与函数不同，一个函数相当于一块积木，而一个模块中可以包括很多函数，也就是很多积木，所以也可以说模块相当于一盒积木。

在 Python 中，一个扩展名为 ".py" 的文件就称之为一个模块。通常情况下，我们把能够实现某一特定功能的代码放置在一个文件中作为一个模块，从而方便其他程序和脚本导入并使用。另外，使用模块也可以避免函数名和变量名冲突。

经过前面的学习，知道 Python 代码可以写在一个文件中。但是随着程序不断变大，为了便于维护，需要将其分为多个文件，这样可以提高代码的可维护性。另外，使用模块还可以提高代码的可重用性。即编写好一个模块后，只要是实现该功能的程序，都可以导入这个模块来实现。

12.2 自定义模块

在 Python 中，自定义模块有两个作用：一个是规范代码，代码更易于阅读；另一个是方便其他程序使用已经编写好的代码，提高开发效率。要实现自定义模块主要分为两部分：一部分是创建模块；另一部分是导入模块。下面分别进行介绍。

12.2.1 创建模块

创建模块可以将模块中相关的代码（变量定义和函数定义等）编写在一个单独的文件中，并且将该文件命名为"模块名 +.py"的形式，也就是说，创建模块，实际就是创建一个 .py 文件。

💡 注意

① 创建模块时，设置的模块名尽量不要与 Python 自带的标准模块名称相同。
② 模块文件的扩展名必须是 ".py"。

12.2.2 使用 import 语句导入模块

创建模块后，就可以在其他程序中使用该模块了。要使用模块，需要先以模块的形式加载模块中的代码，可以使用 import 语句实现。import 语句的基本语法格式如下：

```
import modulename [as alias]
```

其中，modulename 为要导入模块的名称；[as alias] 为给模块起的别名，通过该别名也可以使用模块。

例如，导入一个名称为 test 的模块，并执行该模块中的 getInfo() 函数，代码如下：

```
01  import test                          # 导入 test 模块
02  test.getInfo()                       # 执行模块中的 getInfo() 函数
```

📘 说明

在调用模块中的变量、函数或者类时，需要在变量名、函数名或者类名前添加"模块名 ."作为前缀。例如，上面代码中的 test.getInfo()，表示调用 test 模块中的 getInfo() 函数。

📘 多学两招

如果模块名比较长不容易记住，可以在导入模块时，使用 as 关键字为其设置一个别名，然后就可以通过这个别名来调用模块中的变量、函数和类等。例如，将上面导入模块的代码修改为以下内容：

```
import bmi as m                          # 导入 bmi 模块并设置别名为 m
```

然后，在调用 bmi 模块中的 fun_bmi() 函数时，可以使用下面的代码：

```
m.fun_bmi("尹一伊",1.75,120)              # 执行模块中的 fun_bmi() 函数
```

使用 import 语句还可以一次导入多个模块，在导入多个模块时，模块名之间使用逗号
"，"进行分隔。例如，分别创建 test.py、tips.py 和 differenttree.py 3 个模块文件。想要将这 3
个模块全部导入，可以使用下面的代码：

```
import test,tips,differenttree
```

 说明

> 虽然一次可以导入多个模块，但不推荐使用这种方法。

12.2.3 使用 from…import 语句导入模块

在使用 import 语句导入模块时，每执行一条 import 语句都会创建一个新的命名空间
（namespace），并且在该命名空间中执行与 .py 文件相关的所有语句。在执行时，需要在具
体的变量、函数和类名前加上"模块名 ."前缀。如果不想在每次导入模块时都创建一个新
的命名空间，而是将具体的定义导入到当前的命名空间中，可以使用 from…import 语句。
使用 from…import 语句导入模块后，不需要再添加前缀，直接通过具体的变量、函数和类
名等访问即可。

说明

> 命名空间可以理解为记录对象名字和对象之间对应关系的空间。目前 Python 的
> 命名空间大部分都是通过字典（dict）来实现的。其中，key 是标识符；value 是具
> 体的对象。例如，key 是变量的名字，value 则是变量的值。

from…import 语句的语法格式如下：

```
from modelname import member
```

参数说明：

☑ modelname：模块名称，区分字母大小写，需要和定义模块时设置的模块名称的大
小写保持一致。

☑ member：用于指定要导入的变量、函数或者类等。可以同时导入多个定义，各个
定义之间使用逗号"，"分隔。如果想导入全部定义，也可以使用通配符星号"*"代替。

多学两招

> 在导入模块时，如果使用通配符"*"导入全部定义后，想查看具体导入了哪
> 些定义，可以通过显示 dir() 函数的值来查看。例如，执行 print(dir()) 语句后将显示
> 类似下面的内容：
>
> ```
> ['__annotations__', '__builtins__', '__doc__', '__file__', '__loader__', '__name__',
> '__package__', '__spec__', 'change', 'getHeight', 'getWidth']
> ```
>
> 其中 change、getHeight 和 getWidth 就是导入的定义。

例如，通过下面的 3 条语句都可以从模块导入指定的定义：

```
01  from test import getInfo                         # 导入 test 模块的 getInfo() 函数
02  from test import getInfo,showInfo                # 导入 test 模块的 getInfo() 和 showInfo() 函数
03  from test import *                               # 导入 test 模块的全部定义（包括变量和函数）
```

注意

在使用 from…import 语句导入模块中的定义时，需要保证所导入的内容在当前的命名空间中是唯一的，否则将出现冲突，后导入的同名变量、函数或者类会覆盖先导入的。这时就需要使用 import 语句进行导入。

12.2.4 模块搜索目录

当使用 import 语句导入模块时，默认情况下，会按照以下顺序进行查找：

① 在当前目录（即执行的 Python 脚本文件所在目录）下查找。

② 到 PYTHONPATH（环境变量）下的每个目录中查找。

③ 到 Python 的默认安装目录下查找。

以上各个目录的具体位置保存在标准模块 sys 的 sys.path 变量中。可以通过以下代码输出具体的目录：

```
01  import sys                                        # 导入标准模块 sys
02  print(sys.path)                                   # 输出具体目录
```

例如，在 IDLE 窗口中，执行上面的代码，将显示如图 12.1 所示的结果。

如果要导入的模块不在图 12.1 所示的目录中，那么在导入模块时，将显示如图 12.2 所示的异常。

图 12.1　在 IDLE 窗口中查看具体目录

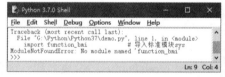

图 12.2　找不到要导入的模块时抛出的异常

注意

使用 import 语句导入模块时，模块名是区分字母大小写的。

这时，可以通过以下 3 种方式添加指定的目录到 sys.path 中。

（1）临时添加

临时添加即在导入模块的 Python 文件中添加。例如，需要将"E:\program\Python\Code\demo"目录添加到 sys.path 中，可以使用下面的代码：

```
01  import sys                                        # 导入标准模块 sys
02  sys.path.append('E:/program/Python/Code/demo')
```

执行上面的代码后，再输出 sys.path 的值，将得到以下结果：

```
['E:\\program\\Python\\Code', 'G:\\Python\\Python37\\python37.zip', 'G:\\Python\\Python37\\DLLs',
'G:\\Python\\Python37\\lib', 'G:\\Python\\Python37', 'G:\\Python\\Python37\\lib\\site-packages',
'E:/program/Python/Code/demo']
```

在上面的结果中，标蓝字的为新添加的目录。

📑 说明

通过该方法添加的目录只在执行当前文件的窗口中有效，窗口关闭后即失效。

（2）增加 .pth 文件（推荐）

在 Python 安装目录下的"Lib\site-packages"子目录中（例如，笔者的 Python 安装在"G:\Python\Python37"目录下，那么该路径为"G:\Python\Python37\Lib\site-packages）"，创建一个扩展名为 .pth 的文件，文件名任意。这里创建一个 mrpath.pth 文件，在该文件中添加要导入模块所在的目录。例如，将模块目录"E:\program\Python\Code\demo"添加到 mrpath.pth 文件，添加后的代码如下：

```
01  # .pth 文件是我创建的路径文件（这里为注释）
02  E:\program\Python\Code\demo
```

⚡ 注意

创建 .pth 文件后，需要重新打开要执行的导入模块的 Python 文件，否则新添加的目录不起作用。

📑 说明

通过该方法添加的目录只在当前版本的 Python 中有效。

（3）在 PYTHONPATH 环境变量中添加

打开"环境变量"对话框，如果没有 PYTHONPATH 系统环境变量，则需要先创建一个，否则直接选中 PYTHONPATH 变量，单击"编辑"按钮，并且在弹出对话框的"变量值"文本中添加新的模块目录，目录之前使用逗号进行分隔。例如，创建系统环境变量 PYTHONPATH，并指定模块所在目录为"E:\program\Python\Code\demo;"，效果如图 12.3 所示。

图 12.3　在环境变量中添加 PYTHONPATH 环境变量

⚡ 注意

在环境变量中添加模块目录后，需要重新打开要执行的导入模块的 Python 文件，否则新添加的目录不起作用。

> 📖 **说明**
>
> 通过该方法添加的目录可以在不同版本的 Python 中共享。

12.3 以主程序的形式执行

这里先来创建一个模块，名称为 christmastree，在该模块中，首先定义一个全局变量，然后创建一个名称为 fun_christmastree() 的函数，最后再通过 print() 函数输出一些内容。代码如下：

（源码位置：资源包 \MR\Code\12\01）

```
01  pinetree = ' 我是一棵松树 '                                  # 定义一个全局变量（松树）
02  def fun_christmastree():                                  # 定义函数
03      ''' 功能：一个梦
04          无返回值
05      '''
06      pinetree = ' 挂上彩灯、礼物……我变成一棵圣诞树 @^.^@ \n'       # 定义局部变量
07      print(pinetree)                                      # 输出局部变量的值
08  # ***************************** 函数体外 *****************************#
09  print('\n 下雪了……\n')
10  print('=============== 开始做梦…… =============\n')
11  fun_christmastree()                                      # 调用函数
12  print('=============== 梦醒了…… =============\n')
13  pinetree = ' 我身上落满雪花, ' + pinetree + ' -_- '           # 为全局变量赋值
14  print(pinetree)                                          # 输出全局变量的值
```

在与 christmastree 模块同级的目录下，创建一个名称为 main.py 的文件，在该文件中，导入 christmastree 模块，再通过 print() 语句输出模块中的全局变量 pinetree 的值，代码如下：

```
01  import christmastree                                      # 导入 christmastree 模块
02  print(' 全局变量的值为: ',christmastree.pinetree)
```

执行上面的代码，将显示如图 12.4 所示的内容。

从图 12.4 所示的运行结果可以看出，导入模块后，不仅输出了全局变量的值，而且模块中原有的测试代码也被执行了。这个结果显然不是我们想要的。那么如何只输出全局变量的值呢？实际上，可以在模块中，将原本直接执行的测试代码放在一个 if 语句中。因此，可以将模块 christmastree 的代码修改为以下内容：

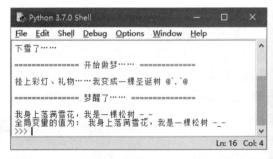

图 12.4 导入模块输出模块中定义的全局变量的值

（源码位置：资源包 \MR\Code\12\02）

```
01  pinetree = ' 我是一棵松树 '                                  # 定义一个全局变量（松树）
02  def fun_christmastree():                                  # 定义函数
03      ''' 功能：一个梦
04          无返回值
05      '''
06      pinetree = ' 挂上彩灯、礼物……我变成一棵圣诞树 @^.^@ \n'       # 定义局部变量
07      print(pinetree)                                      # 输出局部变量的值
08  # ********************** 判断是否以主程序的形式运行 **********************#
```

```
09  if __name__ == '__main__':
10      print('\n 下雪了……\n')
11      print('============== 开始做梦…… ==============\n')
12      fun_christmastree()                              # 调用函数
13      print('============== 梦醒了…… ==============\n')
14      pinetree = ' 我身上落满雪花, ' + pinetree + ' -_- '    # 为全局变量赋值
15      print(pinetree)                                  # 输出全局变量的值
```

再次执行导入模块的 main.py 文件, 将显示如图 12.5 所示的结果。从执行结果中可以看出测试代码并没有执行。

此时, 如果执行 christmastree.py 文件, 将显示如图 12.6 所示的结果。

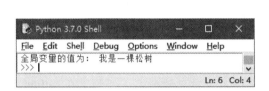

图 12.5　在模块中加入以主程序的形式执行的判断

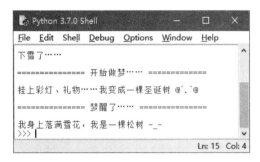

图 12.6　以主程序的形式执行的结果

📘 **说明**

在每个模块的定义中都包括一个记录模块名称的变量 __name__, 程序可以检查该变量, 以确定它们在哪个模块中执行。如果一个模块不是被导入到其他程序中执行, 那么它可能在解释器的顶级模块中执行。顶级模块的 __name__ 变量的值为 __main__。

12.4　Python 中的包

使用模块可以避免函数名和变量名重名引发的冲突。那么, 如果模块名重复应该怎么办呢? 在 Python 中, 提出了包 (Package) 的概念。包是一个分层次的目录结构, 它将一组功能相近的模块组织在一个目录下。这样, 既可以起到规范代码的作用, 又能避免模块名重名引起的冲突。

📘 **说明**

包简单理解就是 "文件夹", 只不过在该文件夹下必须存在一个名称为 "__init__.py" 的文件。

12.4.1　Python 程序的包结构

在实际项目开发时, 通常情况下, 会创建多个包用于存放不同类型的文件。例如, 开发一个网站时, 可以创建如图 12.7 所示的包结构。

说明

> 在图 12.7 中，先创建一个名称为 shop 的项目，然后在该项目下创建了 admin、home 和 templates 3 个包和一个 manage.py 的文件，最后在每个包中，又创建了相应的模块。

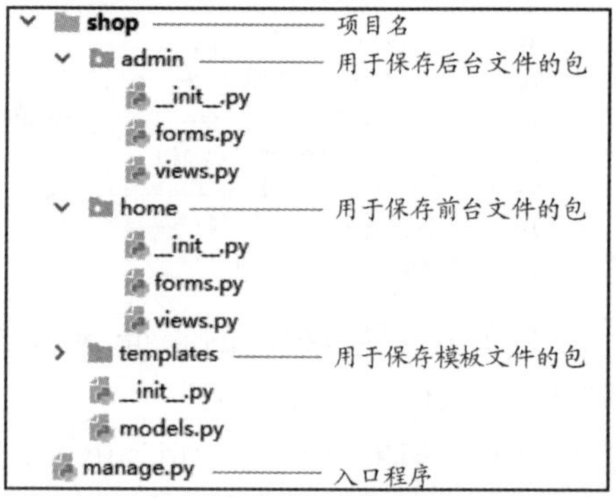

图 12.7　一个 Python 项目的包结构

12.4.2　创建和使用包

（1）创建包

创建包实际上就是创建一个文件夹，并且在该文件夹中创建一个名称为"__init__.py"的 Python 文件。在 __init__.py 文件中，可以不编写任何代码，也可以编写一些 Python 代码。在 __init__.py 文件中所编写的代码，在导入包时会自动执行。

说明

> __init__.py 文件是一个模块文件，模块名为对应的包名。例如，在 settings 包中创建的 __init__.py 文件，对应的模块名为 settings。

例如，在 E 盘根目录下，创建一个名称为 settings 的包，可以按照以下步骤进行。

① 在计算机的 E 盘根目录下，创建一个名称为 settings 的文件夹。

② 在 IDLE 中，创建一个名称为"__init__.py"的文件，保存在 E:\settings 文件夹下，并且在该文件中不写任何内容，然后再返回到资源管理器中，效果如图 12.8 所示。

至此，名称为 settings 的包就创建完毕，之后就可以在该包中创建所需的模块。

（2）使用包

创建包以后，就可以在包中创建相应的模块，然后再使用 import 语句从包中加载模块。从包中加载模块通常有以下 3 种方式：

图 12.8　创建 __init__.py 文件后的效果

① 通过"import + 完整包名 + 模块名"形式加载指定模块。"import + 完整包名 + 模块名"形式是指：假如有一个名称为 settings 的包，在该包下有一个名称为 size 的模块，那么要导入 size 模块，可以使用下面的代码：

```
import settings.size
```

通过该方式导入模块后，在使用时需要使用完整的名称。例如，在已经创建的 settings 包中创建一个名称为 size 的模块，并且在该模块中定义两个变量，代码如下：

```
01  width = 800                              # 宽度
02  height = 600                             # 高度
```

这时，通过"import + 完整包名 + 模块名"形式导入 size 模块后，在调用 width 和 height

变量时，就需要在变量名前加入 "settings.size." 前缀。对应的代码如下：

（源码位置：资源包 \MR\Code\12\03）

```
01  import settings.size                      # 导入 settings 包下的 size 模块
02  if __name__=='__main__':
03      print(' 宽度：',settings.size.width)
04      print(' 高度：',settings.size.height)
```

执行上面的代码后，将显示以下内容：

```
宽度: 800
高度: 600
```

② 通过 "from + 完整包名 + import + 模块名" 形式加载指定模块。"from + 完整包名 + import + 模块名" 形式是指：假如有一个名称为 settings 的包，在该包下有一个名称为 size 的模块，那么要导入 size 模块，可以使用下面的代码：

```
from settings import size
```

通过该方式导入模块后，在使用时不需要带包前缀，但是需要带模块名。例如，想通过 "from + 完整包名 + import + 模块名" 形式导入上面已经创建的 size 模块，并且调用 width 和 height 变量，就可以通过下面的代码实现：

（源码位置：资源包 \MR\Code\12\04）

```
01  from settings import size                 # 导入 settings 包下的 size 模块
02  if __name__=='__main__':
03      print(' 宽度：',size.width)
04      print(' 高度：',size.height)
```

执行上面的代码后，将显示以下内容：

```
宽度: 800
高度: 600
```

③ 通过 "from + 完整包名 + 模块名 + import + 定义名" 形式加载指定模块。"from + 完整包名 + 模块名 + import + 定义名" 形式是指：假如有一个名称为 settings 的包，在该包下有一个名称为 size 的模块，那么要导入 size 模块中的 width 和 height 变量，可以使用下面的代码：

```
from settings.size import width,height
```

通过该方式导入模块的函数、变量或类后，在使用时直接使用函数、变量或类名即可。例如，想通过 "from + 完整包名 + 模块名 + import + 定义名" 形式导入上面已经创建的 size 模块的 width 和 height 变量，并输出，就可以通过下面的代码实现：

（源码位置：资源包 \MR\Code\12\05）

```
01  # 导入 settings 包下 size 模块中的 width 和 height 变量
02  from settings.size import width,height
03  if __name__=='__main__':
04      print(' 宽度：', width)                  # 输出宽度
05      print(' 高度：', height)                 # 输出高度
```

执行上面的代码后，将显示以下内容：

```
宽度: 800
高度: 600
```

说明

> 在通过 "from + 完整包名 + 模块名 + import + 定义名" 形式加载指定模块时，可以使用星号 "*" 代替定义名，表示加载该模块下的全部定义。

12.5　引用其他模块

在 Python 中，除了可以自定义模块外，还可以引用其他模块，主要包括使用标准模块和第三方模块。下面分别进行介绍。

12.5.1　导入和使用标准模块

在 Python 中，自带了很多实用的模块，称为标准模块（也可以称为标准库），对于标准模块，可以直接使用 import 语句导入到 Python 文件中使用。例如，导入标准模块 random（用于生成随机数），可以使用下面的代码：

```
import random                                    # 导入标准模块 random
```

导入标准模块后，可以通过模块名调用其提供的函数。例如，导入 random 模块后，就可以调用其 randint() 函数生成一个指定范围的随机整数。生成一个 0 ~ 10 之间（包括 0 和 10）的随机整数的代码如下：

```
01  import random                                # 导入标准模块 random
02  print(random.randint(0,10))                  # 输出 0 ~ 10 的随机数
```

执行上面的代码，可能会输出 0 ~ 10 中的任意一个数。

除了 random 模块外，Python 还提供了 200 多个内置的标准模块，涵盖了 Python 运行时服务、文字模式匹配、操作系统接口、数学运算、对象永久保存、网络和 Internet 脚本和 GUI 建构等方面，详见表 12.1。

表 12.1　Python 常用的内置标准模块及描述

模块名	描述
sys	与 Python 解释器及其环境操作相关的标准库
time	提供与时间相关的各种函数的标准库
os	提供了访问操作系统服务功能的标准库
calendar	提供与日期相关的各种函数的标准库
urllib	用于读取来自网上（服务器上）的数据的标准库
json	用于使用 JSON 序列化和反序列化对象
re	用于在字符串中执行正则表达式匹配和替换
math	提供标准算术运算函数的标准库
decimal	用于进行精确控制运算精度、有效数位和四舍五入操作的十进制运算
shutil	用于进行高级文件操作，如复制、移动和重命名等
logging	提供了灵活的记录事件、错误、警告和调试信息等日志信息的功能
tkinter	使用 Python 进行 GUI 编程的标准库

除了表 12.1 所列出的标准模块外，Python 中还提供了很多其他模块，读者可以在 Python 的帮助文档中查看。具体方法是：打开 Python 安装路径下的 Doc 目录，在该目录中的扩展名为 .chm 的文件（如 python370.chm）即为 Python 的帮助文档。打开该文件，找到如图 12.9 所示的位置进行查看即可。

图 12.9　Python 的帮助文档

12.5.2　第三方模块的下载与安装

在进行 Python 程序开发时，除了可以使用 Python 内置的标准模块外，还有很多第三方模块可以所使用。对于这些第三方模块，可以在 Python 官方推出的 https://pypi.org/ 中找到。

在使用第三方模块时，需要先下载并安装该模块，然后就可以像使用标准模块一样导入并使用了。本小节主要介绍如何下载和安装第三方模块。下载和安装第三方模块可以使用 Python 提供的 pip 命令实现。pip 命令的语法格式如下：

```
pip<command> [modulename]
```

参数说明：

☑　command：用于指定要执行的命令。常用的参数值有 install（用于安装第三方模块）、uninstall（用于卸载已经安装的第三方模块）、list（用于显示已经安装的第三方模块）等。

☑　modulename：可选参数，用于指定要安装或者卸载的模块名，当 command 为 install 或者 uninstall 时不能省略。

例如，安装第三方 numpy 模块（用于科学计算），可以在命令行窗口中输入以下代码：

```
pipintall numpy
```

执行上面的代码，将在线安装 numpy 模块，安装完成后，将显示如图 12.10 所示的结果。

图 12.10　在线安装 numpy 模块

12.6　实战任务

任务 1：铁路售票系统

假设高铁一节车厢的座位数有 13 行，每行 5 列，每个座位初始显示"有票"，用户输入座位位置（如输入"13,5"）后，按 <Enter> 键，则该座位显示为"已售"。

任务 2：推算几天后的日期

编写一个程序，输入开始日期和间隔天数，可以推算出结束日期。效果如图 12.11 所示。

```
*** 推算几天后的日期 ***
请输入开始日期后按 <Enter> 键（输入为空则默认为当天）：20181123
请输入间隔天数后按 <Enter> 键（输入负数则往前计算）：120
你推算的日期是：20190323
```

图 12.11　输出效果

任务 3：输出福彩 3D 号码

"3D"彩票是以一个 3 位自然数为投注号码的彩票，投注者从 000 到 999 的范围内选择一个 3 位数进行投注。所中奖金采用固定奖金结构，如图 12.12 所示。编写一个程序，分别完成如下功能：

☑　随机产生一个 3D 投注号码。

☑　小明是一个彩民，每期都买 6 个投注号码。他想编写一个程序，除了可以输入 3 个固定投注号码，程序还要帮他随机产生 3 个投注号码，然后统一输出。

图 12.12　福彩"3D"开奖结果

第 **13** 章

文件操作

在变量、序列和对象中存储的数据是暂时的，程序结束后就会丢失。为了能够长时间地保存程序中的数据，需要将程序中的数据保存到磁盘文件中。Python 提供了内置的文件对象和对文件、目录进行操作的内置模块。通过这些技术可以很方便地将数据保存到文件（如文本文件等）中，以达到长时间保存数据的目的。

本章将详细介绍在 Python 中如何进行文件和目录的相关操作。

13.1　基本文件操作

在 Python 中，内置了文件（File）对象。在使用文件对象时，首先需要通过内置的 open() 方法创建一个文件对象，然后通过该对象提供的方法进行一些基本文件操作。例如，可以使用文件对象的 write() 方法向文件中写入内容，以及使用 close() 方法关闭文件等。下面将介绍如何应用 Python 的文件对象进行基本文件操作。

13.1.1　创建和打开文件

在 Python 中，想要操作文件需要先创建或者打开指定的文件并创建文件对象。这可以通过内置的 open() 函数实现。open() 函数的基本语法格式如下：

```
file = open(filename[,mode[,buffering]])
```

参数说明：

☑　file：被创建的文件对象。

☑　filename：要创建或打开文件的文件名称，需要使用单引号或双引号括起来。如果要打开的文件和当前文件在同一个目录下，那么直接写文件名即可，否则需要指定完整路径。例如，要打开当前路径下的名称为 status.txt 的文件，可以使用"status.txt"。

☑ mode：可选参数，用于指定文件的打开模式。其参数值如表 13.1 所示。默认的打开模式为只读（即 r）。

表 13.1 mode 参数的参数值及说明

值	说　明	注　意
r	以只读模式打开文件。文件的指针将会放在文件的开头	文件必须存在
rb	以二进制格式打开文件，并且采用只读模式。文件的指针将会放在文件的开头。一般用于非文本文件，如图片、声音等	
r+	打开文件后，可以读取文件内容，也可以写入新的内容覆盖原有内容（从文件开头进行覆盖）	
rb+	以二进制格式打开文件，并且采用读写模式。文件的指针将会放在文件的开头。一般用于非文本文件，如图片、声音等	
w	以只写模式打开文件	文件存在，则将其覆盖，否则创建新文件
wb	以二进制格式打开文件，并且采用只写模式。一般用于非文本文件，如图片、声音等	
w+	打开文件后，先清空原有内容，使其变为一个空的文件，对这个空文件有读写权限	
wb+	以二进制格式打开文件，并且采用读写模式。一般用于非文本文件，如图片、声音等	
a	以追加模式打开一个文件。如果该文件已经存在，文件指针将放在文件的末尾（即新内容会被写入到已有内容之后），否则，创建新文件用于写入	
ab	以二进制格式打开文件，并且采用追加模式。如果该文件已经存在，文件指针将放在文件的末尾（即新内容会被写入到已有内容之后），否则，创建新文件用于写入	
a+	以读写模式打开文件。如果该文件已经存在，文件指针将放在文件的末尾（即新内容会被写入到已有内容之后），否则，创建新文件用于读写	
ab+	以二进制格式打开文件，并且采用追加模式。如果该文件已经存在，文件指针将放在文件的末尾（即新内容会被写入到已有内容之后），否则，创建新文件用于读写	

☑ buffering：可选参数，用于指定读写文件的缓冲模式，值为 0 表示表达式不缓存；值为 1 表示表达式缓存；如果大于 1，则表示缓冲区的大小。默认为缓存模式。

使用 open() 方法经常实现以下几个功能。

（1）打开一个不存在的文件时先创建该文件

在默认的情况下，使用 open() 函数打开一个不存在的文件，会抛出如图 13.1 所示的异常。

要解决如图 13.1 所示的错误，主要有以下两种方法：

① 在当前目录下（即与执行的文件相同的目录）创建一个名称为 status.txt 的文件。

② 在调用 open() 函数时，指定 mode 的参数值为 w、w+、a、a+。这样，当要打开的文件不存在时，就可以创建新的文件了。

（2）以二进制形式打开文件

使用 open() 函数不仅可以以文本的形式打开文本文件，而且可以以二进制形式打开非文本文件，如图片文件、音频文件、视频文件等。例如，创建一个名称为 picture.png 的图片文件（图 13.2），并且应用 open() 函数以二进制方式打开该文件。

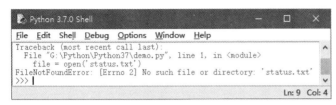

图 13.1　打开的文件不存在时抛出的异常

图 13.2　打开的图片文件

以二进制方式打开该文件，并输出创建的对象的代码如下：

```
01  file = open('picture.png','rb')          # 以二进制方式打开图片文件
02  print(file)                              # 输出创建的对象
```

执行上面的代码后，将显示如图 13.3 所示的运行结果。

从图 13.3 中可以看出，创建的是一个 BufferedReader 对象。对于该对象生成后，可以再应用其他的第三方模块进行处理。例如，上面的 BufferedReader 对象是通过打开图片文件实现的。那么就可以将其传入到第三方的图像处理库 PIL 的 Image 模块的 open() 方法中，以便对图片进行处理（如调整大小等）。

（3）打开文件时指定编码方式

在使用 open() 函数打开文件时，默认采用 GBK 编码，当被打开的文件不是 GBK 编码时，将抛出如图 13.4 所示的异常。

图 13.3　以二进制方式打开图片文件

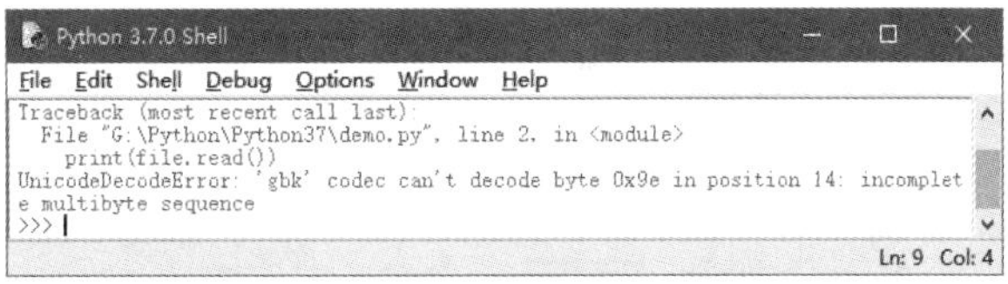

图 13.4　抛出 Unicode 解码异常

解决该问题的方法有两种，一种是直接修改文件的编码，另一种是在打开文件时，直接指定使用的编码方式。推荐采用后一种方法。下面重点介绍如何在打开文件时指定编码方式。

在调用 open() 函数时，通过添加 "encoding=' utf-8'" 参数即可实现将编码指定为 UTF-8。如果想要指定其他，可以将单引号中的内容替换为想要指定的编码即可。

例如，打开采用 UTF-8 编码保存的 notice.txt 文件，可以使用下面的代码：

```
file = open('notice.txt','r',encoding='utf-8')
```

13.1.2　关闭文件

打开文件后，需要及时关闭，以免对文件造成不必要的破坏。关闭文件，可以使用文件对象的 close() 方法实现。close() 方法的语法格式如下：

```
file.close()
```

其中，file 为打开的文件对象。

例如，关闭打开的 file 对象，可以使用下面的代码：

```
file.close()    # 关闭文件对象
```

 说明

> close() 方法先刷新缓冲区中还没有写入的信息，然后再关闭文件，这样可以将没有写入到文件的内容写入到文件中。在关闭文件后，便不能再进行写入操作。

13.1.3　打开文件时使用 with 语句

打开文件后，要及时将其关闭。如果忘记关闭，可能会带来意想不到的问题。另外，如果在打开文件时抛出了异常，那么将导致文件不能被及时关闭。为了更好地避免此类问题发生，可以使用 Python 提供的 with 语句。从而实现在处理文件时，无论是否抛出异常，都能保证 with 语句执行完毕后关闭已经打开的文件。with 语句的基本语法格式如下：

```
with expression as target:
    with-body
```

参数说明：

☑　expression：用于指定一个表达式，这里可以是打开文件的 open() 函数。

☑　target：用于指定一个变量，并且将 expression 的结果保存到该变量中。

☑　with-body：用于指定 with 语句体，其中可以是执行with 语句后相关的一些操作语句。如果不想执行任何语句，可以直接使用 pass 语句代替。

例如，在打开文件时使用 with 语句，修改后的代码如下：

```
01  print("\n","="*10,"Python 经典应用 ","="*10)
02  with open('message.txt','w') as file:          # 创建或打开保存 Python 经典应用信息的文件
03      pass
04  print("\n 即将显示……\n")
```

13.1.4　写入文件内容

在前面的内容中，虽然创建并打开了一个文件，但是该文件中并没有任何内容，它的大小是 0KB。Python 的文件对象提供了 write() 方法，可以向文件中写入内容。write() 方法的语法格式如下：

```
file.write(string)
```

其中，file 为打开的文件对象；string 为要写入的字符串。

注意

> 在调用 write() 方法向文件中写入内容的前提是，打开文件时，指定的打开模式为 w（可写）或者 a（追加），否则，将抛出如图 13.5 所示的异常。

图 13.5　没有写入权限时抛出的异常

13.1.5　读取文件

在 Python 中打开文件后，除了可以向其写入或追加内容，还可以读取文件中的内容。读取文件内容主要分为以下几种情况。

（1）读取指定字符

文件对象提供了 read() 方法读取指定个数的字符。其语法格式如下：

```
file.read([size])
```

其中，file 为打开的文件对象；size 为可选参数，用于指定要读取的字符个数，如果省略则一次性读取所有内容。

⚡ 注意

在调用 read() 方法读取文件内容的前提是，打开文件时，指定的打开模式为 r（只读）或者 r+（读写），否则，将抛出如图 13.6 所示的异常。

图 13.6　没有读取权限抛出的异常

例如，要读取 message.txt 文件中的前 9 个字符，可以使用下面的代码：

（源码位置：资源包 \MR\Code\13\01）

```
01  with open('message.txt','r') as file:        # 打开文件
02      string = file.read(9)                     # 读取前 9 个字符
03      print(string)
```

如果 message.txt 的文件内容为：

Python 的强大，强大到你无法想象！！！

那么执行上面的代码将显示以下结果：

Python 的强大

使用 read(size) 方法读取文件时，是从文件的开头读取的。如果想要读取部分内容，可以先使用文件对象的 seek() 方法将文件的指针移动到新的位置，然后再应用 read(size) 方法读取。seek() 方法的基本语法格式如下：

```
file.seek(offset[,whence])
```

参数说明：

☑ file：表示已经打开的文件对象。

☑ offset：用于指定移动的字符个数，其具体位置与 whence 有关。

☑ whence：用于指定从什么位置开始计算。值为 0 表示从文件头开始计算，值为 1 表示从当前位置开始计算，值为 2 表示从文件尾开始计算，默认为 0。

💡 **注意**

> 对于 whence 参数，如果在打开文件时，没有使用 b 模式（即 rb），那么只允许从文件头开始计算相对位置，从文件尾计算时就会引发如图 13.7 所示的异常。

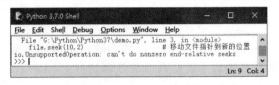

图 13.7　没有使用 b 模式，从文件尾计算时抛出的异常

例如，想要从文件的第 11 个字符开始读取 8 个字符，可以使用下面的代码：

（源码位置：资源包 \MR\Code\13\02）

```
01  with open('message.txt','r') as file:          # 打开文件
02      file.seek(14)                               # 移动文件指针到新的位置
03      string = file.read(8)                       # 读取 8 个字符
04      print(string)
```

如果 message.txt 的文件内容为：

> Python 的强大，强大到你无法想象！！！

那么执行上面的代码将显示以下结果：

> 强大到你无法想象

📖 **说明**

> 在使用 seek() 方法时，offset 的值是按一个汉字占两个字符，英文和数字占一个字符计算的，这与 read(size) 方法不同。

(2) 读取一行

在使用 read() 方法读取文件时，如果文件很大，一次读取全部内容到内存，容易造成内存不足，所以通常会采用逐行读取。文件对象提供了 readline() 方法用于每次读取一行数据。readline() 方法的基本语法格式如下：

> file.readline()

其中，file 为打开的文件对象。同 read() 方法一样，打开文件时，也需要指定打开模式为 r（只读）或者 r+（读写）。

（源码位置：资源包 \MR\Code\12\03）

```
01  print("\n","="*20,"Python 经典应用 ","="*20,"\n")
02  with open('message.txt','r') as file:          # 打开保存 Python 经典应用信息的文件
03      number = 0                                  # 记录行号
```

```
04       while True:
05           number += 1
06           line = file.readline()
07           if line =='':
08               break                                    # 跳出循环
09           print(number,line,end= "\n")                 # 输出一行内容
10  print("\n","="*20,"over","="*20,"\n")
```

执行上面的代码，将显示如图 13.8 所示的结果。

（3）读取全部行

读取全部行的作用同调用 read() 方法时不指定 size 类似，只不过读取全部行时，返回的是一个字符串列表，每个元素为文件的一行内容。读取全部行，使用的是文件对象的 readlines() 方法，其语法格式如下：

```
file.readlines()
```

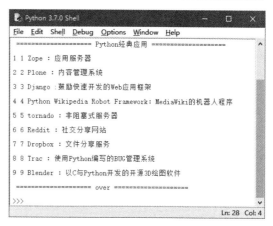

图 13.8　逐行显示 Python 经典应用

其中，file 为打开的文件对象。同 read() 方法一样，打开文件时，也需要指定打开模式为 r（只读）或者 r+（读写）。

例如，通过 readlines() 方法读取 message.txt 文件中的所有内容，并输出读取结果，代码如下：

（源码位置：资源包 \MR\Code\13\04）

```
01  print("\n","="*20,"Python 经典应用 ","="*20,"\n")
02  with open('message.txt','r') as file:                # 打开保存 Python 经典应用信息的文件
03      message = file.readlines()                       # 读取全部信息
04      print(message)                                   # 输出信息
05      print("\n","="*25,"over","="*25,"\n")
```

执行上面的代码，将显示如图 13.9 所示的运行结果。

从该运行结果中可以看出，readlines() 方法的返回值为一个字符串列表。在这个字符串列表中，每个元素记录一行内容。如果文件比较大，采用这种方法输出读取的文件内容会很慢，这时可以将列表的内容逐行输出。例如，代码可以修改为以下内容：

图 13.9　readlines() 方法的返回结果

（源码位置：资源包 \MR\Code\13\05）

```
01  print("\n","="*20,"Python 经典应用 ","="*20,"\n")
02  with open('message.txt','r') as file:                # 打开保存 Python 经典应用信息的文件
03      messageall = file.readlines()                    # 读取全部信息
04      for message in messageall:
05          print(message)                               # 输出一条信息
06  print("\n","="*25,"over","="*25,"\n")
```

上述代码的执行结果与图 13.8 相同。

13.2　目录操作

目录也称文件夹，用于分层保存文件。通过目录可以分门别类地存放文件，也可以通过目录快速找到想要的文件。在 Python 中，并没有提供直接操作目录的函数或者对象，而是需要使用内置的 os 和 os.path 模块实现。

📋 说明

> os 模块是 Python 内置的与操作系统功能和文件系统相关的模块，该模块中的语句的执行结果通常与操作系统有关，在不同的操作系统上运行，可能会得到不一样的结果。

常用的目录操作主要有判断目录是否存在、创建目录、删除目录和遍历目录等，下面将介绍详细介绍。

📋 说明

> 本章的内容都是以 Windows 操作系统为例进行介绍的，所以代码的执行结果也都是在 Windows 操作系统下显示的。

13.2.1　os 和 os.path 模块

在 Python 中，内置了 os 模块及其子模块 os.path，用于对目录或文件进行操作。在使用 os 模块或者 os.path 模块时，需要先应用 import 语句将其导入，然后才可以应用它们提供的函数或者变量。

导入 os 模块可以使用下面的代码：

```
import os
```

📋 说明

> 导入 os 模块后，也可以使用其子模块 os.path。

导入 os 模块后，可以使用该模块提供的通用变量获取与系统有关的信息。常用的变量有以下几个：

☑　name：用于获取操作系统类型。例如，在 Windows 操作系统下输入"os.name"，将显示如图 13.10 所示的结果。

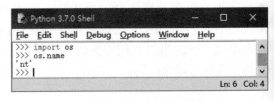

图 13.10　显示 os.name 的结果

📋 说明

> 如果 os.name 的输出结果为 nt，则表示是 Windows 操作系统；如果是 posix，则表示是 Linux、Unix 或 Mac OS 操作系统。

☑ linesep：用于获取当前操作系统上的换行符。例如，在 Windows 操作系统下输入 os.linesep，将显示如图 13.11 所示的结果。

☑ sep：用于获取当前操作系统所使用的路径分隔符。例如，在 Windows 操作系统下输入 os.sep，将显示如图 13.12 所示的结果。

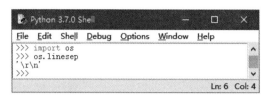

图 13.11 显示 os.linesep 的结果　　　　　图 13.12 显示 os.sep 的结果

os 模块还提供了一些操作目录的函数，如表 13.2 所示。

表 13.2　os 模块提供的与目录相关的函数及说明

函　数	说　明
getcwd()	返回当前的工作目录
listdir(path)	返回指定路径下的文件和目录信息
mkdir(path [,mode])	创建目录
makedirs(path1/path2……[,mode])	创建多级目录
rmdir(path)	删除目录
removedirs(path1/path2……)	删除多级目录
chdir(path)	把 path 设置为当前工作目录
walk(top[,topdown[,onerror]])	遍历目录树，该方法返回一个元组，包括所有路径名、所有目录列表和文件列表 3 个元素

os.path 模块也提供了一些操作目录的函数，如表 13.3 所示。

表 13.3　os.path 模块提供的与目录相关的函数及说明

函　数	说　明
abspath(path)	用于获取文件或目录的绝对路径
exists(path)	用于判断目录或者文件是否存在，如果存在则返回 True，否则返回 False
join(path,name)	将目录与目录或者文件名拼接起来
splitext()	分离文件名和扩展名
basename(path)	从一个目录中提取文件名
dirname(path)	从一个路径中提取文件路径，不包括文件名
isdir(path)	用于判断是否为路径

13.2.2　路径

用于定位一个文件或者目录的字符串称为一个路径。在程序开发时，通常涉及两种路径：一种是相对路径，另一种是绝对路径。

（1）相对路径

在学习相对路径之前，需要先了解什么是当前工作目录。当前工作目录是指当前文件所在的目录。在 Python 中，可以通过 os 模块提供的 getcwd() 函数获取当前工作目录。例如，在 "E:\program\Python\Code\demo.py" 文件中，编写以下代码：

```
01 import os
02 print(os.getcwd())                        # 输出当前目录
```

执行上面的代码后，将显示以下目录，该路径就是当前工作目录：

```
E:\program\Python\Code
```

相对路径就是依赖于当前工作目录的。如果在当前工作目录下，有一个名称为 message.txt 的文件，那么在打开这个文件时，就可以直接写上文件名，这时采用的就是相对路径，message.txt 文件的实际路径就是当前工作目录 "E:\program\Python\Code" + 相对路径 "message.txt"，即 "E:\program\Python\Code\message.txt"。

如果在当前工作目录下，有一个子目录 demo，并且在该子目录下保存着文件 message.txt，那么在打开这个文件时就可以写上 "demo/message.txt"，例如下面的代码：

```
01 with open("demo/message.txt") as file:        # 通过相对路径打开文件
02     pass
```

📄 **说明**

> 在 Python 中，指定文件路径时需要对路径分隔符 "\" 进行转义，即将路径中的 "\" 替换为 "\\"。例如对于相对路径 "demo\message.txt" 需要使用 "demo\\message.txt" 代替。另外，也可以将路径分隔符 "\" 采用 "/" 代替。

📄 **多学两招**

> 在指定文件路径时，也可以在表示路径的字符串前面加上字母 r（或 R），那么该字符串将原样输出，这时路径中的分隔符就不需要再转义了。例如，上面的代码也可以修改为内下内容：
>
> ```
> 01 with open(r"demo\message.txt") as file:        # 通过相对路径打开文件
> 02     pass
> ```

（2）绝对路径

绝对路径是指在使用文件时指定文件的实际路径。它不依赖于当前工作目录。在 Python 中，可以通过 os.path 模块提供的 abspath() 函数获取一个文件的绝对路径。abspath() 函数的基本语法格式如下：

```
os.path.abspath(path)
```

其中，path 为要获取绝对路径的相对路径，可以是文件，也可以是目录。

例如，要获取相对路径 "demo\message.txt" 的绝对路径，可以使用下面的代码：

```
01 import os
02 print(os.path.abspath(r"demo\message.txt"))        # 获取绝对路径
```

如果当前工作目录为"E:\program\Python\Code", 那么将得到以下结果:

```
E:\program\Python\Code\demo\message.txt
```

（3）拼接路径

如果想要将两个或者多个路径拼接到一起组成一个新的路径, 可以使用 os.path 模块提供的 join() 函数实现。join() 函数基本语法格式如下:

```
os.path.join(path1[,path2[,……]])
```

其中, path1、path2 用于代表要拼接的文件路径, 这些路径间使用逗号进行分隔。如果在要拼接的路径中, 没有一个绝对路径, 那么最后拼接出来的将是一个相对路径。

⚡ 注意

使用 os.path.join() 函数拼接路径时, 并不会检测该路径是否真实存在。

例如, 需要将"E:\program\Python\Code"和"demo\message.txt"路径拼接到一起, 可以使用下面的代码:

```
01 import os
02 print(os.path.join("E:\program\Python\Code","demo\message.txt"))    # 拼接字符串
```

执行上面的代码, 将得到以下结果:

```
E:\program\Python\Code\demo\message.txt
```

📖 说明

在使用 join() 函数时, 如果要拼接的路径中, 存在多个绝对路径, 那么以从左到右的顺序最后一次出现的为准, 并且该路径之前的参数都将被忽略。例如, 执行下面的代码:

```
01 import os
02 print(os.path.join("E:\\code","E:\\python\\mr","Code","C:\\","demo")) # 拼接字符串
```

将得到拼接后的路径为"C:\demo"。

⚡ 注意

把两个路径拼接为一个路径时, 不要直接使用字符串拼接, 而是使用 os.path.join() 函数, 这样可以正确处理不同操作系统的路径分隔符。

13.2.3　判断目录是否存在

在 Python 中, 有时需要判断给定的目录是否存在, 这时可以使用 os.path 模块提供的exists() 函数实现。exists() 函数的基本语法格式如下:

```
os.path.exists(path)
```

其中，path 为要判断的目录，可以采用绝对路径，也可以采用相对路径。如果给定的路径存在，返回值为 True，否则返回 False。

例如，要判断绝对路径"C:\demo"是否存在，可以使用下面的代码：

```
01  import os
02  print(os.path.exists("C:\\demo"))                    # 判断目录是否存在
```

执行上面的代码，如果在 C 盘根目录下没有 demo 子目录，则返回 False，否则返回 True。

 说明

> os.path.exists() 函数除了可以判断目录是否存在，还可以判断文件是否存在。例如，如果将上面代码中的"C:\\demo"替换为"C:\\demo\\test.txt"，则用于判断 C:\demo\test.txt 文件是否存在。

13.2.4　创建目录

在 Python 中，os 模块提供了两个创建目录的函数：一个用于创建一级目录；另一个用于创建多级目录。下面分别进行介绍。

（1）创建一级目录

创建一级目录是指一次只能创建一级目录。在 Python 中，可以使用 os 模块提供的 mkdir() 函数实现。通过该函数只能创建指定路径中的最后一级目录，如果该目录的上一级不存在，则抛出 FileNotFoundError 异常。mkdir() 函数的基本语法格式如下：

```
os.mkdir(path, mode=0o777)
```

参数说明：

☑　path：用于指定要创建的目录，可以使用绝对路径，也可以使用相对路径。

☑　mode：用于指定数值模式，默认值为 0777。该参数在非 Unix 系统上无效或被忽略。

例如，在 Windows 系统上创建一个 C:\demo 目录，可以使用下面的代码：

```
01  import os
02  os.mkdir("C:\\demo")                                 # 创建 C:\demo 目录
```

执行下面的代码后，将在 C 盘根目录下创建一个 demo 目录，如图 13.13 所示。

如果在创建路径时，demo 目录已经存在，将抛出 FileExistsError 异常。例如，将上面的示例代码再执行一次，将抛出如图 13.14 所示的异常。

图 13.13　创建 demo 目录成功

图 13.14　创建 demo 目录失败的异常

要解决上面的问题，可以在创建目录前，先判断指定的目录是否存在，只有当目录不存在时才创建。具体代码如下：

（源码位置：资源包 \MR\Code\13\06）

```
01  import os
02  path = "C:\\demo"                              # 指定要创建的目录
03  if not os.path.exists(path):                   # 判断目录是否存在
04      os.makedir (path)                          # 创建目录
05      print(" 目录创建成功! ")
06  else:
07      print(" 该目录已经存在! ")
```

执行上面的代码，如果"C:\\demo"目录已经存在，将显示以下结果：

```
该目录已经存在!
```

否则将显示以下内容，同时目录将成功创建。

```
目录创建成功!
```

⚡ 注意

如果指定的目录有多级，而且最后一级的上级目录中有不存在的，则抛出 FileNotFoundError 异常，并且目录创建不成功。这时可以使用创建多级目录的方法。

（2）创建多级目录

使用 mkdir() 函数只能创建一级目录，如果想创建多级，可以使用 os 模块提供的 makedirs() 函数，该函数用于采用递归的方式创建目录。makedirs() 函数的基本语法格式如下：

```
os.makedirs(name, mode=0o777)
```

参数说明：

☑　name：用于指定要创建的目录，可以使用绝对路径，也可以使用相对路径。

☑　mode：用于指定数值模式，默认值为 0777。该参数在非 Unix 系统上无效或被忽略。

例如，在 Windows 系统上，刚刚创建的 C:\demo 目录下，再创建子目录 test\dir\mr（对应的目录为：C:\demo\test\dir\mr），可以使用下面的代码：

```
01  import os
02  os.makedirs ("C:\\demo\\test\\dir\\mr ")      # 创建 C:\demo\test\dir\mr 目录
```

执行下面的代码后，将在 C:\demo 目录下创建子目录 test，并且在 test 目录下再创建子目录 dir，在 dir 目录下再创建子目录 mr。创建后的目录结构如图 13.15 所示。

13.2.5　删除目录

删除目录可以使用 os 模块提供的 rmdir() 函数实现。通过 rmdir() 函数删除目录时，只有当要删除的目录为空时才起作用。rmdir() 函数的基本语法格式如下：

图 13.15　创建多级目录的结果

```
os.rmdir(path)
```

187

其中，path 为要删除的目录，可以使用相对路径，也可以使用绝对路径。

例如，要删除刚刚创建的 C:\demo\test\dir\mr 目录，可以使用下面的代码：

```
01  import os
02  os.rmdir("C:\\demo\\test\\dir\\mr")                    # 删除 C:\demo\test\dir\mr 目录
```

执行上面的代码后，将删除 C:\demo\test\dir 目录下的 mr 目录。

⚡ 注意

如果要删除的目录不存在，那么将抛出"FileNotFoundError: [WinError 2] 系统找不到指定的文件。"异常。因此，在执行 os.rmdir() 函数前，建议先判断该路径是否存在，可以使用 os.path.exists() 函数判断。具体代码如下：

```
01  import os
02  path = "C:\\demo\\test\\dir\\mr"                    # 指定要创建的目录
03  if os.path.exists(path):                            # 判断目录是否存在
04      os.rmdir("C:\\demo\\test\\dir\\mr")            # 删除目录
05      print("目录删除成功！")
06  else:
07      print("该目录不存在！")
```

📖 多学两招

使用 rmdir() 函数只能删除空的目录，如果想要删除非空目录，则需要使用 Python 内置的标准模块 shutil 的 rmtree() 函数实现。例如，要删除不为空的"C:\\demo\\test"目录，可以使用下面的代码：

```
01  import shutil
02  shutil.rmtree("C:\\demo\\test")          # 删除 C:\demo 目录下的 test 子目录及其内容
```

13.2.6 遍历目录

遍历在古汉语中的意思是全部走遍，到处周游。在 Python 中，遍历的意思与其相似，就是对指定目录下的全部目录（包括子目录）及文件浏览一遍。在 Python 中，os 模块的 walk() 函数用于实现遍历目录的功能。walk() 函数的基本语法格式如下：

```
os.walk(top[, topdown][, onerror][, followlinks])
```

参数说明：

☑ top：用于指定要遍历内容的根目录。

☑ topdown：可选参数，用于指定遍历的顺序。如果值为 True，表示自上而下遍历（即先遍历根目录）；如果值为 False，表示自下而上遍历（即先遍历最后一级子目录）。默认值为 True。

☑ onerror：可选参数，用于指定错误处理方式，默认为忽略，如果不想忽略也可以指定一个错误处理函数。通常情况下采用默认。

☑ followlinks：可选参数，默认情况下，walk() 函数不会向下转换成解析到目录的符号链接。将该参数值设置为 True，表示用于指定在支持的系统上访问由符号链接指向的目录。

☑ 返回值：返回一个包括 3 个元素 (dirpath, dirnames, filenames) 的元组生成器对象。其中，dirpath 表示当前遍历的路径，是一个字符串；dirnames 表示当前路径下包含的子目录，是一个列表；filenames 表示当前路径下包含的文件，也是一个列表。

例如，要遍历指定目录 "E:\program\Python\Code\01"，可以使用下面的代码：

（源码位置：资源包 \MR\Code\13\07）

```
01  import os                                    # 导入 os 模块
02  tuples = os.walk("E:\\program\\Python\\Code\\01")   # 遍历 "E:\program\Python\Code\01" 目录
03  for tuple1 in tuples:                        # 通过 for 循环输出遍历结果
04      print(tuple1 ,"\n")                      # 输出每一级目录的元组
```

如果在 "E:\program\Python\Code\01" 目录下包括如图 13.16 所示的内容，执行上面的代码，将显示如图 13.17 所示的结果。

图 13.16　遍历指定目录

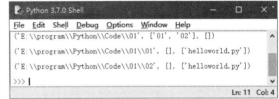

图 13.17　遍历指定目录的结果

 注意

walk() 函数只在 Unix 和 Windows 系统中有效。

13.3 高级文件操作

Python 内置的 os 模块除了可以对目录进行操作，还可以对文件进行一些高级操作，具体函数如表 13.4 所示。

表 13.4　os 模块提供的与文件相关的函数及说明

函　数	说　明
access(path,accessmode)	获取对文件是否有指定的访问权限（读取 / 写入 / 执行权限）。accessmode 的值是 R_OK(读取)、W_OK(写入)、X_OK(执行) 或 F_OK（存在）。如果有指定的权限，则返回 1，否则返回 0
chmod(path,mode)	修改 path 指定文件的访问权限
remove(path)	删除 path 指定的文件路径
rename(src,dst)	将文件或目录 src 重命名为 dst
stat(path)	返回 path 指定文件的信息
startfile(path [, operation])	使用关联的应用程序打开 path 指定的文件

下面将对常用的操作进行详细介绍。

13.3.1 删除文件

Python 没有内置删除文件的函数，但是在内置的 os 模块中提供了删除文件的函数 remove()，该函数的基本语法格式如下：

```
os. remove(path)
```

其中，path 为要删除的文件路径，可以使用相对路径，也可以使用绝对路径。

例如，要删除当前工作目录下的 mrsoft.txt 文件，可以使用下面的代码：

```
01  import os                        # 导入 os 模块
02  os.remove("mrsoft.txt")          # 删除当前工作目录下的 mrsoft.txt 文件
```

执行上面的代码后，如果在当前工作目录下存在 mrsoft.txt 文件，即可将其删除，否则将显示如图 13.18 所示的异常。

为了解决以上异常，可以在删除文件时，先判断文件是否存在，只有存在时才执行删除操作。具体代码如下：

图 13.18　要删除的文件不存在时显示的异常

（源码位置：资源包 \MR\Code\13\08）

```
01  import os                        # 导入 os 模块
02  path = "mrsoft.txt"              # 要删除的文件
03  if os.path.exists(path):         # 判断文件是否存在
04      os.remove(path)              # 删除文件
05      print(" 文件删除完毕! ")
06  else:
07      print(" 文件不存在! ")
```

执行上面的代码，如果 mrsoft.txt 不存在，则显示以下内容：

```
文件不存在!
```

否则将显示以下内容，同时文件将被删除。

```
文件删除完毕!
```

13.3.2 重命名文件和目录

os 模块提供了重命名文件和目录的函数 rename()，如果指定的路径是文件，则重命名文件；如果指定的路径是目录，则重命名目录。rename() 函数的基本语法格式如下：

```
os.rename(src,dst)
```

其中，src 用于指定要进行重命名的目录或文件；dst 用于指定重命名后的目录或文件。

同删除文件一样，在进行文件或目录重命名时，如果指定的目录或文件不存在，也将抛出 FileNotFoundError 异常，所以在进行文件或目录重命名时，也建议先判断文件或目录是否存在，只有存在时才可以进行重命名操作。

例如，想要将 "C:\demo\test\dir\mr\mrsoft.txt" 文件重命名为 "C:\demo\test\dir\mr\mr.txt"，

可以使用下面的代码:

（源码位置：资源包 \MR\Code\13\09）

```
01  import os                                        # 导入 os 模块
02  src = "C:\\demo\\test\\dir\\mr\\mrsoft.txt"      # 要重命名的文件
03  dst = "C:\\demo\\test\\dir\\mr\\mr.txt"          # 重命名后的文件
04  if os.path.exists(src):                          # 判断文件是否存在
05      os.rename(src,dst)                           # 重命名文件
06      print(" 文件重命名完毕! ")
07  else:
08      print(" 文件不存在! ")
```

执行上面的代码，如果 C:\demo\test\dir\mr\mrsoft.txt 文件不存在，则显示以下内容:

文件不存在!

否则将显示以下内容，同时文件被重命名。

文件重命名完毕!

使用 rename() 函数重命名目录与命名文件基本相同，只要把原来的文件路径替换为目录即可。例如，想要将当前目录下的 demo 目录重命名为 test，可以使用下面的代码:

（源码位置：资源包 \MR\Code\13\10）

```
01  import os                    # 导入 os 模块
02  src = "demo"                 # 要重命名的目录为当前目录下的 demo
03  dst = "test"                 # 重命名后的目录重命名为 test
04  if os.path.exists(src):      # 判断目录是否存在
05      os.rename(src,dst)       # 重命名目录
06      print(" 目录重命名完毕! ")
07  else:
08      print(" 目录不存在! ")
```

⚡ 注意

在使用 rename() 函数重命名目录时，只能修改最后一级的目录名称，否则将抛出如图 13.19 所示的异常。

图 13.19　重命名的不是最后一级目录时抛出的异常

13.3.3　获取文件基本信息

在计算机上创建文件后，该文件本身就会包含一些信息。例如，文件的最后一次访问时间、最后一次修改时间、文件大小等基本信息。通过 os 模块的 stat() 函数可以获取到文件的这些基本信息。stat() 函数的基本语法如下:

```
os.stat(path)
```

其中，path 为要获取文件基本信息的文件路径，可以是相对路径，也可以是绝对路径。

stat() 函数的返回值是一个对象，该对象包含如表 13.5 所示的属性，通过访问这些属性可以获取文件的基本信息。

表 13.5　stat() 函数返回的对象的常用属性

属性	说　明	属性	说　明
st_mode	保护模式	st_dev	设备名
st_ino	索引号	st_uid	用户 ID
st_nlink	硬连接号（被连接数目）	st_gid	组 ID
st_size	文件大小，单位为字节	st_atime	最后一次访问时间
st_mtime	最后一次修改时间	st_ctime	最后一次状态变化的时间（系统不同返回结果也不同，例如，在 Windows 操作系统下返回的是文件的创建时间）

例如，获取 message.txt 文件的文件路径、大小和最后一次修改时间，代码如下：

（源码位置：资源包 \MR\Code\13\11）

```
01  import os                                              # 导入 os 模块
02  if os.path.exists("message.txt"):                      # 判断文件是否存在
03      fileinfo = os.stat("message.txt")                  # 获取文件的基本信息
04      print(" 文件完整路径: ", os.path.abspath("message.txt"))  # 获取文件的完整路径
05      print(" 文件大小: ",fileinfo.st_size," 字节 ")        # 输出文件的大小
06      print(" 最后一次修改时间: ",fileinfo.st_mtime)
```

运行效果如图 13.20 所示。

图 13.20　获取文件信息

13.4　实战任务

任务 1：记录用户登录日志

创建一个叮叮客服管理系统的登录界面，每次登录时，将用户的登录日志写入文件中，并且可以在程序中查看用户的登录日志。

任务 2：模拟淘宝客服自动回复

淘宝客服为了快速回答卖家问题，设置了自动回复的功能，当有买家咨询时，客服自助系统首先会使用提前规划好的内容进行回复。请用 Python 程序实现这一功能，如图 13.21 所示。

图 13.21　淘宝客服自动回复

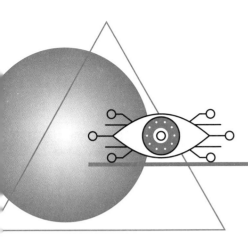

第 14 章

使用 Python 操作
数据库

程序运行的时候，数据都在内存中。当程序终止的时候，通常都需要将数据保存到磁盘上，前面学习了将数据写入文件，保存在磁盘上。为了便于程序保存和读取数据，并能直接通过条件快速查询到指定的数据，就出现了数据库（Database）这种专门用于集中存储和查询的软件。本章将介绍数据库编程接口的知识，以及使用 SQLite 和 MySQL 存储数据的方法。

14.1　数据库编程接口

在项目开发中，数据库的应用必不可少。虽然数据库的种类有很多，如 SQLite、MySQL、Oracle 等，但是它们的功能基本都是一样的，为了对数据库进行统一的操作，大多数语言都提供了简单的、标准化的数据库接口 (API)。在 Python Database API 2.0 规范中，定义了 Python 数据库 API 接口的各个部分，如模块接口、连接对象、游标对象、类型对象和构造器、DB API 的可选扩展以及可选的错误处理机制等。本节将重点介绍数据库 API 接口中的连接对象和游标对象。

14.1.1　连接对象

数据库连接对象（connection object）主要提供获取数据库游标对象和提交 / 回滚事务的方法，以及如何关闭数据库连接。

（1）获取连接对象

如何获取连接对象呢？这就需要使用 connect() 函数。该函数有多个参数，具体使用哪个参数，取决于使用的数据库类型。例如，需要访问 Oracle 数据库和 MySQL 数据库，必须同时下载 Oracle 和 MySQL 数据库模块。这些模块在获取连接对象时，都需要使用 connect() 函数。connect() 函数常用的参数及说明如表 14.1 所示。

表 14.1　connect() 函数常用的参数及说明

参数	说明
dsn	数据源名称，给出该参数表示数据库依赖
user	用户名
password	用户密码
host	主机名
database	数据库名称

例如，使用 PyMySQL 模块连接 MySQL 数据库，示例代码如下：

（源码位置：资源包 \MR\Code\14\01 ）

```
01  import pymysql
02  conn = pymysql.connect(host='localhost',
03                         user='user',
04                         password='passwd',
05                         db='test',
06                         charset='utf8',
07                         cursorclass=pymysql.cursors.DictCursor)
```

📑 说明

> 上述代码中，pymysql.connect() 方法使用的参数与表 14.1 中并不是完全相同。在使用时，要以具体的数据库模块为准。

（2）连接对象的方法

connect() 函数返回连接对象，这个对象表示目前和数据库的会话。连接对象支持的方法如表 14.2 所示。

表 14.2　连接对象方法及说明

方法名	说明
close()	关闭数据库连接
commit()	提交事务
rollback()	回滚事务
cursor()	获取游标对象，操作数据库，如执行 DML 操作，调用存储过程等

事务主要用于处理数据量大、复杂度高的数据。如果操作的是一系列的动作，比如张三给李四转账，有如下 2 个操作：

☑　张三账户金额减少。

☑　李四账户金额增加。

这时使用事务可以维护数据库的完整性，保证 2 个操作要么全部执行，要么全部不执行。

14.1.2　游标对象

游标对象（cursor object）代表数据库中的游标，用于指示抓取数据操作的上下文。主要提供执行 SQL 语句、调用存储过程、获取查询结果等方法。

如何获取游标对象呢？通过使用连接对象的 cursor() 方法，可以获取游标对象。游标对象的属性如下所示：

- ☑ description：数据库中列的类型和值的描述信息。
- ☑ rowcount：回返结果的行数统计信息，如 SELECT、UPDATE、CALLPROC 等。

游标对象的方法如表 14.3 所示。

表 14.3　**游标对象方法及说明**

方法名	说明
callproc(procname,[, parameters])	调用存储过程，需要数据库支持
close()	关闭当前游标
execute(operation[, parameters])	执行数据库操作、SQL 语句或者数据库命令
executemany(operation, seq_of_params)	用于批量操作，如批量更新
fetchone()	获取查询结果集中的下一条记录
fetchmany(size)	获取指定数量的记录
fetchall()	获取结果集的所有记录
nextset()	跳至下一个可用的结果集
arraysize	指定使用 fetchmany() 获取的行数，默认为 1
setinputsizes(sizes)	设置在调用 execute*() 方法时分配的内存区域大小
setoutputsize(sizes)	设置列缓冲区大小，对大数据例如 LONGS 和 BLOBS 尤其有用

14.2　使用 SQLite

与许多其他数据库管理系统不同，SQLite 不是一个客户端/服务器结构的数据库引擎，而是一种嵌入式数据库，它的数据库就是一个文件。SQLite 将整个数据库，包括定义、表、索引以及数据本身，作为一个单独的、可跨平台使用的文件存储在主机中。由于 SQLite 本身是用 C 语言编写的，而且体积很小，所以，经常被集成到各种应用程序中。Python 就内置了 SQLite3，所以，在 Python 中使用 SQLite，不需要安装任何模块，可以直接使用。

14.2.1　创建数据库文件

由于 Python 中已经内置了 SQLite3，所以可以直接使用 import 语句导入 SQLite3 模块。Python 操作数据库的通用流程如图 14.1 所示。

例如，创建一个名称为 mrsoft.db 的 SQLite 数据库文件，然后执行 SQL 语句创建一个 user（用户表），user 表包含 id 和 name 两个字段。具体代码如下：

图 14.1　操作数据库流程图

（源码位置：资源包 \MR\Code\14\02）

```
01 import sqlite3
02 # 连接到 SQLite 数据库
03 # 数据库文件是 mrsoft.db，如果文件不存在，会自动在当前目录创建
04 conn = sqlite3.connect('mrsoft.db')
05 # 创建一个 Cursor
06 cursor = conn.cursor()
07 # 执行一条 SQL 语句，创建 user 表
08 cursor.execute('create  table  user (id int(10)  primary key, name varchar(20))')
09 # 关闭游标
10 cursor.close()
11 # 关闭 Connection
12 conn.close()
```

上述代码中，使用 sqlite3.connect() 方法连接 SQLite 数据库文件 mrsoft.db，由于 mrsoft.db 文件并不存在，所以会创建 mrsoft.db 文件，该文件包含了 user 表的相关信息。

📖 **说明**

> 上面代码只能运行一次，再次运行时，会提示错误信息（sqlite3.OperationalError: table user alread exists）。这是因为 user 表已经存在。

14.2.2　操作 SQLite

（1）新增用户数据信息

为了向数据表中新增数据，可以使用如下 SQL 语句：

insert into 表名 (字段名 1, 字段名 2,……, 字段名 n) values (字段值 1, 字段值 2,……, 字段值 n)

例如，在 user 表中，有 2 个字段，字段名分别为 id 和 name。而字段值需要根据字段的数据类型来赋值，如 id 是一个长度为 10 的整型，name 是长度为 20 的字符串型数据。向 user 表中插入 3 条用户信息记录，则 SQL 语句如下：

```
01 cursor.execute('insert into user (id, name) values ("1", "MRSOFT")')
02 cursor.execute('insert into user (id, name) values ("2", "Andy")')
03 cursor.execute('insert into user (id, name) values ("3", " 明日科技小助手 ")')
```

（2）查看用户数据信息

查找 user 表中的数据可以使用如下 SQL 语句：

select 字段名 1, 字段名 2, 字段名 3,…… from 表名 where 查询条件

查看用户信息的代码与插入数据信息大致相同，不同点在于使用的 SQL 语句不同。此

外，查询数据时通常使用如下 3 种方式：

☑ fetchone()：获取查询结果集中的下一条记录。

☑ fetchmany(size)：获取指定数量的记录。

☑ fetchall()：获取结构集的所有记录。

下面通过一个实例来学习这 3 种查询方式的区别。

例如，分别使用 fetchone、fetchmany 和 fetchall 这 3 种方式查询用户信息的代码如下：

（源码位置：资源包 \MR\Code\14\03）

```
01  # 执行查询语句
02  cursor.execute('select * from user')
03  # 获取查询结果
04  result1 = cursor.fetchone()              # 使用 fetchone 方法查询一条数据
05  result2 = cursor.fetchmany(2)            # 使用 fetchmany 方法查询多条数据
06  print(result2)
07  result3 = cursor.fetchall()              # 使用 fetchall 方法查询多条数据
08  print(result3)
```

修改上面代码，将获取查询结果的语句块代码修改为：

（源码位置：资源包 \MR\Code\14\04）

```
01  cursor.execute('select * from user where id > ?',(1,))
02  result3 = cursor.fetchall()
03  print(result3)
```

在 select 查询语句中，使用问号作为占位符代替具体的数值，然后使用一个元组来替换问号（注意，不要忽略元组中最后的逗号）。上述查询语句等价于：

```
cursor.execute('select * from user where id > 1')
```

📧 **说明**

> 使用占位符的方式可以避免 SQL 注入的风险，推荐使用这种方式。

（3）修改用户数据信息

修改 user 表中的数据可以使用如下 SQL 语句：

```
update  表名  set 字段名 = 字段值  where 查询条件
```

例如，将 sqlite 数据库中 user 表 ID 为 1 的数据 name 字段值 "mrsoft" 修改为 "mr" 的代码如下：

```
01  # 创建一个 Cursor
02  cursor = conn.cursor()
03  cursor.execute('update user set name = ? where id = ?',('mr',1))
```

（4）删除用户数据信息

查找 user 表中的数据可以使用如下 SQL 语句：

```
delete  from 表名  where 查询条件
```

例如，删除 sqlite 数据库中 user 表 ID 为 1 的数据的代码如下：

```
01  # 创建一个 Cursor
02  cursor = conn.cursor()
03  cursor.execute('delete from user where id = ?',(1,))
```

14.3　使用 MySQL

14.3.1　下载安装 MySQL

MySQL 是一款开源的数据库软件，由于其免费特性得到了全世界用户的喜爱，是目前使用人数最多的数据库。下面将详细讲解如何下载和安装 MySQL 库。

（1）下载 MySQL

进入到最新版本 MySQL 5.7 的下载页面，用户可以根据自己的操作系统位数选择离线安装包，如图 14.2 所示。

图 14.2　MySQL 5.7 的下载页面

📧 说明

截至笔者写作之前，MySQL 的最新版本是 5.7，但 MySQL 的版本是随时更新的，读者使用时，可以根据自己的需要在 MySQL 官网上下载最新版本。

单击 Download 按钮下载，进入开始下载页面。如果有 MySQL 的账户，可以单击 Login 按钮，登录账户后开始下载；如果没有，可以直接单击下方的"No thanks, just start my download."超链接，跳过注册步骤，直接下载，如图 14.3 所示。

（2）安装 MySQL

下载完成以后，开始安装 MySQL。双击安装文件，在所示界面中勾选"I accept the license terms"，单击 Next 按钮，进入选择设置类型界面。在选择设置中有 5 种类型，说明如下：

☑　Developer Default：安装 MySQL 服务器以及开发 MySQL 应用所需的工具。工具包括开发和管理服务器的 GUI 工作台、访问操作数据的 Excel 插件、与 Visual Studio 集成开发的插件、通过 NET/Java/C/C++/OBDC 等访问数据的连接器、例子和教程、开发文档。

☑　Server only：仅安装 MySQL 服务器，适用于部署 MySQL 服务器。

☑　Client only：仅安装客户端，适用于基于已存在的 MySQL 服务器进行 MySQL 应用开发的情况。

☑ Full：安装 MySQL 所有可用组件。

☑ Custom：自定义需要安装的组件。

MySQL 会默认选择 Developer Default 类型，这里选择纯净的 Server only 类型，如图 14.4 所示，然后一直默认选择安装。

图 14.3 开始下载页面   图 14.4 安装页面

（3）设置环境变量

安装完成以后，默认的安装路径是 "C:\Program Files\MySQL\MySQL Server 5.7\bin"。下面设置环境变量，以便在任意目录下使用 MySQL 命令。右键单击 "此电脑" →选择 "属性" →选择 "高级系统设置" →选择 "环境变量" →选择 "Path" 变量→单击 "编辑" →单击 "新建"。将 "C:\Program Files\MySQL\MySQL Server 5.7\bin" 写在变量值中。如图 14.5所示。

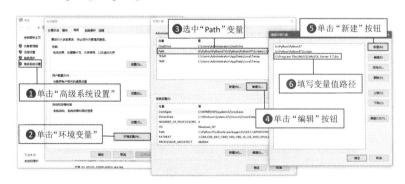

图 14.5 设置环境变量

（4）启动 MySQL

使用 MySQL 数据库前，需要先启动 MySQL。在 cmd 窗口中，输入命令行 "net start mysql57"，来启动 MySQL 5.7。启动成功后，使用账户和密码进入 MySQL。输入命令 "mysql -u root -p"，接着提示 "Enter password:"，输入密码 "root" 即可进入 MySQL。如图 14.6所示。

（5）使用 Navicat for MySQL 管理软件

在命令提示符下操作 MySQL 数据库的方式对初学者并不友好，而且需要有专业的 SQL 语言知识，所以各种 MySQL 图形化管理工具应运而生，其中 Navicat for MySQL 就是一个广受好评的桌面版 MySQL 数据库管理和开发工具。它使用图形化的用户界面，可以让用户使用和管理更为轻松。

① 下载并安装 Navicat for MySQL。然后新建 MySQL 连接，如图 14.7 所示。

图 14.6　启动 MySQL

图 14.7　新建 MySQL 连接

② 输入连接信息。输入连接名 "studyPython"，输入主机名后 IP 地址 "localhost" 或 "127.0.0.1"，输入密码为 "root"，如图 14.8 所示。

③ 单击 "确定" 按钮，创建完成。此时，双击 studyPython，进入 studyPython 数据库。如图 14.9 所示。

④ 下面使用 Navicat 创建一个名为 "mrsoft" 的数据库，步骤为：右键单击 studyPython → 选择 "新建数据库" → 填写数据库信息，如图 14.10 所示。

图 14.8　输入连接信息

图 14.9　Navicat for MySQL 主页

图 14.10　创建数据库

说明

> 关于 Navicat for MySQL 的更多操作，请到 Navicat 官网查阅相关资料。

14.3.2 安装 PyMySQL

由于 MySQL 服务器以独立的进程运行，并通过网络对外服务，所以，需要支持 Python 的 MySQL 驱动来连接到 MySQL 服务器。在 Python 中支持 MySQL 的数据库模块有很多，我们选择使用 PyMySQL。

PyMySQL 的安装比较简单，在 cmd 中运行如下命令：

```
pip install PyMySQL
```

运行结果如图 14.11 所示。

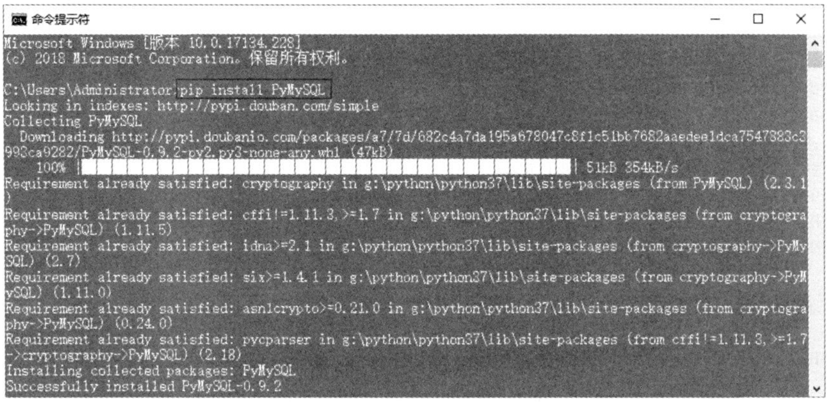

图 14.11 安装 PyMySQL

14.3.3 连接数据库

使用数据库的第一步是连接数据库。接下来使用 PyMySQL 连接数据库。由于 PyMySQL 也遵循 Python Database API 2.0 规范，所以操作 MySQL 数据库的方式与 SQLite 相似。可以通过类比的方式来学习。

前面已经创建了一个 MySQL 连接 "studyPython"，并且在安装数据库时设置了数据库的用户名 "root" 和密码 "root"。下面就通过以上信息，使用 connect() 方法连接 MySQL 数据库，代码如下：

（源码位置：资源包 \MR\Code\14\05）

```
01  import pymysql
02
03  # 打开数据库连接，参数1：主机名或 IP；参数2：用户名；参数3：密码；参数4：数据库名称
04  db = pymysql.connect("localhost", "root", "root", "mrsoft")
05  # 使用 cursor() 方法创建一个游标对象 cursor
06  cursor = db.cursor()
07  # 使用 execute() 方法执行 SQL 查询
08  cursor.execute("SELECT VERSION()")
09  # 使用 fetchone() 方法获取单条数据.
10  data = cursor.fetchone()
11  print ("Database version : %s "% data)
```

```
12  # 关闭数据库连接
13  db.close()
```

上述代码中，首先使用 connect() 方法连接数据库，然后使用 cursor() 方法创建游标，接着使用 execute() 方法执行 SQL 语句查看 MySQL 数据库版本，然后使用 fetchone() 方法获取数据，最后使用 close() 方法关闭数据库连接。运行结果如下：

```
Database version : 5.7.21-log
```

14.3.4 创建数据表

数据库连接成功以后，接下来就可以为数据库创建数据表了。创建数据表需要使用 execute() 方法，这里使用该方法创建一个 books 图书表，books 表包含 id（主键）、name（图书名称）、category（图书分类）、price（图书价格）和 publish_time（出版时间）5 个字段。创建 books 表的 SQL 语句如下：

```
01  CREATE TABLE books (
02    id int(8) NOT NULL AUTO_INCREMENT,
03    name varchar(50) NOT NULL,
04    category varchar(50) NOT NULL,
05    price decimal(10,2) DEFAULT NULL,
06    publish_time date DEFAULT NULL,
07    PRIMARY KEY (id)
08  ) ENGINE=MyISAM AUTO_INCREMENT=1 DEFAULT CHARSET=utf8;
```

在创建数据表前，使用如下语句：

```
DROP TABLE IF EXISTS `books`;
```

如果 mrsoft 数据库中已经存在 books，那么先删除 books，然后再创建 books 数据表。具体代码如下：

（源码位置：资源包 \MR\Code\14\06）

```
01  import pymysql
02
03  # 打开数据库连接
04  db = pymysql.connect("localhost", "root", "root", "mrsoft")
05  # 使用 cursor() 方法创建一个游标对象 cursor
06  cursor = db.cursor()
07  # 使用 execute() 方法执行 SQL，如果表存在则删除
08  cursor.execute("DROP TABLE IF EXISTS books")
09  # 使用预处理语句创建表
10  sql = """
11  CREATE TABLE books (
12    id int(8) NOT NULL AUTO_INCREMENT,
13    name varchar(50) NOT NULL,
14    category varchar(50) NOT NULL,
15    price decimal(10,2) DEFAULT NULL,
16    publish_time date DEFAULT NULL,
17    PRIMARY KEY (id)
18  ) ENGINE=MyISAM AUTO_INCREMENT=1 DEFAULT CHARSET=utf8;
19  """
20  # 执行 SQL 语句
21  cursor.execute(sql)
22  # 关闭数据库连接
23  db.close()
```

运行上述代码后，mrsoft 数据库下就已经创建了一个 books 表。打开 Navicat（如果已经打开按下 <F5> 键刷新），发现 mrsoft 数据库下多了一个 books 表，右键单击 books，选择设计表，效果如图 14.12 所示。

图 14.12　创建 books 表效果

14.3.5　操作 MySQL 数据表

MySQL 数据表的操作主要包括数据的增删改查，与操作 SQLite 类似，这里使用 executemany() 方法向数据表中批量添加多条记录。executemany() 方法格式如下：

```
executemany(operation, seq_of_params)
```

☑　operation：操作的 SQL 语句。

☑　seq_of_params：参数序列。

使用 executemany() 方法向数据表中批量添加多条记录的代码如下：

（源码位置：资源包 \MR\Code\14\07）

```
01  import pymysql
02
03  # 打开数据库连接
04  db = pymysql.connect("localhost", "root", "root", "mrsoft",charset="utf8")
05  # 使用 cursor() 方法获取操作游标
06  cursor = db.cursor()
07  # 数据列表
08  data = [("零基础学 Python",'Python','79.80','2018-5-20'),
09          ("Python 从入门到精通",'Python','69.80','2018-6-18'),
10          ("零基础学 PHP",'PHP','69.80','2017-5-21'),
11          ("PHP 项目开发实战入门",'PHP','79.80','2016-5-21'),
12          ("零基础学 Java",'Java','69.80','2017-5-21'),
13          ]
14  try:
15      # 执行 sql 语句，插入多条数据
16      cursor.executemany("insert into books(name, category, price, publish_time)
values (%s,%s,%s,%s)", data)
17      # 提交数据
18      db.commit()
19  except:
20      # 发生错误时回滚
21      db.rollback()
22
23  # 关闭数据库连接
24  db.close()
```

上述代码中，需要特别注意以下几点：

☑　使用 connect() 方法连接数据库时，额外设置字符集 "charset=utf-8"，可以防止插

入中文时出错。

☑ 在使用 insert 语句插入数据时，使用"%s"作为占位符，可以防止 SQL 注入。

运行上述代码，在 Navicat 中查看 books 表数据，如图 14.13 所示。

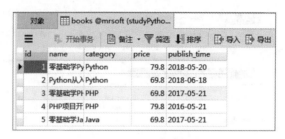

图 14.13 books 表数据

14.4 实战任务

任务 1：记录用户登录日志（数据库版）

第 13 章的任务 1 实现了在每次登录时将用户登录日志写入文件中，本任务将对其进行完善，实现将用户登录日志存储到数据库中。

任务 2：小型会员管理系统

网络信息时代打破了传统企业的经营模式，企业经营在特点、机制、运作上都发生了根本性的变化，用户的消费习惯、偏好等数据已经成为企业运营需要掌握的重要数据和指标。如何有效管理用户、服务好用户，已成为企业经营的重点。会员管理可以有效管理用户，为企业提升服务质量，建立良好的信息基础。编写一个程序，实现企业对会员信息的有效管理，具体实现功能如下（读者可根据自身情况选择 SQLite 或 Mysql 数据库）：

☑ 数据初始化功能：

① 创建会员数据库文件 Member Management。

② 创建数据表 Manager(管理员表)、Member（会员表）、MemberCard（会员卡表）、Recharge（会员充值表）、Report（会员挂失表）。

☑ 会员管理功能：

① 管理员添加、修改、删除功能。

② 会员卡添加、删除、查询功能。

③ 会员添加、修改、删除、查询功能。

④ 会员充值、查询功能。

⑤ 会员卡挂失、查询功能。

如图 14.14 所示。

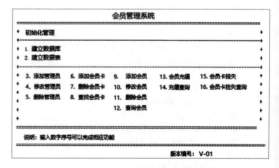

图 14.14 会员管理系统界面

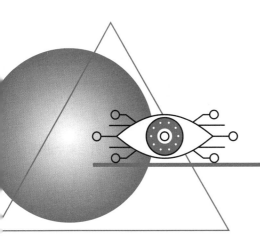

第 **15** 章

进程和线程

为了实现在同一时间运行多个任务，Python 引入了多线程的概念。在 Python 中可以通过方便、快捷的方式启动多线程模式。多线程常被应用在符合并发机制的程序中，例如网络程序等。为了再进一步将工作任务细分，在一个进程内可以使用多个线程。本章将结合实例由浅入深地向读者介绍在 Python 中如何创建并使用多线程和多进程。

15.1 什么是进程

在了解进程之前，需要知道多任务的概念。多任务，顾名思义，就是指操作系统能够执行多个任务。例如，使用 Windows 或 Linux 操作系统可以同时看电影、聊天、查看网页等，此时，操作系统就是在执行多任务，而每一个任务就是一个进程。打开 Windows 的任务管理器，查看操作系统正在执行的进程，如图 15.1 所示。图 15.1 中显示的进程不仅包括应用程序（如腾讯 QQ 等），还包括系统进程。

图 15.1　正在执行的进程

进程（process）是计算机中已运行程序的实体。进程与程序不同，程序本身只是指令、数据及其组织形式的描述，进程才是程序（指令和数据）的真正运行实例。例如，在没有打开 QQ 时，QQ 只是程序。打开 QQ 后，操作系统就为 QQ 开启了一个进程。再打开一个 QQ，则又开启了一个进程。如图 15.2 所示。

图 15.2　开启多个进程

15.2　创建进程的常用方式

在 Python 中有多个模块可以创建进程，比较常用的有 os.fork() 函数、multiprocessing 模块和 Pool 进程池。由于 os.fork() 函数只适用于 Unix/Linux/Mac 系统，在 Windows 操作系统中不可用，所以本章重点介绍 multiprocessing 模块和 Pool 进程池这 2 个跨平台模块。

15.2.1　使用 multiprocessing 模块创建进程

multiprocessing 模块提供了一个 Process 类来代表一个进程对象，语法如下：

```
Process([group [, target [, name [, args [, kwargs]]]]])
```

Process 类的参数说明如下：

- ☑　group：参数未使用，值始终为 None。
- ☑　target：表示当前进程启动时执行的可调用对象。
- ☑　name：当前进程实例的别名。
- ☑　args：表示传递给 target 函数的参数元组。
- ☑　kwargs：表示传递给 target 函数的参数字典。

例如，实例化 Process 类，执行子进程，代码如下：

（源码位置：资源包 \MR\Code\15\01）

```
01  from multiprocessing import Process        # 导入模块
02
03  # 执行子进程代码
04  def test(interval):
05      print(' 我是子进程 ')
06  # 执行主程序
07  def main():
08      print(' 主进程开始 ')
09      p = Process(target=test,args=(1,))      # 实例化 Process 进程类
10      p.start()                               # 启动子进程
11      print(' 主进程结束 ')
12
13  if __name__ == '__main__':
14      main()
```

运行结果如下：

```
主进程开始
主进程结束
我是子进程
```

注意

由于 IDLE 自身的问题，运行上述代码时，不会输出子进程内容，所以使用命令行方式运行 Python 代码，即在文件目录下，用"python + 文件名"方式，如图 15.3 所示。

图 15.3　使用命令行运行 Python 文件

上述代码中，先实例化 Process 类，然后使用 p.start() 方法启动子进程，开始执行 test() 函数。Process 的实例 p 常用的方法除 start() 外，还有如下常用方法：

☑　is_alive()：判断进程实例是否还在执行。

☑　join([timeout])：是否等待进程实例执行结束，或等待多少秒。

☑　start()：启动进程实例（创建子进程）。

☑　run()：如果没有给定 target 参数，对这个对象调用 start() 方法时，就将执行对象中的 run() 方法。

☑　terminate()：不管任务是否完成，立即终止。

Process 类还有如下常用属性：

☑　name：当前进程实例别名，默认为 Process-N，N 为从 1 开始递增的整数。

☑　pid：当前进程实例的 PID 值。

下面通过一个简单示例演示 Process 类的方法和属性的使用，创建 2 个子进程，分别使用 os 模块和 time 模块输出父进程和子进程的 ID 以及子进程的时间，并调用 Process 类的 name 和 pid 属性，代码如下：

（源码位置：资源包 \MR\Code\15\02 ）

```
01  # -*- coding:utf-8 -*-
02  from multiprocessing import Process
03  import time
04  import os
05
06  # 两个子进程将会调用的两个方法
07  def  child_1(interval):
08      print(" 子进程（%s）开始执行，父进程为（%s）" % (os.getpid(), os.getppid()))
09      t_start = time.time()                         # 计时开始
10      time.sleep(interval)                          # 程序将会被挂起 interval 秒
11      t_end = time.time()                           # 计时结束
12      print(" 子进程（%s）执行时间为 '%0.2f' 秒 "%(os.getpid(),t_end - t_start))
13
14  def  child_2(interval):
15      print(" 子进程（%s）开始执行，父进程为（%s）" % (os.getpid(), os.getppid()))
16      t_start = time.time()                         # 计时开始
17      time.sleep(interval)                          # 程序将会被挂起 interval 秒
18      t_end = time.time()                           # 计时结束
19      print(" 子进程（%s）执行时间为 '%0.2f' 秒 "%(os.getpid(),t_end - t_start))
20
21  if __name__ == '__main__':
22      print("------ 父进程开始执行 -------")
23      print(" 父进程 PID：%s" % os.getpid())         # 输出当前程序的 PID
24      p1=Process(target=child_1,args=(1,))          # 实例化进程 p1
25      p2=Process(target=child_2,name="mrsoft",args=(2,))      # 实例化进程 p2
```

```
26    p1.start()                              # 启动进程 p1
27    p2.start()                              # 启动进程 p2
28    # 同时父进程仍然往下执行，如果 p2 进程还在执行，将会返回 True
29    print("p1.is_alive=%s"%p1.is_alive())
30    print("p2.is_alive=%s"%p2.is_alive())
31    # 输出 p1 和 p2 进程的别名和 PID
32    print("p1.name=%s"%p1.name)
33    print("p1.pid=%s"%p1.pid)
34    print("p2.name=%s"%p2.name)
35    print("p2.pid=%s"%p2.pid)
36    print("------ 等待子进程 -------")
37    p1.join()                               # 等待 p1 进程结束
38    p2.join()                               # 等待 p2 进程结束
39    print("------ 父进程执行结束 -------")
```

上述代码中，第一次实例化 Process 类时，会为 name 属性默认赋值为"Process-1"，第二次则默认为"Process-2"，但是由于在实例化进程 p2 时，设置了 name 属性为"mrsoft"，所以 p2.name 的值为"mrsoft"而不是"Process-2"。程序运行流程示意图如图 15.4 所示，运行结果如图 15.5 所示。

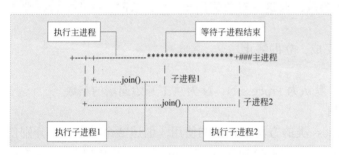

图 15.4　程序运行流程示意图

图 15.5　创建 2 个子进程

💡 **注意**

读者运行时，进程的 PID 值会与图 15.5 不同，这与电脑有关，读者不必在意。

15.2.2　使用 Process 子类创建进程

对于一些简单的小任务，通常使用 Process(target=test) 方式实现多进程。但是如果要处理复杂任务的进程，通常定义一个类，使其继承 Process 类，每次实例化这个类的时候，就等同于实例化一个进程对象。下面，通过一个示例来学习一下如何通过使用 Process 子类创建多个进程。

使用 Process 子类方式创建 2 个子进程，分别输出父、子进程的 PID，以及每个子进程的状态和运行时间，代码如下：

（源码位置：资源包 \MR\Code\15\03）

```
01    # -*- coding:utf-8 -*-
02    from multiprocessing import Process
03    import time
04    import os
05
06    # 继承 Process 类
07    class SubProcess(Process):
```

```
08        # 由于 Process 类本身也有 __init__ 初始化方法，这个子类相当于重写了父类的这个方法
09        def __init__(self,interval,name=''):
10            Process.__init__(self)              # 调用 Process 父类的初始化方法
11            self.interval = interval            # 接收参数 interval
12            if name:                            # 判断传递的参数 name 是否存在
13                self.name = name        # 如果传递参数 name，则为子进程创建 name 属性，否则使用默认属性
14        # 重写了 Process 类的 run() 方法
15        def run(self):
16            print(" 子进程 (%s) 开始执行，父进程为 (%s) "%(os.getpid(),os.getppid()))
17            t_start = time.time()
18            time.sleep(self.interval)
19            t_stop = time.time()
20            print(" 子进程 (%s) 执行结束，耗时 %0.2f 秒 "%(os.getpid(),t_stop-t_start))
21
22   if __name__=="__main__":
23        print("------ 父进程开始执行 -------")
24        print(" 父进程 PID：%s" % os.getpid())       # 输出当前程序的 ID
25        p1 = SubProcess(interval=1,name='mrsoft')
26        p2 = SubProcess(interval=2)
27        # 对一个不包含 target 属性的 Process 类执行 start() 方法，就会运行这个类中的 run() 方法
28        # 所以这里会执行 p1.run()
29        p1.start()                              # 启动进程 p1
30        p2.start()                              # 启动进程 p2
31        # 输出 p1 和 p2 进程的执行状态，如果真正进行，返回 True；否则返回 False
32        print("p1.is_alive=%s"%p1.is_alive())
33        print("p2.is_alive=%s"%p2.is_alive())
34        # 输出 p1 和 p2 进程的别名和 PID
35        print("p1.name=%s"%p1.name)
36        print("p1.pid=%s"%p1.pid)
37        print("p2.name=%s"%p2.name)
38        print("p2.pid=%s"%p2.pid)
39        print("------ 等待子进程 -------")
40        p1.join()                               # 等待 p1 进程结束
41        p2.join()                               # 等待 p2 进程结束
42        print("------ 父进程执行结束 -------")
```

上述代码中，定义了一个 SubProcess 子类，继承 multiprocess.Process 父类。SubProcess 子类中定义了 2 个方法：_init_() 初始化方法和 run() 方法。在 _init()_ 初识化方法中，调用 multiprocess.Process 父类的 _init_() 初始化方法，否则父类初始化方法会被覆盖，无法开启进程。此外，在 SubProcess 子类中并没有定义 start() 方法，但在主进程中却调用了 start() 方法，此时就会自动执行 SubPorcess 类的 run() 方法。运行结果如图 15.6 所示。

图 15.6　使用 Porcess 子类创建进程

15.2.3　使用进程池 Pool 创建进程

在 15.2.1 小节和 15.2.2 小节中，使用 Process 类创建了 2 个进程。如果要创建几十个或者上百个进程，则需要实例化更多个 Process 类。有没有更好的创建进程的方式解决这类问题呢？答案就是使用 multiprocessing 模块提供的 Pool 类，即 Pool 进程池。

为了更好地理解进程池，可以将进程池比作水池，如图 15.7 所示。我们需要完成放满 10 个水盆的水的任务，而在这个水池中，最多可以安放 3 个水盆接水，也就是同时可以执

行 3 个任务，即开启 3 个进程。为更快完成任务，现在打开 3 个水龙头开始放水，当有一个水盆的水接满时，即该进程完成 1 个任务，此时将这个水盆的水倒入水桶中，然后继续接水，即执行下一个任务。如果 3 个水盆每次同时装满水，那么在放满第 9 盆水后，系统会随机分配 1 个水盆接水，另外 2 个水盆空闲。

接下来，先来了解一下 Pool 类的常用方法。常用方法及说明如下：

☑ apply_async(func[, args[, kwds]])：使用非阻塞方式调用 func() 函数（并行执行，堵塞方式必须等待上一个进程退出才能执行下一个进程），args 为传递给 func() 函数的参数列表，kwds 为传递给 func() 函数的关键字参数列表。

☑ apply(func[, args[, kwds]])：使用阻塞方式调用 func() 函数。

☑ close()：关闭 Pool，使其不再接受新的任务。

☑ terminate()：不管任务是否完成，立即终止。

☑ join()：主进程阻塞，等待子进程的退出，必须在 close 或 terminate 之后使用。

在上面的方法提到 apply_async() 使用非阻塞方式调用函数，而 apply() 使用阻塞方式调用函数。那么什么又是阻塞和非阻塞呢？在图 15.8 中，分别使用阻塞方式和非阻塞方式执行 3 个任务。如果使用阻塞方式，必须等待上一个进程退出才能执行下一个进程，而使用非阻塞方式，则可以并行执行 3 个进程。

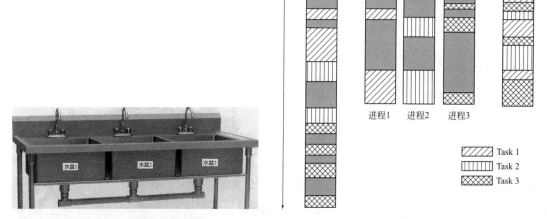

图 15.7　进程池示意图　　　　图 15.8　阻塞与非阻塞示意图

下面通过一个示例演示一下如何使用进程池创建多进程。这里定义一个进程池，设置最大进程数为 3。然后使用非阻塞方式执行 10 个任务，查看每个进程执行的任务。具体代码如下：

（源码位置：资源包 \MR\Code\15\04）

```
01  # -*- coding=utf-8 -*-
02  from multiprocessing import Pool
03  import os, time
04
05  def task(name):
06      print(' 子进程 (%s) 执行 task %s ...' % ( os.getpid() ,name))
07      time.sleep(1)                                          # 休眠 1 秒
08
```

```
09    if __name__=='__main__':
10        print('父进程 (%s) .' % os.getpid())
11        p = Pool(3)                               # 定义一个进程池，最大进程数 3
12        for i in range(10):                       # 从 0 开始循环 10 次
13            p.apply_async(task, args=(i,))        # 使用非阻塞方式调用 task() 函数
14        print('等待所有子进程结束 ...')
15        p.close()                                 # 关闭进程池，关闭后 p 不再接收新的请求
16        p.join()                                  # 等待子进程结束
17        print('所有子进程结束 .')
```

运行结果如图 15.9 所示，从图 15.9 可以看出
PID 为 7900 的子进程执行了 4 个任务，而其余 PID 为
21176 和 15580 的 2 个子进程分别执行了 3 个任务。

图 15.9　使用进程池创建进程

15.3　通过队列实现进程间通信

我们已经学习了如何创建多进程，那么在多进程
中，每个进程之间有什么关系呢？其实每个进程都有
自己的地址空间、内存、数据栈以及其他记录其运行状态的辅助数据。下面通过一个例子，
验证一下进程之间能否直接共享信息。

定义一个全局变量 g_num，分别创建 2 个子进程对 g_num 执行不同的操作，并输出操
作后的结果。代码如下：

（源码位置：资源包 \MR\Code\15\05）

```
01    # -*- coding:utf-8 -*-
02    from multiprocessing import Process
03
04    def plus():
05        print('------- 子进程 1 开始 ------')
06        global g_num
07        g_num += 50
08        print('g_num is %d'%g_num)
09        print('------- 子进程 1 结束 ------')
10
11    def minus():
12        print('------- 子进程 2 开始 ------')
13        global g_num
14        g_num -= 50
15        print('g_num is %d'%g_num)
16        print('------- 子进程 2 结束 ------')
17
18    g_num = 100                                   # 定义一个全局变量
19    if __name__ == '__main__':
20        print('------- 主进程开始 ------')
21        print('g_num is %d'%g_num)
22        p1 = Process(target=plus)                 # 实例化进程 p1
23        p2 = Process(target=minus)                # 实例化进程 p2
24        p1.start()                                # 开启进程 p1
25        p2.start()                                # 开启进程 p2
26        p1.join()                                 # 等待 p1 进程结束
27        p2.join()                                 # 等待 p2 进程结束
28        print('------- 主进程结束 ------')
```

运行结果如图 15.10 所示。

上述代码中，分别创建了 2 个子进程，一个子进程中令 g_num 减去 50。但是从运行结果可以看出，g_num 在父进程和 2 个子进程中的初始值都是 100。也就是全局变量 g_num 在一个进程中的结果，没有传递到下一个进程中，即进程之间没有共享信息。进程间示意图如图 15.11 所示。

图 15.10　检验进程是否共享信息

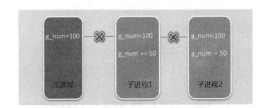

图 15.11　进行间示意图

要如何才能实现进程间的通信呢？ Python 的 multiprocessing 模块包装了底层的机制，提供了 Queue（队列）、Pipes（管道）等多种方式来交换数据。本节将讲解通过队列（Queue）来实现进程间的通信。

15.3.1　队列简介

队列（Queue）就是模仿现实中的排队。例如学生在食堂排队买饭。新来的学生排到队伍最后，最前面的学生买完饭走开，后面的学生跟上。可以看出队列有两个特点：

① 新来的学生都排在队尾。

② 最前面的学生完成后离队，后面一个跟上。

根据以上特点，可以归纳出队列的结构如图 15.12 所示。

图 15.12　队列结构示意图

15.3.2　多进程队列的使用

进程之间有时需要通信，操作系统提供了很多机制来实现进程间的通信。可以使用 multiprocessing 模块的 Queue 实现多进程之间的数据传递。Queue 本身是一个消息队列程序，下面介绍一下 Queue 的使用。

初始化 Queue() 对象时（例如 q=Queue(num)），若括号中没有指定最大可接收的消息数量，或数量为负值，那么就代表可接收的消息数量没有上限（直到内存的尽头）。Queue 的常用方法如下：

☑　Queue.qsize()：返回当前队列包含的消息数量。

☑　Queue.empty()：如果队列为空，返回 True；反之返回 False 。

☑　Queue.full()：如果队列满了，返回 True；反之返回 False。

☑　Queue.get([block[, timeout]])：获取队列中的一条消息，然后将其从队列中移除，block 默认值为 True。

➢　如果 block 使用默认值，且没有设置 timeout（单位为秒），消息队列为空，此时程序将被阻塞（停在读取状态），直到从消息队列读到消息为止。如果设置了 timeout，则会等待 timeout 秒，若还没读取到任何消息，则抛出"Queue.Empty"异常。

➢ 如果 block 值为 False，消息队列为空，则会立刻抛出"Queue.Empty"异常。

☑ Queue.get_nowait()：相当于 Queue.get(False)。

☑ Queue.put(item,[block[, timeout]])：将 item 消息写入队列，block 默认值为 True。

➢ 如果 block 使用默认值，且没有设置 timeout（单位为秒），消息队列如果已经没有空间可写入，此时程序将被阻塞（停在写入状态），直到从消息队列腾出空间为止，如果设置了 timeout，则会等待 timeout 秒，若还没空间，则抛出"Queue.Full"异常。

➢ 如果 block 值为 False，消息队列没有空间可写入，则会立刻抛出"Queue.Full"异常。

➢ Queue.put_nowait(item)：相当于 Queue.put(item, False)。

下面，通过一个例子学习一下如何使用 processing.Queue。代码如下：

（源码位置：资源包 \MR\Code\15\06）

```
01  # coding=utf-8
02  from multiprocessing import Queue
03
04  if __name__ == '__main__':
05      q=Queue(3)                              # 初始化一个 Queue 对象，最多可接收三条 put 消息
06      q.put("消息 1")
07      q.put("消息 2")
08      print(q.full())                         # 返回 False
09      q.put("消息 3")
10      print(q.full())                         # 返回 True
11
12      # 因为消息队列已满，下面的 try 都会抛出异常
13      # 第一个 try 会等待 2 秒后再抛出异常，第二个 try 会立刻抛出异常
14      try:
15          q.put("消息 4",True,2)
16      except:
17          print("消息队列已满，现有消息数量 :%s"%q.qsize())
18
19      try:
20          q.put_nowait("消息 4")
21      except:
22          print("消息队列已满，现有消息数量 :%s"%q.qsize())
23
24      # 读取消息时，先判断消息队列是否为空，再读取
25      if not q.empty():
26          print('---- 从队列中获取消息 ---')
27          for i in range(q.qsize()):
28              print(q.get_nowait())
29      # 先判断消息队列是否已满，再写入
30      if not q.full():
31          q.put_nowait("消息 4")
```

运行结果如图 15.13 所示。

15.3.3　使用队列在进程间通信

我们知道使用 multiprocessing.Process 可以创建多进程，使用 multiprocessing.Queue 可以实现队列的操作。接下来，通过一个示例结合 Process 和 Queue 实现进程间的通信。

图 15.13　多进程队列的使用

创建 2 个子进程，一个子进程负责向队列中写入数据，另一个子进程负责从队列中读取

数据。为保证能够正确从队列中读取数据，设置读取数据的进程等待时间为 2 秒。如果 2 秒后仍然无法读取数据，则抛出异常。代码如下：

（源码位置：资源包 \MR\Code\15\07）

```
01  # -*- coding: utf-8 -*-
02  from multiprocessing import Process, Queue
03  import  time
04
05  # 向队列中写入数据
06  def write_task(q):
07      if not q.full():
08          for i in range(5):
09              message = " 消息 " + str(i)
10              q.put(message)
11              print(" 写入 :%s"%message)
12  # 从队列读取数据
13  def read_task(q):
14      time.sleep(1) # 休眠 1 秒
15      while not q.empty():
16          print(" 读取 :%s" % q.get(True,2))      # 等待 2 秒，如果还没读取到任何消息
17                                                   # 则抛出 "Queue.Empty" 异常
18
19  if __name__ == "__main__":
20      print("----- 父进程开始 -----")
21      q = Queue()                                  # 父进程创建 Queue，并传给各个子进程
22      pw = Process(target=write_task, args=(q,))   # 实例化写入队列的子进程，并且传递队列
23      pr = Process(target=read_task, args=(q,))    # 实例化读取队列的子进程，并且传递队列
24      pw.start()                                   # 启动子进程 pw，写入
25      pr.start()                                   # 启动子进程 pr，读取
26      pw.join()                                    # 等待 pw 结束
27      pr.join()                                    # 等待 pr 结束
28      print("----- 父进程结束 -----")
```

运行结果如图 15.14 所示。

15.4 什么是线程

如果需要同时处理多个任务，一种方法是可以在一个应用程序内使用多个进程，每个进程负责完成一部分工作；另一种将工作细分为多个任务的方法是使用一个进程内的多个线程。那么，什么是线程呢？

图 15.14 使用队列在进程间通信

线程（thread）是操作系统能够进行运算调度的最小单位，它被包含在进程之中，是进程中的实际运作单位。一条线程指的是进程中一个单一顺序的控制流，一个进程中可以并发多个线程，每条线程并行执行不同的任务。例如，对于视频播放器，显示视频用一个线程，播放音频用另一个线程。只有 2 个线程同时工作，才能正常观看画面和声音同步的视频。

举一个生活中的例子能更好地理解进程和线程的关系。一个进程就像一座房子，它是一个容器，有相应的属性，如占地面积、卧室、厨房和卫生间等。房子本身并没有主动地做任何事情。而线程就是这座房子的居住者，他可以使用房子内每一个房间，做饭、洗澡等。

15.5　创建线程

由于线程是操作系统直接支持的执行单元，因此，高级语言（如 Python、Java 等）通常都内置多线程的支持。Python 的标准库提供了两个模块：_thread 和 threading。_thread 是低级模块，threading 是高级模块，对 _thread 进行了封装。绝大多数情况下，我们只需要使用 threading 这个高级模块。

15.5.1　使用 threading 模块创建线程

threading 模块提供了一个 Thread 类来代表一个线程对象，语法如下：

```
Thread([group [, target [, name [, args [, kwargs]]]]])
```

Thread 类的参数说明如下：

☑　group：值为 None，为以后版本而保留。

☑　target：表示一个可调用对象，线程启动时，run() 方法将调用此对象，默认值为 None，表示不调用任何内容。

☑　name：表示当前线程名称，默认创建一个"Thread-N"格式的唯一名称。

☑　args：表示传递给 target() 函数的参数元组。

☑　kwargs：表示传递给 target() 函数的参数字典。

对比发现，Thread 类和前面讲解的 Process 类的方法基本相同，这里就不再赘述了。下面，通过一个例子来学习一下如何使用 threading 模块创建线程。代码如下：

（源码位置：资源包 \MR\Code\15\08 ）

```
01  # -*- coding:utf-8 -*-
02  import threading,time
03
04  def process():
05      for i in range(3):
06          time.sleep(1)
07          print("thread name is %s"% threading.current_thread().name)
08
09  if __name__ == '__main__':
10      print("----- 主线程开始 -----")
11      threads = [threading.Thread(target=process) for i in range(4)]    # 创建 4 个线程，存入列表
12      for t in threads:
13          t.start()                                # 开启线程
14      for t in threads:
15          t.join()                                 # 等待子线程结束
16      print("----- 主线程结束 -----")
```

上述代码中，创建了 4 个线程，然后分别用 for 循环执行 start() 和 join() 方法。每个子线程分别执行输出 3 次。运行结果如图 15.15 所示。

图 15.15　创建多线程

注意

从图 15.15 中可以看出，线程的执行顺序是不确定的。

215

15.5.2 使用 Thread 子类创建线程

Thread 线程类和 Process 进程类的使用方式非常相似，也可以通过定义一个子类，使其继承 Thread 线程类来创建线程。下面通过一个示例学习一下使用 Thread 子类创建线程的方式。

创建一个子类 SubThread，继承 threading.Thread 线程类，并定义一个 run() 方法。实例化 SubThread 类创建 2 个线程，并且调用 start() 方法开启线程，程序会自动调用 run() 方法。代码如下：

（源码位置：资源包 \MR\Code\15\09）

```
01 # -*- coding: utf-8 -*-
02 import threading
03 import time
04 class SubThread(threading.Thread):
05     def run(self):
06         for i in range(3):
07             time.sleep(1)
08             msg = " 子线程 "+self.name+' 执行, i='+str(i)   # name 属性中保存的是当前线程的名字
09             print(msg)
10 if __name__ == '__main__':
11     print('----- 主线程开始 -----')
12     t1 = SubThread()                     # 创建子线程 t1
13     t2 = SubThread()                     # 创建子线程 t2
14     t1.start()                           # 启动子线程 t1
15     t2.start()                           # 启动子线程 t2
16     t1.join()                            # 等待子线程 t1
17     t2.join()                            # 等待子线程 t2
18     print('----- 主线程结束 -----')
```

运行结果如图 15.16 所示。

15.6 线程间通信

已经知道进程之间不能直接共享信息，那么线程之间可以共享信息吗？通过一个例子来验证一下。定义一个全局变量 g_num，分别创建 2 个子线程对 g_num 执行不同的操作，并输出操作后的结果。代码如下：

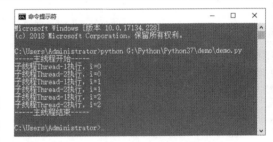

图 15.16　使用 Thread 子类创建线程

（源码位置：资源包 \MR\Code\15\10）

```
01 # -*- coding:utf-8 -*-
02 from threading import Thread            # 导入线程
03 import time
04
05 def plus():                            # 第一个线程函数
06     print('------- 子线程 1 开始 ------')
07     global g_num                       # 定义全局变量
08     g_num += 50                        # 全局变量值加 50
09     print('g_num is %d'%g_num)
10     print('------- 子线程 1 结束 ------')
11
12 def minus():                           # 第二个线程函数
13     time.sleep(1)                      # 休眠 1 毫秒
14     print('------- 子线程 2 开始 ------')
```

```
15      global g_num                                # 定义全局变量
16      g_num -= 50                                 # 全局变量值减 50
17      print('g_num is %d'%g_num)
18      print('------- 子线程 2 结束 ------')
19
20  g_num = 100                                     # 定义一个全局变量
21  if __name__ == '__main__':
22      print('------- 主线程开始 ------')
23      print('g_num is %d'%g_num)
24      t1 = Thread(target=plus)                    # 实例化线程 t1
25      t2 = Thread(target=minus)                   # 实例化线程 t2
26      t1.start()                                  # 开启线程 t1
27      t2.start()                                  # 开启线程 t2
28      t1.join()                                   # 等待 t1 线程结束
29      t2.join()                                   # 等待 t2 线程结束
30      print('------- 主线程结束 ------')
```

上述代码中，定义一个全局变量 g_num，赋值为 100，然后创建 2 个线程。一个线程将 g_num 增加 50，一个线程将 g_num 减少 50。如果 g_num 的最终结果为 100，则说明线程之间可以共享数据。运行结果如图 15.17 所示。

从上面的例子可以得出，在一个进程内的所有线程共享全局变量，能够在不使用其他方式的前提下完成多线程之间的数据共享。

15.6.1 什么是互斥锁

由于线程可以对全局变量随意修改，这就可能造成多线程之间对全局变量的混乱操作。依然以房子为例，当房子内只有一个居住者时（单线程），他可以在任意时刻使用任意一个房间，如厨房、卧室和卫生间等。但是，当这个房子有多个居住者时（多线程），他就不能在任意时刻使用某些房间，如卫生间，否则就会造成混乱。

如何解决这个问题呢？一个防止他人进入的简单方法，就是门上加一把锁。先到的人锁上门，后到的人就在门口排队，等锁打开再进去。如图 15.18 所示。

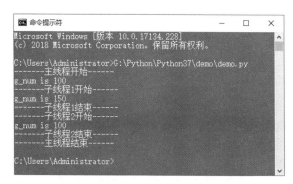

图 15.17   检测线程数据是否共享

图 15.18   互斥锁示意图

这就是"互斥锁"（mutual exclusion，缩写 mutex），防止多个线程同时读写某一块内存区域。互斥锁为资源引入一个状态：锁定和非锁定。某个线程要更改共享数据时，先将其锁定，此时资源的状态为"锁定"，其他线程不能更改；直到该线程释放资源，将资源的状态变成"非锁定"时，其他线程才能再次锁定该资源。互斥锁保证了每次只有一个线程进行写入操作，从而保证了多线程情况下数据的正确性。

15.6.2 使用互斥锁

在 threading 模块中使用 Lock 类可以方便地处理锁定。Lock 类有 2 个方法：acquire() 锁定和 release() 释放锁。示例用法如下：

```
mutex = threading.Lock()              # 创建锁
mutex.acquire([blocking])             # 锁定
mutex.release()                       # 释放锁
```

语法如下：

☑ acquire([blocking])：获取锁定，如果有必要，需要阻塞到锁定释放为止。如果提供 blocking 参数并将它设置为 False，当无法获取锁定时将立即返回 False；如果成功获取锁定则返回 True。

☑ release()：释放一个锁定。当锁定处于未锁定状态时，或者从与原本调用 acquire() 方法的不同线程调用此方法，将出现错误。

下面，通过一个示例学习一下如何使用互斥锁。这里使用多线程和互斥锁模拟实现多人同时订购电影票的功能，假设电影院某个场次只有 100 张电影票，10 个用户同时抢购该电影票。每售出一张，显示一次剩余的电影票张数。代码如下：

（源码位置：资源包 \MR\Code\15\11）

```
01  from threading import Thread,Lock
02  import time
03  n=100                                      # 共 100 张票
04
05  def task():
06      global n
07      mutex.acquire()                        # 上锁
08      temp=n                                 # 赋值给临时变量
09      time.sleep(0.1)                        # 休眠 0.1 秒
10      n=temp-1                               # 数量减 1
11      print(' 购买成功，剩余 %d 张电影票 '%n)
12      mutex.release()                        # 释放锁
13
14  if __name__ == '__main__':
15      mutex=Lock()                           # 实例化 Lock 类
16      t_l=[]                                 # 初始化一个列表
17      for i in range(10):
18          t=Thread(target=task)              # 实例化线程类
19          t_l.append(t)                      # 将线程实例存入列表中
20          t.start()                          # 创建线程
21      for t in t_l:
22          t.join()                           # 等待子线程结束
```

上述代码中，创建了 10 个线程，全部执行 task() 函数。为解决资源竞争问题，使用 mutex.acquire() 函数实现资源锁定，第一个获取资源的线程锁定后，其他线程等待 mutex.release() 解锁。所以每次只有一个线程执行 task() 函数。运行结果如图 15.19 所示。

图 15.19　模拟购票功能

注意

使用互斥锁时，要避免死锁。在多任务系统下，当一个或多个线程等待系统资源，而资源又被线程本身或其他线程占用时，就形成了死锁，如图 15.20 所示。

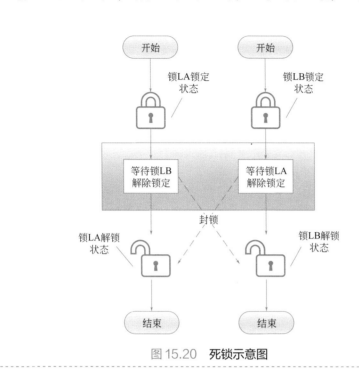

图 15.20　**死锁示意图**

15.6.3　使用队列在线程间通信

　　multiprocessing 模块的 Queue 队列可以实现进程间通信，同样在线程间，也可以使用 Queue 队列实现线程间通信。不同之处在于需要使用 queue 模块的 Queue 队列，而不是 multiprocessing 模块的 Queue 队列，但 Queue 的使用方法相同。

　　使用 Queue 在线程间通信通常应用于生产者消费者模式。产生数据的模块称为生产者，而处理数据的模块称为消费者。在生产者与消费者之间的缓冲区称为仓库。生产者负责往仓库运输商品，而消费者负责从仓库里取出商品，这就构成了生产者消费者模式。下面通过一个示例学习一下使用 Queue 在线程间通信。

　　定义一个生产者类 Producer，定义一个消费者类 Consumer。生成者生成 5 件产品，依次写入队列，而消费者依次从队列中取出产品，代码如下：

（源码位置：资源包 \MR\Code\15\12）

```
01  from queue import Queue
02  import random,threading,time
03
04  # 生产者类
05  class Producer(threading.Thread):
06      def __init__(self, name,queue):
07          threading.Thread.__init__(self, name=name)
08          self.data=queue
09      def run(self):
```

```
10          for i in range(5):
11              print("生成者 %s 将产品 %d 加入队列 !" % (self.getName(), i))
12              self.data.put(i)
13              time.sleep(random.random())
14          print("生成者 %s 完成 !" % self.getName())
15
16   # 消费者类
17   class Consumer(threading.Thread):
18       def __init__(self,name,queue):
19           threading.Thread.__init__(self,name=name)
20           self.data=queue
21       def run(self):
22           for i in range(5):
23               val = self.data.get()
24               print(" 消费者 %s 将产品 %d 从队列中取出 !" % (self.getName(),val))
25               time.sleep(random.random())
26               print(" 消费者 %s 完成 !" % self.getName())
27
28   if __name__ == '__main__':
29       print('----- 主线程开始 -----')
30       queue = Queue()                              # 实例化队列
31       producer = Producer('Producer',queue)        # 实例化线程 Producer，并传入队列作为参数
32       consumer = Consumer('Consumer',queue)        # 实例化线程 Consumer，并传入队列作为参数
33       producer.start()                             # 启动线程 Producer
34       consumer.start()                             # 启动线程 Consumer
35       producer.join()                              # 等待线程 producer 结束
36       consumer.join()                              # 等待线程 consumer 结束
37       print('----- 主线程结束 -----')
```

运行结果如图 15.21 所示。

图 15.21　使用 Queue 在线程间通信

⚡ **注意**

由于程序中使用了 random.random() 函数生成 0-1 之间的随机数，所以读者的运行结果可能与图 15.21 不同。

15.7　关于线程需要注意的两点

（1）进程和线程的区别

进程和线程的区别主要有：

① 进程是系统进行资源分配和调度的一个独立单位，线程是进程的一个实体，是 CPU 调度和分派的基本单位。

② 进程之间是相互独立的，多进程中，同一个变量，各自有一份备份存在于每个进程中，但互不影响；而同一个进程的多个线程是内存共享的，所有变量都由所有线程共享。

③ 由于进程间是独立的，因此一个进程的崩溃不会影响到其他进程；而线程是包含在进程之内的，线程的崩溃就会引发进程的崩溃，继而导致同一进程内的其他线程也崩溃。

（2）多线程非全局变量是否要加锁

在多线程开发中，全局变量是多个线程都共享的数据，为防止数据混乱，通常使用互斥锁。而局部变量等是各自线程的，是非共享的，所以不需要使用互斥锁。

15.8 实战任务

任务 1：倒计时程序

写一个倒计时程序，可以同时对 2023 年高考、2024 年巴黎奥运会、2026 年米兰冬奥会进行倒计时日期输出，如图 15.22 所示。下面列出了 2019 年高考、东京奥运会、卡塔尔世界杯、北京冬奥会的开始时间。

2023 年高考时间：2023 年 6 月 7 日

巴黎奥运会时间：2024 年 8 月 2 日

米兰冬奥会时间：2026 年 2 月 6 日

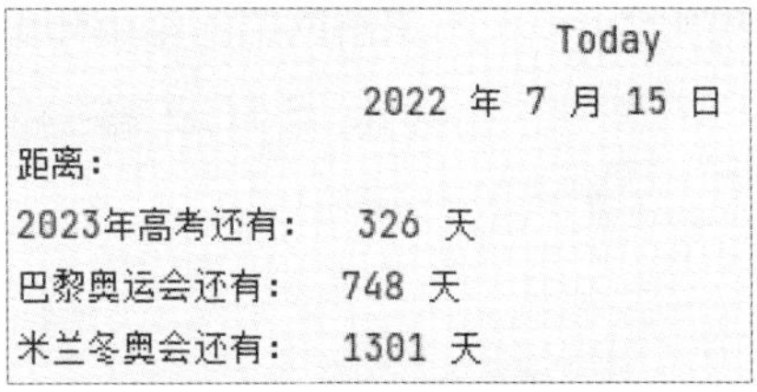

图 15.22 倒计时程序实现效果

任务 2：生成日志与读取日志

写一个程序，模拟生成 20 个日志对象文件（文件中可随意添加一些数字或字母），然后增加 4 个线程分别读取这些日志文件，读取结果保存到 one.txt 文件中。

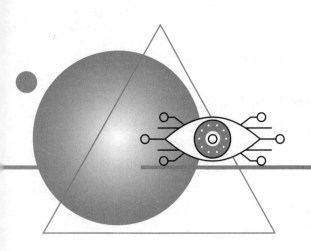

第 16 章

网络编程

鼠扫码享受
全方位沉浸式
学 Python 开发

　　计算机网络就是把各个计算机连接到一起，让网络中的计算机可以互相通信。网络编程就是如何在程序中实现两台计算机的通信。本章将讲解网络的基础知识，包括比较常见的 TCP 协议和 UDP 协议，以及如何使用 TCP 编程和 UDP 编程。

16.1　网络基础

　　当今的时代是一个网络的时代，网络无处不在。而前面学习编写的程序都是单机的，即不能和其他电脑上的程序进行通信。为了实现不同电脑之间的通信，就需要使用网络编程。下面来了解网络相关的基础知识。

16.1.1　为什么要使用通信协议

　　计算机为了联网，就必须规定通信协议，早期的计算机网络，都是由各厂商自己规定一套协议，IBM、Apple 和 Microsoft 都有各自的网络协议，互不兼容，这就好比一群人有的说英语，有的说中文，有的说德语，说同一种语言的人可以交流，不同的语言之间就不行了，如图 16.1 所示。

图 16.1　语言不通，无法交流

　　为了把全世界的所有不同类型的计算机都连接起来，就必须规定一套全球通用的协议，为了实现互联网这个目标，互联网协议簇（Internet Protocol Suite）即通用协议标准出现了。Internet 是由 inter 和 net 两个单词组合起来的，原意就是连接"网络"的网络，有了 Internet，任何私有网络，只要支持这个协议，就可以接入互联网。

16.1.2 TCP/IP 简介

因为互联网协议包含了上百种协议标准，但是最重要的两个协议是 TCP 和 IP 协议，所以，大家把互联网的协议简称 TCP/IP 协议。

（1）IP 协议

在通信时，通信双方必须知道对方的标识，好比寄送快递必须知道对方的地址。互联网上每个计算机的唯一标识就是 IP 地址。IP 地址实际上是一个 32 位整数（称为 IPv4），它是以字符串表示的 IP 地址，如 172.16.254.1，实际上是把 32 位整数按 8 位分组后的数字表示，目的是便于阅读，如图 16.2 所示。

IP 协议负责把数据从一台计算机通过网络发送到另一台计算机。数据被分割成一小块一小块，类似于将一个大包裹拆分成几个小包裹，然后通过 IP 包发送出去。由于互联网链路复杂，两台计算机之间经常有多条线路，因此，路由器就负责决定如何把一个 IP 包转发出去。IP 包的特点是按块发送，途经多个路由，但不保证都能到达，也不能保证顺序到达。

（2）TCP 协议

TCP 协议则是建立在 IP 协议之上的。TCP 协议负责在两台计算机之间建立可靠连接，保证数据包按顺序到达。TCP 协议会通过 3 次握手建立可靠连接，如图 16.3 所示。

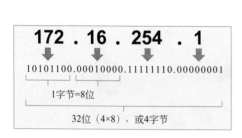

图 16.2　IPv4 示例

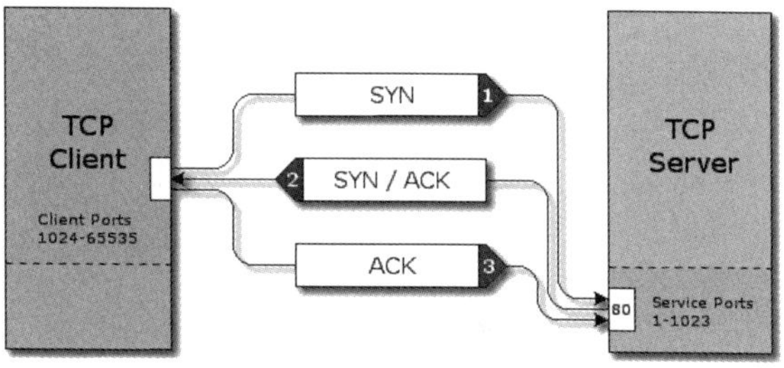

图 16.3　TCP 的三次握手

需要对每个 IP 包进行编号，确保对方按顺序收到，如果包丢掉了，就自动重发。如图 16.4 所示。

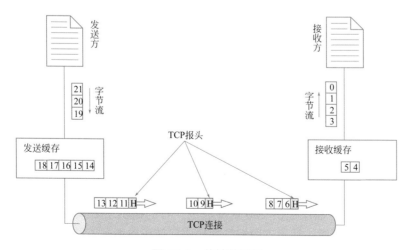

图 16.4　传输数据包

许多常用的更高级的协议都是建立在 TCP 协议基础上的，比如用于浏览器的 HTTP 协议、发送邮件的 SMTP 协议等。一个 TCP 报文除了包含要传输的数据外，还包含源 IP 地址和目标 IP 地址、源端口和目标端口。

端口有什么作用？在两台计算机通信时，只发送 IP 地址是不够的，因为同一台计算机上运行着多个网络程序。一个 TCP 报文来了之后，到底是交给浏览器还是 QQ，就需要端口号来区分。每个网络程序都向操作系统申请唯一的端口号，这样，两个进程在两台计算机之间建立网络连接就需要各自的 IP 地址和各自的端口号。

一个进程也可能同时与多个计算机建立链接，因此它会申请很多端口。端口号不是随意使用的，而是按照一定的规定进行分配。例如，80 端口分配给 HTTP 服务，21 端口分配给 FTP 服务。

16.1.3 UDP 简介

相对 TCP 协议，UDP 协议则是面向无连接的协议。使用 UDP 协议时，不需要建立连接，只需要知道对方的 IP 地址和端口号，就可以直接发数据包。但是，数据无法保证一定到达。虽然用 UDP 传输数据不可靠，但它的优点是比 TCP 协议的速度快。对于不要求可靠到达的数据而言，就可以使用 UDP 协议。TCP 协议和 UDP 协议的区别如图 16.5 所示。

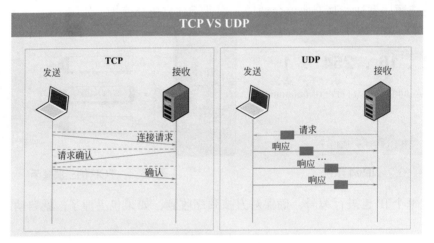

图 16.5　TCP 协议和 UDP 协议的区别

16.1.4 Socket 简介

为了让两个程序通过网络进行通信，二者均必须使用 Socket 套接字。Socket 的英文原意是"孔"或"插座"，通常也称作"套接字"，用于描述 IP 地址和端口，它是一个通信链的句柄，可以用来实现不同虚拟机或不同计算机之间的通信，如图 16.6 所示。在 Internet 的主机上一般运行了多个服务软件，同时提供几种服务。每种服务都打开一个 Socket，并绑定到一个端口上，不同的端口对应于不同的服务。

Socket 正如其英文原意那样，像一个多孔插座。一台主机犹如布满各种插座的房间，每个插座有一个编号，有的插座提供 220 伏交流电，有的提供 110 伏交流电，有的则提供有线电视节目。客户软件将插头插到不同编号的插座，就可以得到不同的服务。

在 Python 中使用 socket 模块的 socket() 函数就可以完成，语法格式如下：

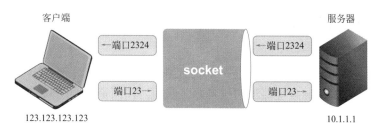

图 16.6　使用 Socket 实现通信

```
s = socket.socket(AddressFamily, Type)
```

函数 socket.socket 创建一个 socket，返回该 socket 的描述符，该函数带有两个参数：

☑　Address Family：可以选择 AF_INET（用于 Internet 进程间通信）或者 AF_UNIX（用于同一台机器进程间通信），实际工作中常用 AF_INET。

☑　Type：套接字类型，可以是 SOCK_STREAM（流式套接字，主要用于 TCP 协议）或者 SOCK_DGRAM（数据报套接字，主要用于 UDP 协议）。

例如，为了创建 TCP/IP 套接字，可以用下面的方式调用 socket.socket()：

```
tcpSock = socket.socket(socket.AF_INET, socket.SOCK_STREAM)
```

同样，为了创建 UDP/IP 套接字，需要执行以下语句：

```
udpSock = socket.socket(socket.AF_INET, socket.SOCK_DGRAM)
```

创建完成后，生成一个 socket 对象，socket 对象的主要方法如表 16.1 所示。

表 16.1　**socket 对象的内置方法**

函数	描述
s.bind()	绑定地址（host,port）到套接字，在 AF_INET 下，以元组（host,port）的形式表示地址
s.listen()	开始 TCP 监听。backlog 指定在拒绝连接之前，操作系统可以挂起的最大连接数量。该值至少为 1，大部分应用程序设为 5 就可以了
s.accept()	被动接收 TCP 客户端连接 (阻塞式)，等待连接的到来
s.connect()	主动初始化 TCP 服务器连接，一般 address 的格式为元组（hostname,port），如果连接出错，返回 socket.error 错误
s.recv()	接收 TCP 数据，数据以字符串形式返回，bufsize 指定要接收的最大数据量。flag 提供有关消息的其他信息，通常可以忽略
s.send()	发送 TCP 数据，将 string 中的数据发送到连接的套接字。返回值是要发送的字节数量，该数量可能小于 string 的字节大小
s.sendall()	完整发送 TCP 数据。将 string 中的数据发送到连接的套接字，但在返回之前会尝试发送所有数据。成功返回 None，失败则抛出异常
s.recvfrom()	接收 UDP 数据，与 recv() 类似，但返回值是（data,address）。其中 data 是包含接收数据的字符串，address 是发送数据的套接字地址
s.sendto()	发送 UDP 数据，将数据发送到套接字，address 是形式为（ipaddr，port）的元组，指定远程地址。返回值是发送的字节数
s.close()	关闭套接字

16.2 TCP 编程

由于 TCP 连接具有安全可靠的特性，所以 TCP 应用更为广泛。创建 TCP 连接时，主动发起连接的叫客户端，被动响应连接的叫服务器。例如，在浏览器中访问明日学院网站时，自己的计算机就是客户端，浏览器会主动向明日学院的服务器发起连接。如果一切顺利，明日学院的服务器接收了连接，一个 TCP 连接就建立起来了，后面的通信就是发送网页内容了。

16.2.1 创建 TCP 服务器

创建 TCP 服务器的过程，类似于生活中接听电话的过程。如果要接听别人的来电，首先需要购买一部手机，然后安装手机卡。接下来，设置手机为接听状态，最后静等对方来电。

如同上面的接听电话过程一样，在程序中，如果想要完成一个 TCP 服务器的功能，需要的流程如下：

☑ 使用 socket() 创建一个套接字；
☑ 使用 bind() 绑定 IP 和 port；
☑ 使用 listen() 使套接字变为可被动连接；
☑ 使用 accept() 等待客户端的连接；
☑ 使用 recv/send() 接收发送数据。

例如，使用 socket 模块，通过客户端浏览器向本地服务器（IP 地址为 127.0.0.1）发起请求，服务器接到请求，向浏览器发送 "Hello World"。具体代码如下：

（源码位置：资源包 \MR\Code\16\01）

```
01  # -*- coding:utf-8 -*-
02  import socket                                          # 导入 socket 模块
03  host = '127.0.0.1'                                     # 主机 IP
04  port = 8080                                            # 端口号
05  web = socket.socket()                                 # 创建 socket 对象
06  web.bind((host,port))                                 # 绑定端口
07  web.listen(5)                                         # 设置最多连接数
08  print ('服务器等待客户端连接 ...')
09  # 开启死循环
10  while True:
11      conn,addr = web.accept()                          # 建立客户端连接
12      data = conn.recv(1024)                            # 获取客户端请求数据
13      print(data)                                       # 打印接收到的数据
14      conn.sendall(b'HTTP/1.1 200 OK\r\n\r\nHello World')   # 向客户端发送数据
15      conn.close()                                      # 关闭连接
```

运行结果如图 16.7 所示。然后打开谷歌浏览器，输入网址：127.0.0.1:8080（服务器 IP 地址是 127.0.0.1，端口号是 8080），成功连接服务器以后，浏览器显示 "Hello World"。运行结果如图 16.8 所示。

16.2.2 创建 TCP 客户端

TCP 的客户端要比服务器简单很多，如果说服务器是需要自己买手机、插手机卡、设置铃声、等待别人打电话流程的话，那么客户端就只需要找一个电话亭，拿起电话拨打即可，流程要少很多。

图 16.7　服务器接收到的请求　　　　　图 16.8　客户端接到的响应

在上一个实例中，使用浏览器作为客户端接收数据，下面，创建一个 TCP 客户端，通过该客户端向服务器发送和接收消息。创建一个 client.py 文件，具体代码如下：

（源码位置：资源包 \MR\Code\16\02）

```
01 import socket                                  # 导入 socket 模块
02 s= socket.socket()                             # 创建 TCP/IP 套接字
03 host = '127.0.0.1'                             # 获取主机地址
04 port = 8080                                    # 设置端口号
05 s.connect((host,port))                         # 主动初始化 TCP 服务器连接
06 send_data = input("请输入要发送的数据：")        # 提示用户输入数据
07 s.send(send_data.encode())                     # 发送 TCP 数据
08 # 接收对方发送过来的数据，最大接收 1024 个字节
09 recvData = s.recv(1024).decode()
10 print('接收到的数据为：',recvData)
11 # 关闭套接字
12 s.close()
```

打开 2 个 cmd 命令行窗口，先运行上个实例中的 server.py 文件，然后运行 client.py 文件。接着，在 client.py 窗口输入"hi"，此时 server.py 窗口会接收到消息，并且发送"Hello World"。运行结果如图 16.9 所示。

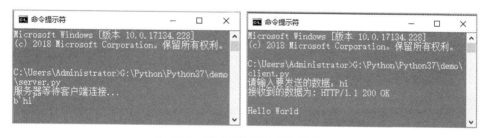

图 16.9　客户端和服务器通信效果

16.2.3　执行 TCP 服务器和客户端

在上面的例子中，设置了一个服务器和一个客户端，并且实现了客户端和服务器之间的通信。根据服务器和客户端的执行流程，可以总结出 TCP 客户端和服务器的通信模型，如图 16.10 所示。

既然客户端和服务器可以使用 Socket 进行通信，那么，客户端就可以向服务器发送文字，服务器接到消息后，显示消息内容并且输入文字返回给客户端。客户端接收到响应，显示该文字，然后继续向服务器发送消息。这样，就可以实现一个简易的聊天窗口。当有一方输入"byebye"时，则退出系统，中断聊天。可以根据如下步骤实现该功能。

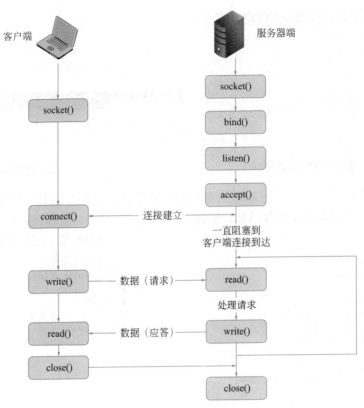

图 16.10 TCP 通信模型

① 创建 server.py 文件，作为服务器程序，具体代码如下：

（源码位置：资源包 \MR\Code\16\03 ）

```
01  import socket                                          # 导入 socket 模块
02  host = socket.gethostname()                           # 获取主机地址
03  port = 12345                                          # 设置端口号
04  s = socket.socket(socket.AF_INET,socket.SOCK_STREAM)  # 创建 TCP/IP 套接字
05  s.bind((host,port))                                   # 绑定地址（host,port）到套接字
06  s.listen(1)                                           # 设置最多连接数量
07  sock,addr = s.accept()                                # 被动接收 TCP 客户端连接
08  print('连接已经建立')
09  info = sock.recv(1024).decode()                       # 接收客户端数据
10  while info != 'byebye':                               # 判断是否退出
11    if info :
12      print('接收到的内容:'+info)
13    send_data = input('输入发送内容: ')                  # 发送消息
14    sock.send(send_data.encode())                       # 发送 TCP 数据
15    if send_data =='byebye':                            # 如果发送 byebye，则退出
16      break
17    info = sock.recv(1024).decode()                     # 接收客户端数据
18  sock.close()                                          # 关闭客户端套接字
19  s.close()                                             # 关闭服务器套接字
```

② 创建 client.py 文件，作为客户端程序，具体代码如下：

```
01  import socket                   # 导入 socket 模块
02  s= socket.socket()              # 创建 TCP/IP 套接字
03  host = socket.gethostname()     # 获取主机地址
04  port = 12345                    # 设置端口号
```

```
05  s.connect((host,port))                    # 主动初始化 TCP 服务器连接
06  print(' 已连接 ')
07  info = ''
08  while info != 'byebye':                    # 判断是否退出
09    send_data=input(' 输入发送内容: ')         # 输入内容
10    s.send(send_data.encode())               # 发送 TCP 数据
11    if send_data =='byebye':                 # 判断是否退出
12      break
13    info = s.recv(1024).decode()             # 接收服务器数据
14    print(' 接收到的内容 :'+info)
15  s.close()                                  # 关闭套接字
```

打开 2 个 cmd 命令行窗口，分别运行 server.py 和 client.py 文件，如图 16.11 所示。

图 16.11　服务器和客户端建立连接

接下来，在 client.py 窗口中，输入"土豆土豆，我是地瓜"，然后按下 <Enter> 键。此时，在 server.py 窗口中将显示 client.py 窗口发送的消息，并提示 server.py 窗口输入发送内容，如图 16.12 所示。

图 16.12　发送消息

当输入"byebye"时，结束对话，如图 16.13 所示。

图 16.13　关闭对话

16.3　UDP 编程

UDP 是面向消息的协议，如果通信时不需要建立连接，数据的传输自然是不可靠的，UDP 一般用于多点通信和实时的数据业务，例如：

☑ 语音广播

☑ 视频

☑ 聊天软件

☑ TFTP（简单文件传送）

☑ SNMP（简单网络管理协议）

☑ RIP（路由信息协议，如报告股票市场、航空信息）

☑ DNS(域名解释）

和 TCP 类似，使用 UDP 的通信双方也分为客户端和服务器。

16.3.1 创建 UDP 服务器

UDP 服务器不需要 TCP 服务器那么多的设置，因为它们不是面向连接的。除了等待传入的连接之外，几乎不需要做其他工作。下面来实现一个将摄氏温度转化为华氏温度的功能。

例如，在客户端输入要转换的摄氏温度，然后发送给服务器，服务器根据转化公式，将摄氏温度转化为华氏温度，发送给客户端显示。创建 udp_server.py 文件，实现 UDP 服务器。具体代码如下：

（源码位置：资源包 \MR\Code\16\04 ）

```
01  import socket                                            # 导入 socket 模块
02
03  s = socket.socket(socket.AF_INET, socket.SOCK_DGRAM)     # 创建 UDP 套接字
04  s.bind(('127.0.0.1', 8888))                              # 绑定地址（host,port）到套接字
05  print(' 绑定 UDP 到 8888 端口 ')
06  data, addr = s.recvfrom(1024)                            # 接收数据
07  data = float(data)*1.8 + 32                              # 转化公式
08  send_data = ' 转换后的温度（单位：华氏温度）：'+str(data)
09  print('Received from %s:%s.'% addr)
10  s.sendto(send_data.encode(), addr)                       # 发送给客户端
11  s.close()                                                # 关闭服务器端套接字
```

上述代码中，使用 socket.socket() 函数创建套接字，其中设置参数为 socket.SOCK_DGRAM，表明创建的是 UDP 套接字。此外需要注意，s.recvfrom() 函数生成的 data 数据类型是 byte，不能直接进行四则运算，需要将其转化为 float 浮点型数据。最后在使用 sendto() 函数发送数据时，发送的数据必须是 byte 类型，所以需要使用 encode() 函数将字符串转化为 byte 类型。

运行结果如图 16.14 所示。

图 16.14　等待客户端连接

16.3.2 创建 UDP 客户端

创建一个 UDP 客户端程序的流程很简单，具体步骤如下：

☑ 创建客户端套接字

☑ 发送 / 接收数据

☑ 关闭套接字

下面根据 16.3.1 小节的实例，创建 udp_client.py 文件，实现 UDP 客户端接收转换后的华氏温度。具体代码如下：

```
01  import socket                                              # 导入 socket 模块
02
03  s = socket.socket(socket.AF_INET, socket.SOCK_DGRAM)        # 创建 UDP 套接字
04  data = input('请输入要转换的温度（单位：摄氏度）: ')           # 输入要转换的温度
05  s.sendto(data.encode(), ('127.0.0.1', 8888))                # 发送数据
06  print(s.recv(1024).decode())                                # 打印接收数据
07  s.close()                                                   # 关闭套接字
```

在上述代码中，主要就是接收的数据和发送的数据类型都是 byte。所以发送时，使用 encode() 函数将字符串转化为 byte。而在输出时，使用 decode() 函数将 byte 类型数据转换为字符串，方便用户阅读。

在两个 cmd 窗口中分别运行 udp_server.py 和 udp_client.py 文件，然后在 udp_client.py 窗口中输入要转换的摄氏度，udp_client.py 窗口会立即显示转换后的华氏温度。如图 16.15 所示。

图 16.15　将摄氏温度转换为华氏温度效果

16.3.3　执行 UDP 服务器和客户端

在 UDP 通信模型中，在通信开始之前，不需要建立相关的连接，只需要发送数据即可，类似于生活中的"写信"。UDP 通信模型如图 16.16 所示。

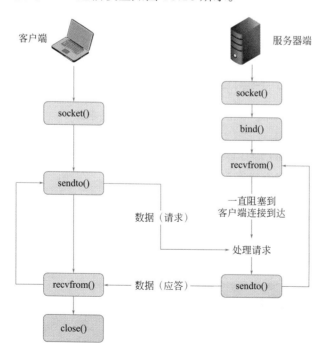

图 16.16　UDP 通信模型

16.4　实战任务

任务 1：网络嗅探器

网络嗅探器可以检测本机所在局域网内的网络流量和数据包收发情况，实现网络嗅探时，需要将网卡设置为混杂模式，请尝试用 Python 实现一个简单的网络嗅探器。

任务 2：扫描并输出局域网占用的 IP 地址

局域网中，用户在设置 IP 地址时，为了避免 IP 地址发生冲突，通常需要很快地找出局域网内已经使用的 IP 地址，请尝试用 Python 编写一个局域网 IP 地址扫描程序，将局域网中已经占用的 IP 及对应计算机名显示出来。

任务 3：输出本地计算机名称与本地计算机的 IP 地址

编写一个程序，可以输出本地计算机的计算机名称和本地计算机的 IP 地址。输出效果如图 16.17 所示。

> 你的计算机名称为：mingrisoft
> 你的计算机网络 IP 地址为 128.121.0.1

图 16.17　本地计算机名称与 IP 地址

任务 4：获取远程主机的 IP 地址

编写一个程序，输出如图 16.18 和图 16.19 所示互联网公司官网（远程主机）的 IP 地址 (大的互联网公司服务器主机分布在不同区域、不同的机房，所以用户所在地不同，输出的 IP 地址会有所不同)。

> WWW.jd.com
> WWW.baidu.com
> WWW.python.org
> WWW.taobao.com

图 16.18　互联网公司官网

> WWW.jd.com:59.45.173.1
> WWW.baidu.com:2201.181.111.37
> WWW.python.org:15.010.108.223
> WWW.taobao.com:49.7.22.226

图 16.19　互联网公司官网服务器的 IP 地址

任务 5：简单 Web 聊天程序

用 Socket 实现一个简单的 Web 聊天室程序，具体要求如下：

Chat Server（服务器端）：

☑　接收客户端的连接请求。

☑　从客户端读入消息并发布到各个客户端。

Telnet Client（客户端）：

☑　监听服务器发来的消息。

☑　用户可以发送信息到服务器。

服务器端实现效果如图 16.20 所示，客户端实现效果如图 16.21 所示。

图 16.20　服务器端输出

图 16.21　客户端输出

第 **17** 章
异常处理及程序调试

扫码享受
全方位沉浸式
学 Python 开发

学习过 C 语言或者 Java 语言的用户都知道，在 C 语言或者 Java 语言中，编译器可以捕获很多语法错误。但是，在 Python 语言中，只有在程序运行后才会执行语法检查。所以，只有在运行或测试程序时，才会真正知道该程序能不能正常运行。因此，掌握一定的异常处理语句和程序调试方法是十分必要的。

本章将主要介绍常用的异常处理语句，以及如何使用自带的 IDLE 和 assert 语句进行调试。

17.1 异常概述

在程序运行过程中，经常会遇到各种各样的错误，这些错误统称为"异常"。这些异常有的是由于开发者一时疏忽将关键字敲错导致的，这类错误多数产生的是"SyntaxError: invalid syntax"（无效的语法），这将直接导致程序不能运行。这类异常是显式的，在开发阶段很容易发现。还有一类是隐式的，通常和使用者的操作有关。

例如，在 IDLE 中创建一个名称为 division_apple.py 的文件，然后在该文件中定义一个除法运算的函数 division()，在该函数中，要求输入被除数和除数，然后应用除法算式进行计算，最后调用 division() 函数，代码如下：

（源码位置：资源包 \MR\Code\17\01）

```
01  def division():
02      num1 = int(input("请输入被除数: "))         # 用户输入提示，并记录
03      num2 = int(input("请输入除数: "))
04      result = num1//num2                         # 执行除法运算
05      print(result)
06  if __name__ == '__main__':
07      division()                                   # 调用函数
```

运行程序，如果在输入除数时，输入为 0，将得到如图 17.1 所示的结果。

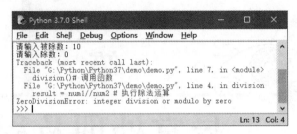

图 17.1 抛出了 ZeroDivisionError 异常

产生 ZeroDivisionError（除数为 0 错误）的根源在于算术表达式"10/0"中，0 作为除数出现，所以正在执行的程序被中断（第 6 行代码以后，包括第 6 行代码都不会被执行）。

除了 ZeroDivisionError 异常外，Python 中还有很多异常。如表 17.1 所示为 Python 中常见的异常。

表 17.1 Python 中常见的异常及描述

异常	描述
NameError	尝试访问一个没有声明的变量引发的错误
IndexError	索引超出序列范围引发的错误
IndentationError	缩进错误
ValueError	传入的值错误
KeyError	请求一个不存在的字典关键字引发的错误
IOError	输入输出错误（如要读取的文件不存在）
ImportError	当 import 语句无法找到模块或 from 无法在模块中找到相应的名称时引发的错误
AttributeError	尝试访问未知的对象属性引发的错误
TypeError	类型不合适引发的错误
MemoryError	内存不足
ZeroDivisionError	除数为 0 引发的错误

📋 **说明**

表 17.1 所示的异常并不需要记住，只需要简单了解即可。

17.2 异常处理语句

在程序开发时，有些错误并不是每次运行都会出现。比如 17.1 节中的示例，只要输入的数据符合程序的要求，程序就可以正常运行；但如果输入的数据不符合程序要求，就会抛出异常并停止运行。这时，就需要在开发程序时对可能出现异常的情况进行处理。下面将详细介绍 Python 中提供的异常处理语句。

17.2.1　try…except 语句

在 Python 中，提供了 try…except 语句捕获并处理异常。在使用时，把可能产生异常的代码放在 try 语句块中，把处理结果放在 except 语句块中，这样，当 try 语句块中的代码出现错误，就会执行 except 语句块中的代码，如果 try 语句块中的代码没有错误，那么 except 语句块将不会执行。具体的语法格式如下：

```
try:
    block1
except [ExceptionName [as alias]]:
    block2
```

参数说明：

☑　block1：表示可能出现错误的代码块。

☑　ExceptionName [as alias]：可选参数，用于指定要捕获的异常。其中，ExceptionName 表示要捕获的异常名称，如果在其右侧加上"as alias"，则表示为当前的异常指定一个别名，通过该别名，可以记录异常的具体内容。

📖 **说明**

> 在使用 try…except 语句捕获异常时，如果在 except 后面不指定异常名称，则表示捕获全部异常。

☑　block2：表示进行异常处理的代码块。在这里可以输出固定的提示信息，也可以通过别名输出异常的具体内容。

📖 **说明**

> 使用 try…except 语句捕获异常后，当程序出错时，输出错误信息后，程序会继续执行。

例如，在执行除法运算时，对可能出现的异常进行处理，代码如下：

（源码位置：资源包 \MR\Code\17\02）

```
01  def division():
02      num1 = int(input("请输入被除数: "))          # 用户输入提示，并记录
03      num2 = int(input("请输入除数: "))
04      result = num1/num2                          # 执行除法运算
05      print(result)
06  if __name__ == '__main__':
07      try:                                        # 捕获异常
08          division()                              # 调用除法的函数
09      except ZeroDivisionError:                   # 处理异常
10          print("输入错误: 除数不能为 0")           # 输出错误原因
```

17.2.2　try…except…else 语句

在 Python 中，还有另一种异常处理结构，它是 try…except…else 语句，也就是在原来 try…except 语句的基础上再添加一个 else 子句，用于指定当 try 语句块中没有发现异常时要执行的语句块。该语句块中的内容在 try 语句中发现异常时，将不被执行。例如，在执行除

235

法运算时，实现当 division() 函数执行而没有抛出异常时，输出文字"程序执行完成……"。代码如下：

（源码位置：资源包 \MR\Code\17\03）

```
01  def division():
02      num1 = int(input("请输入被除数: "))       # 用户输入提示，并记录
03      num2 = int(input("请输入除数: "))
04      result = num1/num2                          # 执行除法运算
05      print(result)
06  if __name__ == '__main__':
07      try:                                         # 捕获异常
08      division()                                   # 调用函数
09  except ZeroDivisionError:                        # 处理异常
10      print("\n 出错了: 除数不能为 0! ")
11  except ValueError as e:                          # 处理 ValueError 异常
12      print(" 输入错误: ", e)                      # 输出错误原因
13  else:                                            # 没有抛出异常时执行
14      print(" 程序执行完成……")
```

执行上面的代码，将显示如图 17.2 所示的运行结果。

17.2.3 try…except…finally 语句

完整的异常处理语句应该包含 finally 代码块，通常情况下，无论程序中有无异常产生，finally 代码块中的代码都会被执行。其基本格式如下：

图 17.2 **不抛出异常时提示相应信息**

```
try:
        block1
except [ExceptionName [as alias]]:
        block2
finally:
        block3
```

对于 try…except…finally 语句的理解并不复杂，它只是比 try…except 语句多了一个 finally 代码块，如果程序中有一些在任何情形中都必须执行的代码，那么就可以将它们放在 finally 语句的区块中。

📑 **说明**

> 使用 except 子句是为了允许处理异常。无论是否引发了异常，使用 finally 子句都可以执行。如果分配了有限的资源（如打开文件），则应将释放这些资源的代码放置在 finally 块中。

例如，在执行除法运算时，实现当 division() 函数在执行时无论是否抛出异常，都输出文字"释放资源，并关闭"。修改后的代码如下：

（源码位置：资源包 \MR\Code\17\04）

```
01  def division():
02      num1 = int(input("请输入被除数: "))       # 用户输入提示，并记录
03      num2 = int(input("请输入除数: "))
04      result = num1/num2                          # 执行除法运算
05      print(result)
06  if __name__ == '__main__':
```

17

```
07    try:                              # 捕获异常
08        division()                    # 调用函数
09    except ZeroDivisionError:         # 处理异常
10        print("\n 出错了：除数不能为 0 ！")
11    except ValueError as e:           # 处理 ValueError 异常
12        print(" 输入错误：", e)         # 输出错误原因
13    else:                             # 没有抛出异常时执行
14        print(" 程序执行完成……")
15    finally:                          # 无论是否抛出异常都执行
16        print(" 释放资源，并关闭 ")
```

执行代码，将显示如图 17.3 所示的运行结果。

至此，已经介绍了异常处理语句的 try…except、try…except…else 和 try…except…finally 等形式。下面通过图 17.4 说明异常处理语句的各个子句的执行关系。

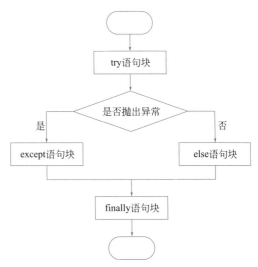

图 17.3　try…except…finally 语句执行结果　　图 17.4　异常处理语句的各个子句的执行关系

17.2.4　使用 raise 语句抛出异常

如果某个函数或方法可能会产生异常，但不想在当前函数或方法中处理这个异常，则可以使用 raise 语句在函数或方法中抛出异常。raise 语句的基本格式如下：

```
raise [ExceptionName[(reason)]]
```

其中，ExceptionName[(reason)] 为可选参数，用于指定抛出的异常名称，以及异常信息的相关描述。如果省略，就会把当前的错误原样抛出。

📋 说明

ExceptionName(reason) 参数中的 (reason) 也可以省略，如果省略，则在抛出异常时，不附带任何描述信息。

例如，在执行除法运算时，在 division() 函数中实现，当除数为 0 时，应用 raise 语句抛出一个 ValueError 异常，接下来在最后一行语句的下方添加 except 语句处理 ValueError 异常，代码如下：

（源码位置：资源包 \MR\Code\17\05）

```
01  def division():
02      num1 = int(input("请输入被除数: "))              # 用户输入提示，并记录
03      num2 = int(input("请输入除数: "))
04      if num2 == 0:
05          raise ValueError("除数不能为0")
06      result = num1/num2                               # 执行除法运算
07      print(result)
08  if __name__ == '__main__':
09      try:                                             # 捕获异常
10          division()                                   # 调用函数
11      except ZeroDivisionError:                        # 处理异常
12          print("\n出错了: 除数不能为0！")
13      except ValueError as e:                          # 处理 ValueError 异常
14          print("输入错误: ", e)                        # 输出错误原因
```

17.3　程序调试

在程序开发过程中，免不了会出现一些错误，有语法方面的，也有逻辑方面的。对于语法方面的错误比较好检测，因为程序会直接停止，并且给出错误提示。而对于逻辑错误就不太容易发现了，因为程序可能会一直执行下去，但结果是错误的。所以作为一名程序员，掌握一定的程序调试方法，可以说是一项必备技能。

17.3.1　使用自带的 IDLE 进行程序调试

多数的集成开发工具都提供了程序调试功能。例如，频繁使用的 IDLE，也提供了程序调试功能。使用 IDLE 进行程序调试的基本步骤如下：

① 打开 IDLE（Python Shell），在主菜单上选择 Debug → Debugger 菜单项，将打开 Debug Control 对话框（此时该对话框是空白的），同时 Python 3.7.0 Shell 窗口中将显示"[DEBUG ON]"（表示已经处于调试状态），如图 17.5 所示。

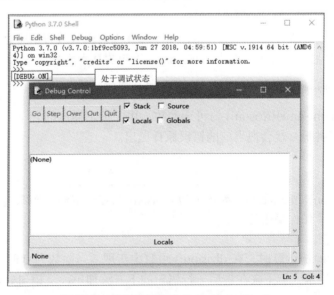

图 17.5　处于调试状态的 Python Shell

② 在 Python 3.7.0 Shell 窗口中，选择 File → Open 菜单项，打开要调试的文件，然后添加需要的断点。

📖 **说明**

> 断点的作用是在设置断点后，程序执行到断点时就会暂时中断执行，程序可以随时继续。

添加断点的方法是：在想要添加断点的代码行上，单击鼠标右键，在弹出的快捷菜单中选择"Set Breakpoint"菜单项。添加断点的行将以黄色底纹标记，如图 17.6 所示。

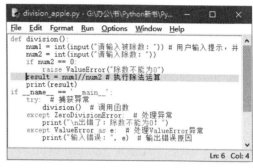

图 17.6　添加断点

📖 **说明**

> 如果想要删除已经添加的断点，可以选中已经添加断点的行，然后单击鼠标右键，在弹出的快捷菜单中选择"Clear Breakpoint"菜单项即可。

③ 添加所需的断点（添加断点的原则是：程序执行到这个位置时，想要查看某些变量的值，就在这个位置添加一个断点）后，按下快捷键 <F5>，执行程序，这时 Debug Control 对话框中将显示程序的执行信息，勾选 Globals 复选框，将显示全局变量，默认只显示局部变量。此时的 Debug Control 对话框如图 17.7 所示。

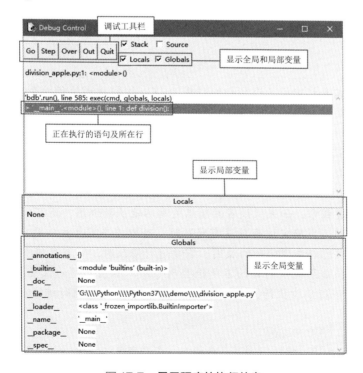

图 17.7　显示程序的执行信息

④ 在图 17.7 所示的调试工具栏中，提供了 5 个工具按钮。这里单击 Go 按钮执行程序，直到所设置的第一个断点。由于在示例代码 .py 文件中，第一个断点之前需要获取用户的输入，所以需要先在 Python 3.7.0 Shell 窗口中输入除数和被除数。输入后，Debug Control 窗口中的数据将发生变化，如图 17.8 所示。

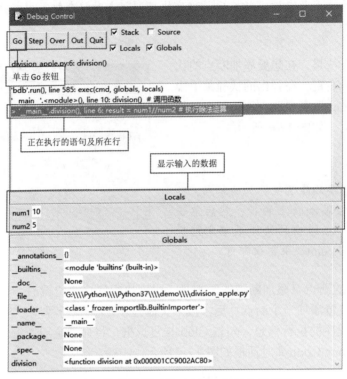

图 17.8　显示执行到第一个断点时的变量信息

📑 **说明**

> 在调试工具栏中的 5 个按钮的作用为：Go 按钮用于执行跳至断点操作；Step 按钮用于进入要执行的函数；Over 按钮表示单步执行；Out 按钮表示跳出所在的函数；Quit 按钮表示结束调试。

📑 **多学两招**

> 在调试过程中，如果所设置的断点处有其他函数调用，还可以单击 Step 按钮进入到函数内部，当确定该函数没有问题时，可以单击 Out 按钮跳出该函数。或者在调试的过程中已经发现问题的原因，需要进行修改时，可以直接单击 Quit 按钮结束调试。另外，如果调试的目的不是很明确（即不确认问题的位置），也可以直接单击 Step 按钮进行单步执行，这样可以清晰地观察程序的执行过程和数据的变量，方便找出问题。

⑤ 继续单击 Go 按钮，将执行到下一个断点，查看变量的变化，直到全部断点都执行完毕。调试工具栏上的按钮将变为不可用状态，如图 17.9 所示。

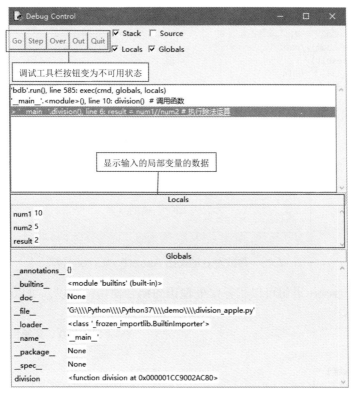

图 17.9　全部断点均执行完毕的效果

　　⑥ 程序调试完毕后，可以关闭 Debug Control 窗口，此时在 Python 3.7.0 Shell 窗口中将显示"[DEBUG OFF]"（表示已经结束调试）。

17.3.2　使用 assert 语句调试程序

　　在程序开发过程中，除了使用开发工具自带的调试工具进行调试外，还可以在代码中通过 print() 函数把可能出现问题的变量输出进行查看，但是这种方法会产生很多垃圾信息。所以调试之后还需要将其删除，比较麻烦。所以，Python 还提供了另外的方法，使用 assert 语句调试。

　　assert 的中文意思是断言，它一般用于对程序某个时刻必须满足的条件进行验证。assert 语句的基本语法如下：

```
assert expression [,reason]
```

参数说明：

　　☑　expression：条件表达式，如果该表达式的值为 True，则什么都不做；如果为 False，则抛出 AssertionError 异常。

　　☑　reason：可选参数，用于对判断条件进行描述，为了以后更好地知道哪里出现了问题。

　　例如，在执行除法运算的 division() 函数中，使用 assert 调试程序，代码如下：

（源码位置：资源包 \MR\Code\17\06）

```
01  def division():
02      num1 = int(input("请输入被除数："))                    # 用户输入提示，并记录
```

```
03      num2 = int(input("请输入除数: "))
04      assert num2 != 0, "除数不能为 0"                    # 应用断言调试
05      result = num1//num2                              # 执行除法运算
06      print(result)
07  if __name__ == '__main__':
08          division()                                   # 调用函数
```

运行程序，输入除数 0，将抛出如图 17.10 所示的 AssertionError 异常。

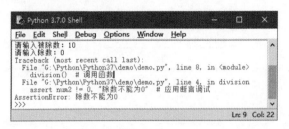

图 17.10   除数为 0 时抛出 AssertionError 异常

通常情况下，assert 语句可以和异常处理语句结合使用。所以，可以将上面代码的第 8 行修改为以下内容：

（源码位置：资源包 \MR\Code\17\07）

```
01  try:
02      division()                                       # 调用函数
03  except AssertionError as e:                           # 处理 AssertionError 异常
04      print("\n 输入有误: ",e)
```

assert 语句只在调试阶段有效。可以通过在执行 Python 命令时加入 -O（大写）参数来关闭 assert 语句。例如，在命令行窗口中输入以下代码执行 "E:\program\Python\Code" 目录下的 Demo.py 文件，即关闭 Demo.py 文件中的 assert 语句：

```
01  E:
02  cd E:\program\Python\Code
03  python -O Demo.py
```

快速上手 Python：

基础・进阶・实战

第 2 篇
进阶篇

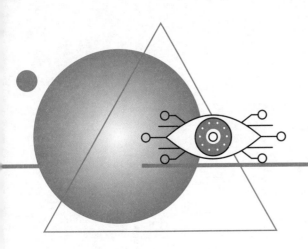

第 **18** 章

常用的 GUI 框架

18.1　初识 GUI

18.1.1　什么是 GUI

　　GUI 是 graphical user interface（图形用户界面）的缩写。在 GUI 中，并不只是输入文本和返回文本，用户可以看到窗口、按钮、文本框等图形，而且可以用鼠标单击，还可以通过键盘输入。GUI 的程序有三个基本要素：输入、处理和输出，如图 18.1 所示，但它们的输入和输出更丰富、更有趣一些。

图 18.1　GUI 的三要素

18.1.2　常用的 GUI 框架

　　对于 Python 的 GUI 开发，有很多工具包可供选择。其中一些流行的工具包如表 18.1 所示。

表 18.1　流行的 GUI 工具包及描述

工具包	描述
wxPython	wxPython 是 Python 语言的一套优秀的 GUI 图形库，允许 Python 程序员很方便地创建完整的、功能键全的 GUI 用户界面
Kivy	Kivy 是一个开源工具包，能够让使用相同源代码创建的程序跨平台运行。它主要关注创新型用户界面开发，如多点触摸应用程序
Flexx	Flexx 是一个纯 Python 工具包，用来创建图形化界面应用程序。其使用 Web 技术进行界面的渲染
PyQt	PyQt 是 Qt 库的 Python 版本，支持跨平台
Tkinter	Tkinter（也叫作 Tk 接口）是 Tk 图形用户界面工具包标准的 Python 接口。Tk 是一个轻量级的跨平台图形用户界面（GUI）开发工具
Pywin32	Windows Pywin32 允许用户像 VC 一样来使用 Python 开发 win32 应用
PyGTK	PyGTK 让用户用 Python 轻松创建具有图形用户界面的程序
pyui4win	pyui4win 是一个开源的采用自绘技术的界面库

每个工具包都有其优缺点，所以工具包的选择取决于个人的应用场景。

18.2　wxPython 框架的使用

18.2.1　安装 wxPython

wxPython 是个成熟而且特性丰富的跨平台 GUI 工具包，由 Robin Dunn 和 Harri Pasanen 开发。wxPython 的安装非常简单，使用 pip 工具安装 wxPython 只需要一行命令：

```
pip install -U wxPython
```

在 Windows 的 cmd 命令下，使用 pip 安装 wxPython 如图 18.2 所示。

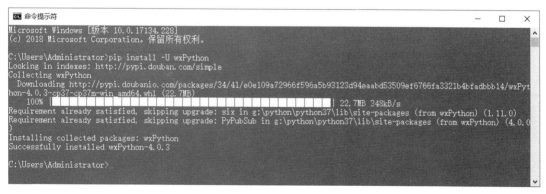

图 18.2　安装 wxPython

18.2.2　创建一个 wx.App 的子类

在开始创建应用程序之前，先来创建一个没有任何功能的子类。创建和使用一个 wx.App 子类，需要执行如下 4 个步骤：

① 定义这个子类。

② 在定义的子类中写一个 OnInit() 初始化方法。

③ 在程序的主要部分创建这个类的一个实例。

④ 调用应用程序实例的 MainLoop() 方法，这个方法将程序的控制权转交给 wxPython。

创建一个没有任何功能的子类，具体代码如下：

（源码位置：资源包 \MR\Code\18\01）

```
01  # -*- coding:utf-8 -*-
02  import wx                                                  # 导入 wxPython
03  class App(wx.App):
04      # 初始化方法
05      def OnInit(self):
06          frame = wx.Frame(parent=None, title='Hello wyPython')  # 创建窗口
07          frame.Show()                                        # 显示窗口
08          return True                                         # 返回值
09
10  if __name__ == '__main__':
11      app = App()                                             # 创建 App 类的实例
12      app.MainLoop()                                          # 调用 App 类的 MainLoop() 主循环方法
```

上述代码中，定义了一个子类 App()，它继承父类 wx.App，子类中包含一个初始化方法 OnInit()。在主程序中创建类的实例，然后调用 MainLoop() 主循环方法，运行结果如图 18.3 所示。

图 18.3　创建 wx.App 子类

18.2.3　直接使用 wx.App

通常，如果在系统中只有一个窗口的话，可以不创建 wx.App 子类，直接使用 wx.App。这个类提供了一个最基本的 OnInit() 初始化方法，具体代码如下：

（源码位置：资源包 \MR\Code\18\02）

```
01  # -*- coding:utf-8 -*-
02  import wx                                              # 导入 wxPython
03  app  = wx.App()                                        # 初始化 wx.App 类
04  frame = wx.Frame(None,title='Hello wyPython')          # 定义了一个顶级窗口
05  frame.Show()                                           # 显示窗口
06  app.MainLoop()                                         # 调用 wx.App 类的 MainLoop() 主循环方法
```

上述代码中，wx.App() 初始化 wx.App 类，包含了 OnInit() 方法，运行结果与图 18.3 相同。

18.2.4　使用 wx.Frame 框架

在 GUI 中框架通常也称为窗口。框架是一个容器，用户可以将它在屏幕上任意移动，并可对它进行缩放，它通常包含诸如标题栏、菜单等。在 wxPython 中，wx.Frame 是所有框架的父类。当创建 wx.Frame 的子类时，子类应该调用其父类的构造器 wx.Frame.__init__()。wx.Frame 的构造器语法格式如下：

```
wx.Frame(parent, id=-1, title="", pos=wx.DefaultPosition, size=wx.DefaultSize,style=wx.DEFAULT_
FRAME_STYLE, name="frame")
```

参数说明：

☑ parent：框架的父窗口。如果是顶级窗口，这个值是 None。

☑ id：关于新窗口的 wxPython ID 号。通常设为 -1，让 wxPython 自动生成一个新的 ID。

☑ title：窗口的标题。

☑ pos：一个 wx.Point 对象，它指定这个新窗口的左上角在屏幕中的位置。在图形用户界面程序中，通常 (0,0) 是显示器的左上角。这个默认的 (-1,-1) 将让系统决定窗口的位置。

☑ size：一个 wx.Size 对象，它指定这个窗口的初始尺寸。这个默认的 (-1,-1) 将让系统决定窗口的初始尺寸。

☑ style：指定窗口的类型的常量。可以使用或运算来组合它们。

☑ name：框架的内在名字。可以使用它来寻找这个窗口。

创建 wx.Frame 子类的代码如下：

（源码位置：资源包 \MR\Code\18\03）

```
01  # -*- coding:utf-8 -*-
02  import wx                                      # 导入 wxPython
03  class MyFrame(wx.Frame):
04      def __init__(self,parent,id):
05          wx.Frame.__init__(self,parent,id, title=" 创建 Frame",pos=(100, 100), size=(300, 300))
06
07  if __name__ == '__main__':
08      app = wx.App()                             # 初始化应用
09      frame = MyFrame(parent=None,id=-1)         # 实例 MyFrame 类，并传递参数
10      frame.Show()                               # 显示窗口
11      app.MainLoop()                             # 调用 MainLoop() 主循环方法
```

上述代码中，在主程序中调用 MyFrame 类，并且传递 2 个参数。在 MyFrame 类中，自动执行 __init__() 初始化方法，接收参数。然后调用父类 wx.Frame 的 __init__() 初始化方法，设置顶级窗口的相关属性。运行结果如图 18.4 所示。

图 18.4　使用 wx.Frame 框架

18.2.5　常用控件

创建完窗口以后，可以在窗口内添加一些控件，所谓的控件，就是经常使用的按钮、文本、输入框、单选框等。

（1）StaticText 文本类

对于所有的 UI 工具来说，最基本的任务就是在屏幕上绘制纯文本。在 wxPython 中，可以使用 wx.StaticText 类来完成。使用 wx.StaticText 类能够改变文本的对齐方式、字体和颜色等。wx.StaticText 类的构造函数语法格式如下：

```
wx.StaticText(parent, id, label, pos=wx.DefaultPosition,size=wx.DefaultSize,style=0, name=
"staticText")
```

wx.StaticText 构造函数的参数如下所示：

☑ parent：父窗口部件。

☑ id：标识符。使用 -1 可以自动创建一个唯一的标识。

☑ label：显示在静态控件中的文本内容。

☑ pos：一个 wx.Point 或一个 Python 元组，它是窗口部件的位置。

☑ size：一个 wx.Size 或一个 Python 元组，它是窗口部件的尺寸。

☑ style：样式标记。

☑ name：对象的名字。

示例：使用 wx.StaticText 输出 Python 之禅

在 Python 控制台中输入 import this 后，会输出如图 18.5 所示结果，结果中的英文语句就是通常所说的 Python 之禅。

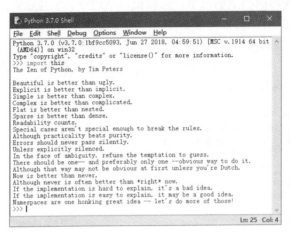

图 18.5　Python 之禅

下面使用 StaticText 类输出中文版的 Python 之禅。具体代码如下：

（源码位置：资源包 \MR\Code\18\04）

```
01  # -*- coding:utf-8 -*-
02  import wx
03  class MyFrame(wx.Frame):
04      def __init__(self,parent,id):
05          wx.Frame.__init__(self, parent, id, title = " 创建 StaticText 类 ",
06                          pos =(100, 100), size =(600, 400))
07          panel = wx.Panel(self) # 创建画板
08          # 创建标题，并设置字体
09          title = wx.StaticText(panel, label ='Python 之禅——Tim Peters',pos =(100,20))
10          font = wx.Font(16, wx.DEFAULT, wx.FONTSTYLE_NORMAL, wx.NORMAL)
11          title.SetFont(font)
12          # 创建文本
13          wx.StaticText(panel, label =' 优美胜于丑陋 ',pos =(50,50))
14          wx.StaticText(panel, label =' 明了胜于晦涩 ',pos =(50,70))
15          wx.StaticText(panel, label =' 简洁胜于复杂 ',pos =(50,90))
16          wx.StaticText(panel, label =' 复杂胜于凌乱 ',pos =(50,110))
17          wx.StaticText(panel, label =' 扁平胜于嵌套 ',pos =(50,130))
18          wx.StaticText(panel, label =' 间隔胜于紧凑 ',pos =(50,150))
19          wx.StaticText(panel, label =' 可读性很重要 ',pos =(50,170))
20          wx.StaticText(panel, label =' 即便假借特例的实用性之名，也不可违背这些规则 ',pos =(50,190))
21          wx.StaticText(panel, label =' 不要包容所有错误，除非你确定需要这样做 ',pos =(50,210))
22          wx.StaticText(panel, label =' 当存在多种可能，不要尝试去猜测 ',pos =(50,230))
23          wx.StaticText(panel, label =' 而是尽量找一种，最好是唯一一种明显的解决方案 ',pos =(50,250))
24          wx.StaticText(panel, label =' 虽然这并不容易，因为你不是 Python 之父 ',pos =(50,270))
25          wx.StaticText(panel, label =' 做也许好过不做，但不假思索就动手还不如不做 ',pos =(50,290))
26          wx.StaticText(panel, label ='如果你无法向人描述你的方案，那肯定不是一个好方案；反之亦然 ',
    pos =(50,310))
```

```
27                wx.StaticText(panel, label=' 命名空间是一种绝妙的理念，我们应当多加利用 ',pos=(50,330))
28
29  if __name__ == '__main__':
30      app = wx.App()                           # 初始化应用
31      frame = MyFrame(parent=None,id=-1)       # 实例 MyFrame 类，并传递参数
32      frame.Show()                             # 显示窗口
33      app.MainLoop()                           # 调用 MainLoop() 主循环方法
```

上述代码中，使用"panel = wx.Panel(self)"语句来创建画板，并将 panel 作为父类，然后将组件放入窗体中。此外，使用 wx.Font 类来设置字体。创建一个字体实例，需要使用如下的构造函数：

```
wx.Font(pointSize, family, style, weight, underline=False, faceName="",
encoding=wx.FONTENCODING_DEFAULT)
```

参数如下：

☑ pointSize：字体的整数尺寸，单位为磅。

☑ family：用于快速指定一个字体而无需知道该字体实际的名字。

☑ style：指明字体是否倾斜。

☑ weight：指明字体的醒目程度。

☑ underline：仅在 Windows 系统下有效，如果取值为 True，则加下划线；False 为无下划线。

☑ faceName：指定字体名。

☑ encoding：允许在几个编码中选择一个，大多数情况可以使用默认编码。

运行结果如图 18.6 所示。

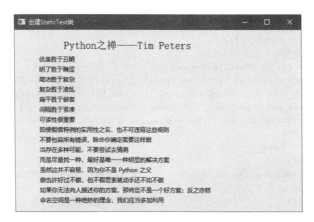

图 18.6　输出中文版本的 Python 之禅

（2）TextCtrl 输入文本类

wx.StaticText 类只能够用于显示纯粹的静态文本，但是有时需要输入文本与用户进行交互，此时，就需要使用 wx.TextCtrl 类，它允许输入单行和多行文本。它也可以作为密码输入控件，掩饰所按下的按键。

wx.TextCtrl 类的构造函数语法格式如下：

```
wx.TextCtrl(parent, id, value = "", pos=wx.DefaultPosition, size=wx.DefaultSize, style=0,
validator=wx.DefaultValidator name=wx.TextCtrlNameStr)
```

参数 parent、id、pos、size 和 name 与 wx.StaticText 构造函数相同，重点看一下其他参数。

☑ style：单行 wx.TextCtrl 的样式，取值及说明如下。

➤ wx.TE_CENTER：控件中的文本居中。

➤ wx.TE_LEFT：控件中的文本左对齐。默认行为。

➤ wx.TE_NOHIDESEL：文本始终高亮显示，只适用于 Windows。

➤ wx.TE_PASSWORD：不显示所键入的文本，以星号（*）代替显示。

➤ wx.TE_PROCESS_ENTER：如果使用该参数，那么当用户在控件内按下 <Enter> 键时，一个文本输入事件将被触发；否则，按键事件内在的由该文本控件或该对话框管理。

➤ wx.TE_PROCESS_TAB：如果指定了这个样式，那么通常的字符事件在 <Tab> 键按下时创建（一般意味着一个制表符将被插入文本）；否则，<Tab> 键由对话框来管理，通常是控件间的切换。

➤ wx.TE_READONLY：文本控件为只读，用户不能修改其中的文本。

➤ wx.TE_RIGHT：控件中的文本右对齐。

☑ value：显示在该控件中的初始文本。

☑ validator：常用于过滤数据以确保只能键入要接受的数据。

示例：使用 wx.TextCtrl 类实现登录界面。使用 wx.TextCtrl 类和 wx.StaticText 类实现一个包含用户名和密码的登录界面。具体代码如下：

（源码位置：资源包 \MR\Code\18\05）

```
01  # -*- coding:utf-8 -*-
02  import wx
03  class MyFrame(wx.Frame):
04      def __init__(self,parent,id):
05          wx.Frame.__init__(self, parent,id, title=" 创建 TextCtrl 类 ",size=(400, 300))
06          # 创建面板
07          panel = wx.Panel(self)
08          # 创建文本和输入框
09          self.title = wx.StaticText(panel ,label=" 请输入用户名和密码 ",pos=(140,20))
10          self.label_user = wx.StaticText(panel,label=" 用户名 :",pos=(50,50) )
11          self.text_user = wx.TextCtrl(panel,pos=(100,50),size=(235,25),style=wx.TE_LEFT)
12          self.label_pwd = wx.StaticText(panel,pos=(50,90),label=" 密码 :")
13          self.text_password = wx.TextCtrl(panel,pos=(100,90),size=(235,25),style=wx.TE_PASSWORD)
14
15  if __name__ == '__main__':
16      app = wx.App()                              # 初始化应用
17      frame = MyFrame(parent=None,id=-1)          # 实例 MyFrame 类，并传递参数
18      frame.Show()                                # 显示窗口
19      app.MainLoop()                              # 调用主循环方法
```

上述代码中，使用 wx.TextCtrl 类生成用户名，并且设置控件中的文本左对齐。使用 wx.TextCtrl 类生成密码，并且设置文本用星号代替。运行结果如图 18.7 所示。

（3）Button 按钮类

按钮是 GUI 界面中应用最为广泛的控件，它常用于捕获用户生成的单击事件，其最明显的用途是触发绑定到一个处理函数。

wxPython 类库提供不同类型的按钮。其中最简单且常用的是 wx.Button 类。wx.Button 类的构造函数如下所示：

图 18.7　生成用户名和密码文本框

```
wx.Button(parent, id, label, pos, size=wxDefaultSize, style=0, validator, name="button")
```

wx.Button 类的参数与 wx.TextCtrl 类的参数基本相同，其中参数 label 是显示在按钮上的文本。

示例：为登录界面添加"确认"和"取消"按钮。使用 wx.Button，在前一个示例的基础上添加"确认"和"取消"按钮。具体代码如下：

（源码位置：资源包 \MR\Code\18\06）

```
01  # -*- coding:utf-8 -*-
02  import wx
03  class MyFrame(wx.Frame):
04      def __init__(self,parent,id):
05          wx.Frame.__init__(self, parent,id, title=" 创建 TextCtrl 类 ",size=(400, 300))
06          # 创建面板
07          panel = wx.Panel(self)
08          # 创建文本和密码输入框
09          self.title = wx.StaticText(panel ,label=" 请输入用户名和密码 ",pos=(140,20))
10          self.label_user = wx.StaticText(panel,label=" 用户名 :",pos=(50,50) )
11          self.text_user = wx.TextCtrl(panel,pos=(100,50),size=(235,25),style=wx.TE_LEFT)
12          self.label_pwd = wx.StaticText(panel,pos=(50,90),label=" 密码 :")
13          self.text_password = wx.TextCtrl(panel,pos=(100,90),size=(235,25),style=wx.TE_PASSWORD)
14          # 创建 " 确定 " 和 " 取消 " 按钮
15          self.bt_confirm = wx.Button(panel,label=' 确定 ',pos=(105,130))
16          self.bt_cancel  = wx.Button(panel,label=' 取消 ',pos=(195,130))
17
18  if __name__ == '__main__':
19      app = wx.App()                          # 初始化
20      frame = MyFrame(parent=None,id=-1)      # 实例 MyFrame 类，并传递参数
21      frame.Show()                            # 显示窗口
22      app.MainLoop()                          # 调用主循环方法
```

运行结果如图 18.8 所示。

18.2.6　BoxSizer 布局

在前面的例子中，使用了文本和按钮等控件，并将这些控件通过 pos 参数布置在 pannel 画板上。虽然这种设置坐标的方式很容易理解，但是过程很麻烦。此外，控件的几何位置是绝对位置，也就是固定的。当调整窗口大小时，界面会变得不美观。在 wxPython 中有一种更智能的布局方式——sizer（尺寸器）。sizer 是用于自动布局一组窗口

图 18.8　添加按钮的登录界面

控件的算法。sizer 被附加到一个容器中，通常是一个框架或面板。在父容器中创建的子窗口控件必须被分别添加到 sizer 中。当 sizer 被附加到容器时，它随后就可以管理它所包含的子布局。

wxPython 提供了 5 个 sizer，定义在表 18.2 中。

（1）什么是 BoxSizer

BoxSizer 是 wxPython 所提供的 sizer 中最简单和最灵活的。一个 BoxSizer 是一个垂直列或水平行，窗口部件在其中从左至右或从上到下布置在一条线上。虽然这听起来好像用处不大，但是相互之间嵌套 sizer，能够在每行或每列很容易放置不同数量的项目。由于每个 sizer 都是一个独立的实体，因此布局就有了更多的灵活性。对于大多数的应用程序而言，一个嵌套有水平 sizer 的垂直 sizer 将能创建所需要的布局。

表 18.2　wxPython 的 sizer 说明及描述

sizer 名称	描述
BoxSizer	在一条水平或垂直线上的窗口部件的布局。当尺寸改变时，控制窗口部件的行为时很灵活。通常用于嵌套的样式。可用于几乎任何类型的布局
GridSizer	一个十分基础的网格布局。当要放置的窗口部件都是同样的尺寸且整齐地放入一个规则的网格中时可以使用它
FlexGridSizer	对 GridSizer 稍微做了些改变，当窗口部件有不同的尺寸时，可以有更好的结果
GridBagSizer	GridSizer 系列中最灵活的成员。使得网格中的窗口部件可以更随意地放置
StaticBoxSizer	一个标准的 Box Sizer。带有标题和环线

（2）使用 BoxSizer 布局

尺寸器会管理组件的尺寸。只要将部件添加到尺寸器上，再加上一些布局参数，然后让尺寸器自己去管理父组件的尺寸。下面使用 BoxSizer 实现简单的布局。代码如下：

（源码位置：资源包 \MR\Code\18\07 ）

```
01  # -*- coding:utf-8 -*-
02  import wx
03  class MyFrame(wx.Frame):
04      def __init__(self, parent, id):
05          wx.Frame.__init__(self, parent, id, '用户登录', size = (400, 300))
06          # 创建面板
07          panel = wx.Panel(self)
08          self.title = wx.StaticText(panel ,label="请输入用户名和密码")
09          # 添加容器，容器中的控件按纵向排列
10          vsizer = wx.BoxSizer(wx.VERTICAL)
11          vsizer.Add(self.title,proportion=0,flag=wx.BOTTOM|wx.TOP|wx.ALIGN_CENTER, border = 15)
12          panel.SetSizer(vsizer)
13  if __name__ == '__main__':
14      app = wx.App()                              # 初始化
15      frame = MyFrame(parent=None,id=-1)          # 实例 MyFrame 类，并传递参数
16      frame.Show()                                # 显示窗口
17      app.MainLoop()                              # 调用主循环方法
```

运行结果如图 18.9 所示。

上述代码中，设置了增加背景控件（wx.Panel），并创建了一个 wx.BoxSizer，它带有一个决定其是水平还是垂直的参数 (wx.HORIZONTAL 或者 wx.VERTICAL)，默认为水平。然后使用 Add() 方法将控件加入 sizer，最后使用面板的 SetSizer() 方法设定它的尺寸器。

Add() 方法的语法格式如下：

图 18.9　BoxSizer 基本布局

```
Box.Add(control, proportion, flag, border)
```

参数说明：

☑　control：要添加的控件。

☑　proportion：所添加控件在定义的定位方式所代表的方向上占据的空间比例。如果有三个按钮，它们的比例值分别为 0、1 和 2，它们都已添加到一个宽度为 30 的水平排列 wx.BoxSizer 中，起始宽度都是 10。当 sizer 的宽度从 30 变成 60 时，按钮 1 的宽度保持不变，仍然是 10，按钮 2 的宽度约为 [10+(60−30)×1/(1+2)]=30，按钮 2 约为 20。

☑ flag：flag 参数与 border 参数结合使用可以指定边距宽度，包括以下选项。

➢ wx.LEFT：左边距。

➢ wx.RIGHT：右边距。

➢ wx.BOTTOM：下边距。

➢ wx.TOP：上边距。

➢ wx.ALL：上下左右 4 个边距。

可以通过竖线"|"操作符（operator），来联合使用这些标志，比如"wx.LEFT | wx.BOTTOM"。此外，flag 参数还可以与 proportion 参数结合，指定控件本身的对齐（排列）方式，包括以下选项。

➢ wx.ALIGN_LEFT：左边对齐。

➢ wx.ALIGN_RIGHT：右边对齐。

➢ wx.ALIGN_TOP：顶部对齐。

➢ wx.ALIGN_BOTTOM：底边对齐。

➢ wx.ALIGN_CENTER_VERTICAL：垂直对齐。

➢ wx.ALIGN_CENTER_HORIZONTAL：水平对齐。

➢ wx.ALIGN_CENTER：居中对齐。

➢ wx.EXPAND：所添加控件将占有 sizer 定位方向上所有可用的空间。

☑ border：控制所添加控件的边距，就是在部件之间添加一些像素的空白。

示例：使用 BoxSizer 设置登录界面布局。使用 BoxSizer 布局方式，实现图 18.8 的界面布局效果。具体代码如下：

（源码位置：资源包 \MR\Code\18\08 ）

```
01  # -*- coding:utf-8 -*-
02  import wx
03
04  class MyFrame(wx.Frame):
05      def __init__(self, parent, id):
06          wx.Frame.__init__(self, parent, id, '用户登录', size=(400, 300))
07          # 创建面板
08          panel = wx.Panel(self)
09
10          # 创建"确定"和"取消"按钮，并绑定事件
11          self.bt_confirm = wx.Button(panel, label='确定')
12          self.bt_cancel = wx.Button(panel, label='取消')
13          # 创建文本，左对齐
14          self.title = wx.StaticText(panel, label="请输入用户名和密码")
15          self.label_user = wx.StaticText(panel, label="用户名:")
16          self.text_user = wx.TextCtrl(panel, style=wx.TE_LEFT)
17          self.label_pwd = wx.StaticText(panel, label="密码:")
18          self.text_password = wx.TextCtrl(panel, style=wx.TE_PASSWORD)
19          # 添加容器，容器中控件横向排列
20          hsizer_user = wx.BoxSizer(wx.HORIZONTAL)
21          hsizer_user.Add(self.label_user, proportion=0, flag=wx.ALL, border=5)
22          hsizer_user.Add(self.text_user, proportion=1, flag=wx.ALL, border=5)
23          hsizer_pwd = wx.BoxSizer(wx.HORIZONTAL)
24          hsizer_pwd.Add(self.label_pwd, proportion=0, flag=wx.ALL, border=5)
25          hsizer_pwd.Add(self.text_password, proportion=1, flag=wx.ALL, border=5)
26          hsizer_button = wx.BoxSizer(wx.HORIZONTAL)
27          hsizer_button.Add(self.bt_confirm, proportion=0, flag=wx.ALIGN_CENTER, border=5)
28          hsizer_button.Add(self.bt_cancel, proportion=0, flag=wx.ALIGN_CENTER, border=5)
29          # 添加容器，容器中控件纵向排列
```

18

```
30          vsizer_all = wx.BoxSizer(wx.VERTICAL)
31          vsizer_all.Add(self.title, proportion=0, flag=wx.BOTTOM | wx.TOP | wx.ALIGN_CENTER,
32                      border=15)
33          vsizer_all.Add(hsizer_user, proportion=0, flag=wx.EXPAND | wx.LEFT | wx.RIGHT, border=45)
34          vsizer_all.Add(hsizer_pwd, proportion=0, flag=wx.EXPAND | wx.LEFT | wx.RIGHT, border=45)
35          vsizer_all.Add(hsizer_button, proportion=0, flag=wx.ALIGN_CENTER | wx.TOP, border=15)
36          panel.SetSizer(vsizer_all)
37
38  if __name__ == '__main__':
39      app = wx.App()                              # 初始化
40      frame = MyFrame(parent=None,id=-1)          # 实例化 MyFrame 类，并传递参数
41      frame.Show()                                # 显示窗口
42      app.MainLoop()                              # 调用主循环方法
```

在上述代码中，首先创建按钮和文本控件，然后将其添加到容器中，并且设置横向排列。接着设置纵向排列。在布局的过程中，通过设置每个控件的 flag 和 border 参数，实现控件位置间的布局。至此，使用 BoxSizer 将绝对位置布局更改为相对位置布局，运行结果如图 18.10 所示。

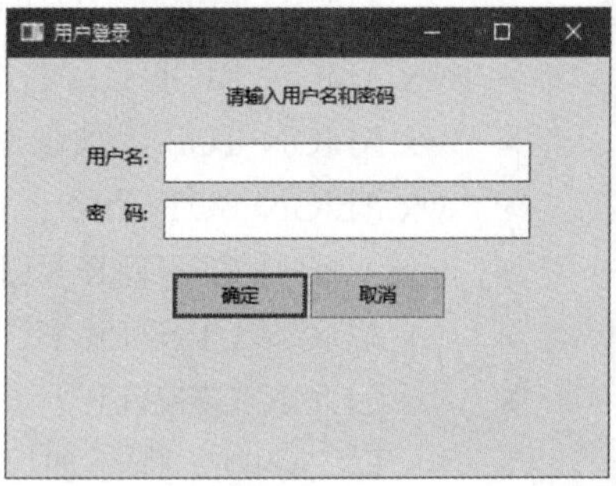

图 18.10　使用 BoxSizer 布局登录界面

18.2.7　事件处理

（1）什么是事件

完成布局以后，接下来就是输入用户名和密码。当单击"确定"按钮时，检验输入的用户名和密码是否正确，并输出相应的提示信息。当单击"取消"按钮时，清空已经输入的用户名和密码。要实现这样的功能，就需要使用 wxPython 的事件处理。

那么什么是事件呢？用户执行的动作就叫作事件 (event)，比如单击按钮，就是一个单击事件。

（2）绑定事件

当发生一个事件时，需要让程序注意这些事件并且做出反应。这时，可以将函数绑定到所涉及事件可能发生的控件上。当事件发生时，函数就会被调用。利用控件的 Bind() 方法可以将事件处理函数绑定到给定的事件上。例如，为"确定"按钮添加一个单击事件，代码如下：

```
bt_confirm.Bind(wx.EVT_BUTTON,OnclickSubmit)
```

参数说明：

☑　wx.EVT_BUTTON：事件类型为按钮类型。在 wxPython 中有很多 wx.EVT_ 开头的事件类型，例如，类型 wx.EVT_MOTION 产生于用户移动鼠标；类型 wx.ENTER_WINDOW 和 wx.LEAVE_WINDOW 产生于当鼠标进入或离开一个窗口控件；类型 wx.EVT_MOUSEWHEEL 被绑定到鼠标滚轮的活动。

☑　OnclickSubmit：方法名。事件发生时执行该方法。

示例：使用事件判断用户登录。在上一示例的基础上，分别为"确定"和"取消"按钮添加单击事件。当用户输入用户名和密码后，单击"确定"按钮，如果输入的用户名为"mr"，且密码为"mrsoft"，则弹出对话框提示"登录成功"，否则提示"用户名和密码不匹配"。当用户单击"取消"按钮时，清空用户输入的用户名和密码。关键代码如下：

18

（源码位置：资源包 \MR\Code\18\09）

```
01 # -*- coding:utf-8 -*-
02 import wx
03
04 class MyFrame(wx.Frame):
05     def __init__(self, parent, id):
06         wx.Frame.__init__(self, parent, id, '用户登录', size=(400, 300))
07         # 创建面板
08         panel = wx.Panel(self)
09
10         # 创建"确定"和"取消"按钮，并绑定事件
11         self.bt_confirm = wx.Button(panel, label='确定')
12         self.bt_confirm.Bind(wx.EVT_BUTTON,self.OnclickSubmit)
13         self.bt_cancel = wx.Button(panel, label='取消')
14         self.bt_cancel.Bind(wx.EVT_BUTTON,self.OnclickCancel)
15         # ... 省略其余代码
16
17     def OnclickSubmit(self,event):
18         """ 单击"确定"按钮，执行方法 """
19         message = ""
20         username = self.text_user.GetValue()        # 获取输入的用户名
21         password = self.text_password.GetValue()    # 获取输入的密码
22         if username == ""or password == "":          # 判断用户名或密码是否为空
23             message = '用户名或密码不能为空'
24         elif username =='mr'and password =='mrsoft': # 用户名和密码正确
25             message = '登录成功'
26         else:
27             message = '用户名和密码不匹配'           # 用户名或密码错误
28         wx.MessageBox(message)                      # 弹出提示框
29
30     def OnclickCancel(self,event):
31         """ 单击"取消"按钮，执行方法 """
32         self.text_user.SetValue("")                 # 清空输入的用户名
33         self.text_password.SetValue("")             # 清空输入的密码
34
35 if __name__ == '__main__':
36     app = wx.App()                                  # 初始化应用
37     frame = MyFrame(parent=None, id=-1)             # 实例 MyFrame 类，并传递参数
38     frame.Show()                                    # 显示窗口
39     app.MainLoop()                                  # 调用主循环方法
```

上述代码中，分别使用 bind() 函数为 bt_confirm 和 bt_cancel 绑定了单击事件，单击"确定"按钮时，执行 OnclickSubmit() 方法判断用户名和密码是否正确，然后使用 wx.MessageBox() 方法弹出提示框。单击"取消"按钮时，执行 OnclickCancel() 方法清空输入的用户名和密码。用户名和密码正确运行结果如图 18.11，否则运行结果如图 18.12 所示。

图 18.11　用户名和密码正确

图 18.12　用户名或密码错误

18.3 PyQt 框架的使用

Python 起初是一门开发脚本的语言，并不支持 GUI 的功能，几乎都是通过控制台来运行程序的。但是由于 Python 具有非常好的扩展性能，因此现在已经有很多的 GUI 模块可以在 Python 中使用了。自从 Qt 被移植到 Python 中当作框架使用后，已经发布了多个版本，如 PyQt3、PyQt4 以及目前的 PyQt5。

18.3.1 安装 PyQt

Qt 是 Python 开发窗体的工具之一，它不仅与 Python 有着良好的兼容性，还可以通过可视化拖拽的方式进行窗体的创建，提高开发人员的开发效率，因此受到开发人员的喜爱。Qt 工具分别支持 Windows、Linux、Mac OS X 三种操作系统，读者在官方网站中下载对应的系统版本即可。

Qt 工具安装完成以后，还需要在 Python 中安装 PyQt5 模块。PyQt5 模块有两种安装方式，一种是直接在 PyQt5 的官方网站中下载最新的源码进行编译安装，另一种是使用 pip install 的方式进行在线安装，推荐使用后者。使用 pip install pyqt5 的安装方式如图 18.13 所示。

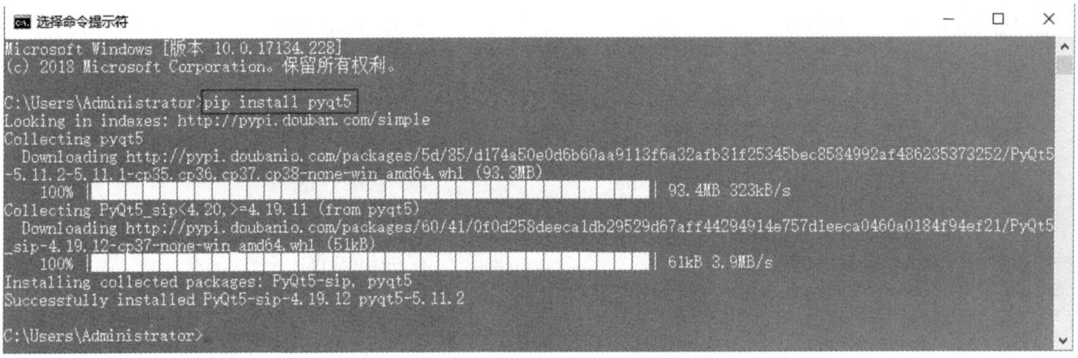

图 18.13　安装 PyQt5 模块

18.3.2 使用第三方开发工具

由于 Qt 在创建窗体项目时会自动生成后缀名为 .ui 的文件，该文件需要转换为 .py 文件后才可以被 Python 识别，所有需要为 Qt 与 PyCharm 开发工具进行配置，具体步骤如下：

① 确保 Python、Qt 与 PyCharm 开发工具安装完成后，打开 PyCharm 开发工具，在欢迎界面中依次单击"Configure"→"Settings"菜单项，如图 18.14 所示。

② 打开设置界面后，首先选择"Project Interpreter"选项，然后在右侧的列表中选择"Show All…"，如图 18.15 所示。然后将弹出如图 18.16 所示的窗口，在该窗口中选择（添加图标）。

③ 在弹出的窗口中选择"System Interpreter"选项，然后在右侧的下拉列表中默认选择 Python 对应版本的安装路径，单击"OK"按钮即可，如图 18.17 所示。然后在返回的窗口中直接单击"OK"按钮，如图 18.18 所示。

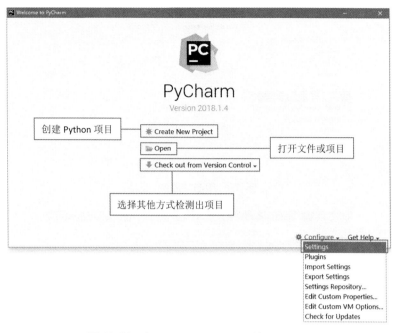

图 18.14　打开 PyCharm 工具的设置界面

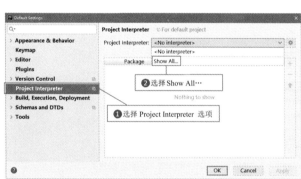

图 18.15　设置界面

图 18.16　添加 Python 编译版本

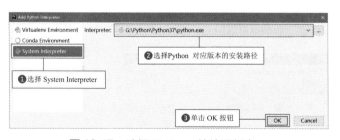

图 18.17　选择 Python 的编译版本

图 18.18　确认 Python 的编译版本

④ 确认了 Python 的编译版本后，在返回的窗口中选择右侧的添加按钮 "+"，如图 18.19 所示。然后在弹出的窗口中添加 PyQt5 模块包，单击 "Install Package" 按钮如图 18.20 所示。

⑤ PyQt5 模块包安装完成后返回如图 18.21 所示的设置窗口，在该窗口中依次单击 "Tools" → "External Tools" 选项，然后在右侧单击添加按钮 "+" 如图 18.22 所示。

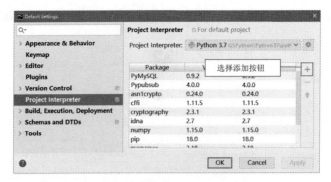

图 18.19　单击"添加"按钮

图 18.20　安装 PyQt5 模块包

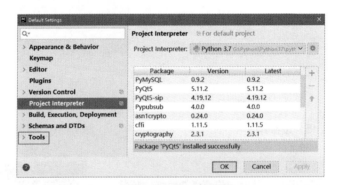

图 18.21　返回设置窗口

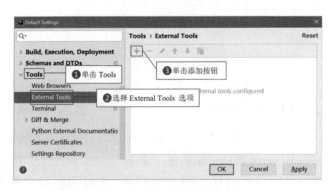

图 18.22　添加外部工具

⑥ 在弹出的窗口中添加启动 Qt Designer 的快捷工具，首先在"Name："所对应的编辑框中填写工具名称为"Qt Designer"，然后在"Program："所对应的编辑框中填写 Qt 开发工具的安装路径，最后在"Working directory:"所对应的编辑框中填写"$ProjectFileDir$"，该值代表项目文件目录，单击"OK"按钮即可，如图 18.23 所示。

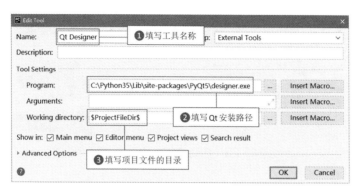

图 18.23　添加启动 Qt Designer 的快捷工具

 注意

> 在"Program："所对应的编辑框中填写自己的 Qt 开发工具安装路径，记得尾部需要填写"designer.exe"。

⑦ 根据步骤⑤与步骤⑥的操作方法，添加将 Qt 生成的 .ui 文件转换为 .py 文件的快捷工具，在"Name："所对应的编辑框中填写工具名称为 PyUIC，然后在"Program："所对应的编辑框中填写 Python 的安装路径，再在"Arguments:"所对应的编辑框中填写将 .ui 文件转换为 .py 文件的 Python 代码（-m PyQt5.uic.pyuic $FileName$ -o $FileNameWithoutExtension$.py），在"Working directory:"所对应的编辑框中填写"$FileDir$"，该值为文件目录，单击"OK"按钮即可，如图 18.24 所示。

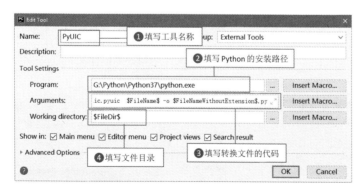

图 18.24　添加将 Qt 生成的 .ui 文件转换为 .py 文件的快捷工具

 注意

> 在"Program："所对应的编辑框中填写自己的 Python 安装路径，记得尾部需要填写"python.exe"。

18.3.3　创建主窗体

① 由于在上一小节中已经将 Python、Qt 与 PyCharm 三个开发工具进行了环境配置，所以创建窗体时只需要启动 PyCharm 开发工具，然后在顶部的菜单栏中依次单击 Tools → External Tools → Qt Designer 菜单项，如图 18.25 所示。

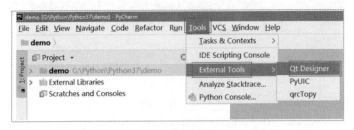

图 18.25　启动 Qt Designer 工具

📖 说明

Qt Designer 是 Qt 工具中的设计师，通过可视化的方式进行程序窗体的设计。通过该工具设计后的窗体文件后缀名为 .ui，所以需要通过在 18.2.2 小节中添加的 PyUIC 工具，将后缀名为 .ui 的文件转换为 .py 的文件。

② 单击 Qt Designer 快捷工具后，Qt 的窗口编辑工具将自动打开，并且会自动弹出一个新建窗体的窗口，在该窗口中选择一个主窗体的模板，这里选择"Main Window"菜单项，然后单击"创建"按钮即可，如图 18.26 所示。

③ 主窗体创建完成后，自动进入到"Qt Designer"设计界面，顶部区域是菜单栏与菜单快捷选项，左侧区域是各种控件与布局，中间的区域为编辑区域，该区域可以将控件拖曳至此处，也可以预览窗体的设计效果。右侧上方是对象查看器，此处列出所有控件以及彼此所属的关系层。右侧中间的位置是属性编辑器，此处可以设置控件的各种属性。右侧底部的位置分别为信号/槽编辑器、动作编辑器以及资源浏览器，具体位置与功能如图 18.27 所示。

图 18.26　选择主窗体模板

图 18.27　Qt Designer 的设计界面

④ 向下拖动左侧的控件与布局列表，然后向编辑区域的主窗体中拖入 1 个 Lable 控件，修改需要显示的文字，如图 18.28 所示。

⑤ 快捷键 <Ctrl+S> 保存已经创建的主窗体文件，并将该文件名称修改为 window.ui，然后使用 PyCharm 开发工具创建 1 个 Demo 项目，再将 window.ui 文件复制至该项目当中，鼠标左键选中 window.ui 文件然后单击右键菜单，依次选择 External Tools → PyUIC 选项，将在 Demo 项目的目录中自动添加 window.py 文件，如图 18.29 所示。

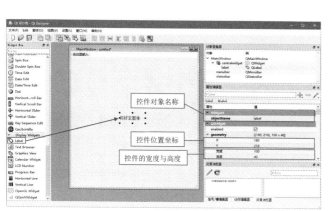

图 18.28　向主窗体拖入控件

图 18.29　转换 window.py 文件

⑥ 打开 window.py 文件，导入 sys 模块，然后在代码块的最外层创建 show_MainWindow() 方法，该方法用于显示窗体。关键代码如下：

（源码位置：资源包 \MR\Code\18\10 ）

```
01  import sys                                    # 导入系统模块
02  def show_MainWindow():
03      app = QtWidgets.QApplication(sys.argv)    # 实例化 QApplication 类，作为 GUI 主程序入口
04      MainWindow = QtWidgets.QMainWindow()      # 创建 MainWindow
05      ui = Ui_MainWindow()                      # 实例 UI 类
06      ui.setupUi(MainWindow)                    # 设置窗体 UI
07      MainWindow.show()                         # 显示窗体
08      sys.exit(app.exec_())                     # 当窗口创建完成，需要结束主循环过程
```

⑦ 在代码块的最外层模拟 Python 的程序入口，然后调用显示窗体的 show_MainWindow() 方法。关键代码如下：

```
01  if __name__ == "__main__":
02      show_MainWindow()
```

在该文件中右键菜单中单击 Run 'Window' 将显示主窗体界面，如图 18.30 所示。

图 18.30　显示主窗体

 说明

　　Lable 控件可以作为一个占位符，显示不可编辑的文本或图片，其次如果将 ui 文件转换为 py 文件时，Lable 控件所对应的类为 QLabel，其他控件也是如此。

18.3.4　常用控件

（1）QLineEdit 文本框

QLineEdit 是单行文本框，该控件只能输入单行字符串。QLineEdit 控件还有 1 个"兄弟"是 QTextEdit 控件，它是多行文本框，可以输入多行字符串。QLineEdit 的常用方法如表 18.3 所示。

表 18.3　**QLineEdit 的常用方法及描述**

方法名称	描述
setText()	设置文本框内显示的内容
text()	获取文本框内容
setPlaceholderText()	设置文本框浮显文字
setMaxLength()	设置允许文本框内输入字符的最大长度
setEchoMode()	设置文本框显示字符的模式。有以下 4 种模式： ① QLineEdit.Normal。显示输入的字符，这是默认设置 ② QLineEdit.NoEcho。不显示任何输入的字符，适用于即使密码长也需要保密的密码 ③ QLineEdit.Password。显示与平台相关的密码掩码字符，而不是实际输入的字符 ④ QLineEdit.PasswordEchoOnEdit。在编辑时显示字符，失去焦点后显示密码掩码字符
clear()	清除文本框内容

示例：QLineEdit 控件实现登录界面

（源码位置：资源包 \MR\Code\18\11）

使用 QLabel 与 QLineEdit 单行文本框控件，实现一个包含用户名和密码的登录界面。具体步骤如下：

① 打开 Qt Designer 工具，根据需求，在控件与布局的列表中向主窗体拖入两个 Label 控件与两个 LineEdit 控件，然后为 Label 控件修改需要显示的文字，如图 18.31 所示。

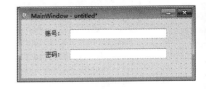

图 18.31　**控件摆放的位置**

② 选中主窗体的空白处，然后在右侧的属性编辑器中，找到 windowTitle 属性并将标题名称修改为 "QLineEdit 单行文本框"，如图 18.32 所示。

③ 分别选中显示"账号"与"密码"的 Label 控件，然后在右侧的属性编辑器中，找到 font 属性并将"点大小（字体大小）"值修改为"12"，如图 18.33 所示。

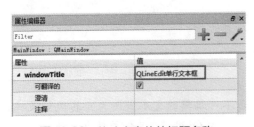

图 18.32　**修改主窗体的标题名称**

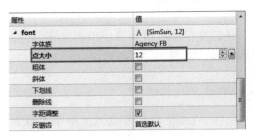

图 18.33　**修改字体大小**

④ 分别选中需要输入"账号"与"密码"的 QLineEdit 单行文本框，然后在右侧的属性编辑器中，找到 placeholderText 属性，并将值（浮显文字）修改为"请输入账号"与"请输入密码"，如图 18.34 所示。

图 18.34　为 QLineEdit 控件设置浮显文字

⑤ 选中输入密码的 QLineEdit 控件，然后在右侧的属性编辑器中，找到 echoMode 属性，并将值（显示字符的模式）修改为"Password"，如图 18.35 所示。

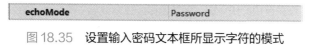

图 18.35　设置输入密码文本框所显示字符的模式

⑥ 保存设计窗体的 .ui 文件，然后将 .ui 文件转换为 .py 文件，导入 sys 模块，再添加显示主窗体的 show_MainWindow() 方法，最后在程序的入口调用该方法，运行程序后，主窗体默认显示如图 18.36 所示，然后分别输入账号与密码后将显示如图 18.37 所示的效果。

图 18.36　主窗体默认效果　　　　图 18.37　输入账号与密码后的效果

QTextEdit 多行文本框控件，可以显示多行的文本内容，当文本内容超出控件的显示范围时，该控件将显示垂直滚动条。QTextEdit 控件不仅可以显示文本内容，还可以显示 HTML 文档信息。

QTextEdit 的常用方法如表 18.4 所示。

表 18.4　QTextEdit 的常用方法及描述

方法名称	描述
setPlainText()	设置文本内容
toPlainText()	获取文本内容
setTextColor()	设置文本颜色，例如，红色可以将参数设置为 QtGui.QColor(255,0,0)
setTextBackgroundColor()	设置文本的背景颜色，颜色参数与 setTextColor() 相同
setHtml()	设置 HTML 文档内容
toHtml()	获取 HTML 文档内容
wordWrapMode()	设置自动换行
clear()	清除所有内容

（2）QPushButton 按钮控件

QPushButton 是 PyQt 中最普通也是最常用的按钮之一，QPushButton 的常用方法如表 18.5 所示。

表 18.5　QPushButton 的常用方法及描述

方法名称	描述
setText()	设置按钮所显示的文本
text()	获取按钮所显示的文本
setIcon()	设置按钮上的图标，可以将参数设置为 QtGui.QIcon (' 图标路径 ')
setIconSize()	设置按钮图标的大小，参数可以设置为 QtCore.QSize(int width，int height)
setEnabled()	设置按钮是否可用，参数设置为 False 时，按钮为不可用状态
setShortcut()	设置按钮的快捷键，参数可以设置为键盘中的按键或组合键，例如 "'Alt+0'"

如果需要 QPushButton 控件实现 1 个单击效果的时候，可以使用以下的代码：

```
01  # 参数中的 self.click 为单击事件所触发的方法名称
02  self.pushButton.clicked.connect(self.click)
```

（3）QRadioButton 单选按钮

QRadioButton 也是按钮的一种，多数用于实现"二选一"或"多选一"的选择现象。QRadioButton 的常用方法如表 18.6 所示。

表 18.6　QRadioButton 单选按钮的常用方法

方法名称	描述
setText()	设置单选按钮显示的文本
text()	获取单选按钮显示的文本
setChecked()	设置单选按钮是否为选中状态，True 为选中状态
isChecked()	返回单选按钮的状态，True 为选中状态，False 为未选中状态

如果需要实现监测单选按钮的选中状态时，可以使用以下的代码：

（源码位置：资源包 \MR\Code\18\12）

```
01    # 设置单选按钮的选中事件方法
02    self.radioButton.toggled.connect(lambda :self.button_state(self.radioButton))
03    self.radioButton_2.toggled.connect(lambda :self.button_state(self.radioButton_2))
04
05  def button_state(self,button):
06      if button.text()=='RadioButton1':          # 判断单选按钮的名称
07          if button.isChecked() == True:          # 判断单选按钮是否被选中
08              print(button.text()+' 已选中！ ')
09          else:
10              print(button.text()+' 未选中！ ')
11
12      if button.text()=='RadioButton2':          # 判断单选按钮的名称
13          if button.isChecked() == True:          # 判断单选按钮是否被选中
14              print(button.text()+' 已选中！ ')
15          else:
16              print(button.text()+' 未选中！ ')
```

18.3.5　布局管理

Qt Designer 工具提供了 4 种布局方式，分别为 Vertical Layout（垂直布局）、Horizontal Layout（水平布局）、Grid Layout（网格布局）以及 Form Layout（表单布局）。它们都位于 Qt Designer 工具中左侧的列表，如图 18.38 所示。

☑　垂直布局：控件按照从上至下的顺序显示控件。

☑　水平布局：控件按照从左至右的顺序显示控件。

☑　网格布局：将控件放入网格之中，然后将控件合理地分成若干行（row）与列（column），再将每一个控件放置在合适的单元（cell）中。

☑　表单布局：控件是以两列的方式布局在表单中，左列包括标签，右列包括输入控件。

图 18.38　布局列表

（1）通过布局管理器布局

打开 Qt Designer 工具，从左侧的控件列表中向主窗体拖入 Label 与 LineEdit 控件，然后按住 <Ctrl+ 鼠标左键 >，选中以上两个控件，选中后单击鼠标右键，在菜单中依次选择"布局"→"水平布局"菜单项，如图 18.39 所示。

选择了水平布局以后，控件在主窗体中将自动按照从左至右的顺序显示控件，如果需要调换控件的位置，选中控件拖至需要调换的位置即可，如图 18.40 所示。

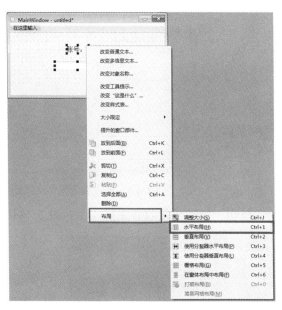

图 18.39　选择控件的布局方式

图 18.40　水平布局控件位置

 说明

根据以上的操作方式，在布局菜单中选择其他的布局方式即可。

（2）绝对布局

最简单的布局方式就是绝对布局，在 Qt Designer 工具中右侧的属性编辑器中，通过 geometry 属性来设置控件的位置与大小，以图 18.40 中的 Label 控件为例，该控件的 geometry

属性值如图 18.41 所示。

在图 18.41 中，X 所对应的值 100，表示以控件左上角为原点，横向距离主窗体左边框 100px（像素）。Y 所对应的值 51，表示以控件左上角为原点，纵向距离主窗体顶部边框 51px（像素）。如图 18.42 所示。

▲ geometry	[(100, 51), 48 x 16]
X	100
Y	51
宽度	48
高度	16

图 18.41　设置控件的 geometry 属性

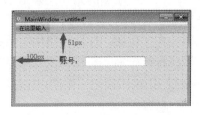

图 18.42　控件的原点与位置

📑 **说明**

> 图 18.41 中宽度值所对应的是控件的宽度，高度值所对应的是控件的高度。

18.3.6　信号与槽的关联

信号（signal）与槽（slot）是 Qt 中非常重要的一部分，通过信号和槽的关联就可以实现对象之间的通信。当信号发射（emit）时，连接的槽函数（方法）将会自动执行。

（1）编辑信号 / 槽

例如，通过信号（signal）与槽（slot）实现一个单击按钮来关闭主窗体的运行效果，具体操作步骤如下：

① 打开 Qt Designer 工具，然后在左侧的列表中找到 PushButton 控件，将该控件拖入到主窗体中，然后修改需要显示的文字"单击关闭窗体"，如图 18.43 所示。

② 在顶部工具栏中，选中"编辑信号 / 槽"

图 18.43　拖入关闭窗体的按钮

的选项，然后鼠标左键按住"单击关闭窗体"按钮，拖动至接收者主窗体，如图 18.44 所示。

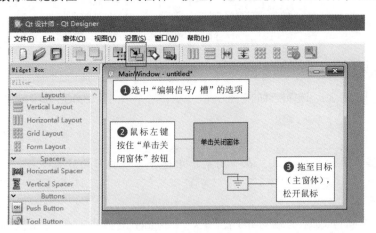

图 18.44　编辑信号 / 槽

③ 拖至主窗体，松开鼠标后，将自动弹出"配置连接"对话框，然后勾选"显示从 QWidget 继承的信号和槽"菜单项，再一次选中"clicked()"→"close()"菜单项，最后单击"OK"按钮，如图 18.45 所示。

图 18.45　设置信息与槽

📖 说明

> 在步骤③中，选中的 clicked() 是按钮的信号，然后选中的 close() 是槽函数（方法）。工作逻辑是，单击窗体中的按钮时发射 clicked 信号，该信号被主窗体的槽函数（方法）close() 所捕获，并触发了关闭主窗体的行为。

将 .ui 文件保存，然后转换为 .py 文件，转换后实现单击按钮关闭窗体的关键代码如下：

```
self.pushButton.clicked.connect(MainWindow.close)
```

（2）信号 / 槽编辑器

除了在顶部工具栏中，选中"编辑信号 / 槽"的选项以外，还可以在右下角的"信号 / 槽编辑器"中进行设置。在"信号 / 槽编辑器"中，单击"添加"按钮，以上一节实现的效果为例，鼠标左键双击"发送者"，选择"pushButton"控件，然后在"信号"中选择"clicked()"，在"接收者"中选择"MainWindow"，最后在"槽"中选择"close()"，如图 18.46 所示。

图 18.46　信号 / 槽编辑器

将 .ui 文件保存，然后转换为 .py 文件，转换后实现单击按钮关闭窗体的关键代码如下：

```
self.pushButton.clicked.connect(MainWindow.close)
```

18.3.7　资源文件的使用

（1）Qt Designer 加载资源文件

在 Qt Designer 工具中设计程序界面时，是不可以直接使用图片和图标等资源的，而是需要通过资源浏览器添加图片或图标等资源，具体步骤如下：

① 在 Python 的项目路径中创建一个名称为"images"的文件夹，然后将需要测试的图片保存在该文件夹中，打开 Qt Designer 工具，在右下角的资源浏览器中单击"编辑资源"按钮，如图 18.47 所示。

② 在弹出的"编辑资源"对话框中，单击左下角的第一个按钮"新建资源文件"，如图 18.48 所示。

图 18.47　单击"编辑资源"按钮

图 18.48　单击"新建资源文件"按钮

③ 在"新建资源文件"的对话中，首先选择该资源文件保存的路径为当前 Python 的项目路径，然后设置文件名称为"img"，保存类型为"资源文件（*.qrc）"，最后单击"保存"按钮，如图 18.49 所示。

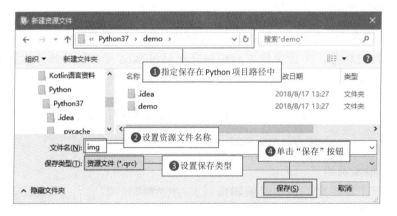

图 18.49　新建资源文件

④ 单击"保存"按钮后，将自动返回至"编辑资源"对话框中，然后在该对话框中选择"添加前缀"按钮，设置前缀为"png"，再单击"添加文件"按钮，如图 18.50 所示。

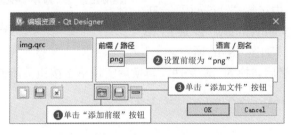

图 18.50　单击"添加前缀"按钮

⑤ 在"添加文件"的对话框中选择需要添加的图片文件，然后单击"打开"按钮即可，如图 18.51 所示。

⑥ 图片添加完成以后，将自动返回至"编辑资源"对话框，在该对话框中直接单击"OK"按钮即可，然后资源浏览器将显示添加的图片资源，如图 18.52 所示的效果。

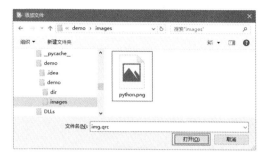

图 18.51　选择添加的图片

图 18.52　显示添加的图片资源

 说明

> 设置的前缀，是我们自己定义的路径前缀，用于区分不同的资源文件。

⑦ 创建主窗体，然后向主窗体中拖入一个 Label 控件，将控件的大小尺寸设置与图片相同，然后找到 pixmap 属性，在右侧值的位置选择刚刚创建的图片资源，如图 18.53 所示。

⑧ 图片资源选择完成以后，主窗体中的 Label 控件将显示如图 18.54 所示的效果。

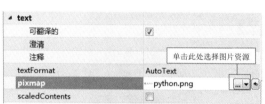

图 18.53　选择图片资源

图 18.54　Label 控件显示指定的图片资源

（2）资源文件的转换

在 Qt Designer 工具中已经了解了如何创建图片资源与图片资源的使用，然后将已经设计好的 .ui 文件转换为 .py 文件，转换后代码中将显示如图 18.55 所示的提示信息。

图 18.55　转换后的 .py 文件

图 18.55 中的提示信息说明 img_rc 模块导入出现异常，所以此处需要将已经创建好的 img.qrc 资源文件转换为 .py 文件，这样主窗体的 .py 文件才可以正常显示，资源文件转换的具体步骤如下：

① 在 PyCharm 开发工具中根据 18.3.2 小节中的步骤⑤与步骤⑥的操作方法，添加将 .qrc 文件转换为 .py 文件的快捷工具，在"Name:"所对应的编辑框中填写工具名称为"qrcTopy"，

然后在"Program："所对应的编辑框中填写 pyrcc5.exe 的安装路径，再在"Arguments："所对应的编辑框中填写转换代码"$FileName$ -o $FileNameWithoutExtension$_rc.py"，在"Working directory："所对应的编辑框中填写"$FileDir$"，该值为文件目录，单击"OK"按钮即可，如图 18.56 所示。

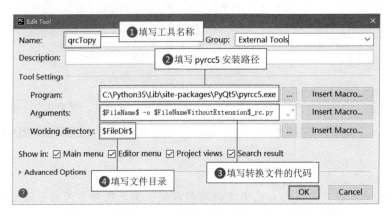

图 18.56　添加将 .qrc 文件转换为 .py 文件的快捷工具

② 转换资源文件的快捷工具创建完成以后，鼠标左键选中需要转换的 .qrc 文件，然后在顶部的工具栏中依次单击"Tools"→"External Tools"→"qrcTopy"选项，此时在 .qrc 文件的下面会自动生成相对应的 .py 文件，如图 18.57 所示。

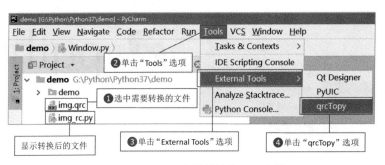

图 18.57　.qrc 文件转换为 .py 文件

③ 文件转换完成以后，图 18.55 中的提示信息将消失，然后导入 sys 模块，在代码块的最外层创建 show_MainWindow() 方法，模拟 Python 的程序入口，然后调用显示窗体的 show_MainWindow() 方法。最后运行主窗体文件，显示主窗体界面如图 18.58 所示。

图 18.58　使用图片资源文件的主窗体

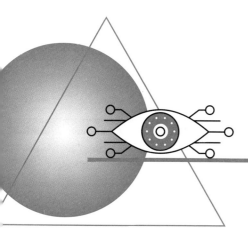

第 **19** 章

pygame 游戏框架

扫码享受
全方位沉浸式
学 Python 开发

　　Python 非常受欢迎的一个原因是它应用领域非常广泛，其中就包括游戏开发。而使用 Python 进行游戏开发的首选模块就是 pygame。本章就来学习如何使用 pygame 开发游戏。与其他章节不同的是，本章的侧重点不是讲解理论知识，而是在编写游戏的过程中学习 pygame。

19.1　初识 pygame

　　pygame 是跨平台 Python 模块，专为电子游戏设计，包含图像、声音。创建在 SDL（Simple DirectMedia Layer）基础上，允许实时电子游戏研发而无需被低级语言束缚。基于这样一个设想，所有需要的游戏功能和理念都（主要是图像方面）完全简化为游戏逻辑本身，所有的资源结构都可以由高级语言（如 Python）提供。

19.1.1　安装 pygame

　　在 pygame 官网中可以查找 pygame 的相关文档。pygame 的安装非常简单，只需要如下一行命令：

```
pip  install pygame
```

运行结果如图 19.1 所示。

图 19.1　安装 pygame

接下来，检测一下 pygame 是否安装成功。打开 IDLE，输入如下命令：

```
01  import pygame
02  pygame.ver
```

如果运行结果如图 19.2 所示，则说明
安装成功。

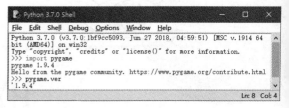

19.1.2　pygame 常用模块

用 pygame 做游戏开发的优势在于不需
要过多地考虑底层相关的内容，而可以把

图 19.2　检验 pygame 是否安装成功

工作重心放在游戏逻辑上。例如，pygame 中集成了很多和底层相关的模块，如访问显示设
备、管理事件、使用字体等。pygame 的常用模块及功能如表 19.1 所示。

表 19.1　pygame 常用模块及功能

模块名	功能
pygame.cdrom	访问光驱
pygame.cursors	加载光标
pygame.display	访问显示设备
pygame.draw	绘制形状、线和点
pygame.event	管理事件
pygame.font	使用字体
pygame.image	加载和存储图片
pygame.joystick	使用游戏手柄或者类似的东西
pygame.key	读取键盘按键
pygame.mixer	声音
pygame.mouse	鼠标
pygame.movie	播放视频
pygame.music	播放音频
pygame.overlay	访问高级视频叠加
pygame.rect	管理矩形区域
pygame.sndarray	操作声音数据
pygame.sprite	操作移动图像
pygame.surface	管理图像和屏幕
pygame.surfarray	管理点阵图像数据
pygame.time	管理时间和帧信息
pygame.transform	缩放和移动图像

下面，使用 pygame 的 display 模块和 event 模块创建一个 pygame 窗口，代码如下：

（源码位置：资源包 \MR\Code\19\01）

```
01  # -*- coding:utf-8 -*-
02  import sys                                          # 导入 sys 模块
03  import pygame                                       # 导入 pygame 模块
04
05  pygame.init()                                       # 初始化 pygame
06  size = width, height = 320, 240                     # 设置窗口
07  screen = pygame.display.set_mode(size)              # 显示窗口
08
09  # 执行死循环，确保窗口一直显示
10  while True:
11      # 检查事件
12      for event in pygame.event.get():                # 遍历所有事件
13          if event.type == pygame.QUIT:               # 如果单击关闭窗口，则退出
14              sys.exit()
15
16  pygame.quit()                                       # 退出 pygame
```

运行结果如图 19.3 所示。

图 19.3   pygame 创建游戏窗口

19.2   pygame 的基本使用

pygame 有很多模块，每个模块又有很多方法，在此不能够逐一讲解，所以，通过一个实例来学习 pygame，然后再分解代码，讲解代码中的模块。

示例：制作一个跳跃的小球游戏

（源码位置：资源包 \MR\Code\19\02）

创建一个游戏窗口，然后在窗口内创建一个小球。以一定的速度移动小球，当小球碰到游戏窗口的边缘时，小球弹回，继续移动。可以按照如下步骤实现该功能：

① 创建一个游戏窗口，宽和高设置为 640×480。代码如下：

```
01  import sys                                          # 导入 sys 模块
02  import pygame                                       # 导入 pygame 模块
03
04  pygame.init()                                       # 初始化 pygame
05  size = width, height = 640, 480                     # 设置窗口
06  screen = pygame.display.set_mode(size)              # 显示窗口
```

上述代码中，首先导入 pygame 模块，然后调用 init() 方法初始化 pygame 模块。接下来，设置窗口的宽和高，最后使用 display 模块显示窗体。display 模块的常用方法及功能如表 19.2 所示。

表 19.2　display 模块的常用方法及功能

方法名	功能
pygame.dispaly.init	初始化 display 模块
pygame.dispaly.quit	结束 display 模块
pygame.dispaly.get_init	如果 display 模块已经被初始化，则返回 True
pygame.dispaly.set_mode	初始化一个准备显示的界面
pygame.dispaly.get_surface	获取当前的 surface 对象
pygame.dispaly.flip	更新整个待显示的 surface 对象到屏幕上
pygame.dispaly.update	更新部分内容显示到屏幕上，如果没有参数则与 flip 功能相同

② 运行上述代码，会出现一个一闪而过的黑色窗口，这是因为程序执行完成后，会自动关闭。如果让窗口一直显示，需要使用 while True 语句让程序一直执行，此外，还需要设置关闭按钮。具体代码如下：

```
01  # -*- coding:utf-8 -*-
02  import sys                              # 导入 sys 模块
03  import pygame                           # 导入 pygame 模块
04
05  pygame.init()                          # 初始化 pygame
06  size = width, height = 640, 480        # 设置窗口
07  screen = pygame.display.set_mode(size) # 显示窗口
08
09  # 执行死循环，确保窗口一直显示
10  while True:
11      # 检查事件
12      for event in pygame.event.get():
13          if event.type == pygame.QUIT:  # 如果单击关闭窗口，则退出
14              sys.exit()
15
16  pygame.quit()                          # 退出 pygame
```

上述代码中，添加了轮询事件检测。pygame.event.get() 方法能够获取事件队列，使用 for…in 语句遍历事件，然后根据 type 属性判断事件类型。这里的事件处理方式与 GUI 类似，如 event.tpye 等于 pygame.QUIT，表示检测到关闭 pygame 窗口事件；pygame.KEYDOWN 表示键盘按下事件；pygame.MOUSEBUTTONDOWN 表示鼠标按下事件等。

③ 在窗口中添加小球。先准备好一张 ball.png 图片，然后加载该图片，最后将图片显示在窗口中，具体代码如下：

```
01  # -*- coding:utf-8 -*-
02  import sys                              # 导入 sys 模块
03  import pygame                           # 导入 pygame 模块
04
05  pygame.init()                          # 初始化 pygame
06  size = width, height = 640, 480        # 设置窗口
07  screen = pygame.display.set_mode(size) # 显示窗口
08  color = (0, 0, 0)                      # 设置颜色
09
10  ball = pygame.image.load("ball.png")   # 加载图片
11  ballrect = ball.get_rect()             # 获取矩形区域
12
13  # 执行死循环，确保窗口一直显示
```

```
14  while True:
15      # 检查事件
16      for event in pygame.event.get():
17          if event.type == pygame.QUIT:        # 如果单击关闭窗口，则退出
18              sys.exit()
19
20      screen.fill(color)                        # 填充颜色
21      screen.blit(ball, ballrect)               # 将图片画到窗口上
22      pygame.display.flip()                     # 更新全部显示
23
24  pygame.quit()                                 # 退出 pygame
```

上述代码中使用 image 模块的 load() 方法加载图片，返回值 ball 是一个 Surface 对象。Surface 是用来代表图片的 pygame 对象，可以对一个 Surface 对象进行涂画、变形、复制等各种操作。事实上，屏幕也只是一个 surface，pygame.display.set_mode 就返回了一个屏幕 surface 对象。如果将 ball 这个 surface 对象画到 screen Surface 对象，需要使用 blit() 方法，最后使用 display 模块的 flip 方法更新整个待显示的 Surface 对象到屏幕上。Surface 对象的常用方法及功能如表 19.3 所示。

表 19.3　Surface 对象的常用方法及功能

方法名	功能
pygame.Surface.blit	将一个图像画到另一个图像上
pygame.Surface.convert	转换图像的像素格式
pygame.Surface.convert_alpha	转化图像的像素格式，包含 alpha 通道的转换
pygame.Surface.fill	使用颜色填充 Surface
pygame.Surface.get_rect	获取 Surface 的矩形区域

运行上述代码，结果如图 19.4 所示。

④ 下面该让小球动起来了。ball.get_rect() 方法返回值 ballrect 是一个 Rect 对象，该对象有一个 move() 方法可以用于移动矩形。move(x,y) 函数有两个参数：第一个参数是 x 轴移动的距离；第二个参数是 y 轴移动的距离。窗体左上角坐标为 (0,0)，如果使用 move(100,50)，如图 19.5 所示。

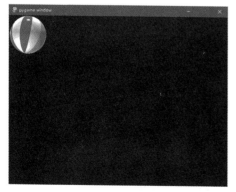

图 19.4　在窗口中添加小球

图 19.5　移动后的坐标位置

为实现小球不停地移动，将 move() 函数添加到 while 循环内，具体代码如下：

```
01  # -*- coding:utf-8 -*-
02  import sys                                    # 导入 sys 模块
03  import pygame                                 # 导入 pygame 模块
04
05  pygame.init()                                 # 初始化 pygame
06  size = width, height = 640, 480               # 设置窗口
07  screen = pygame.display.set_mode(size)        # 显示窗口
08  color = (0, 0, 0)                             # 设置颜色
09
10  ball = pygame.image.load("ball.png")          # 加载图片
11  ballrect = ball.get_rect()                    # 获取矩形区域
12
13  speed = [5,5]                                 # 设置移动的 x 轴、y 轴距离
14  # 执行死循环，确保窗口一直显示
15  while True:
16      # 检查事件
17      for event in pygame.event.get():
18          if event.type == pygame.QUIT:         # 如果单击关闭窗口，则退出
19              sys.exit()
20
21      ballrect = ballrect.move(speed)           # 移动小球
22      screen.fill(color)                        # 填充颜色
23      screen.blit(ball, ballrect)               # 将图片画到窗口上
24      pygame.display.flip()                     # 更新全部显示
25
26  pygame.quit()                                 # 退出 pygame
```

⑤ 运行上述代码，发现小球在屏幕中一闪而过，此时，小球并没有真正消失，而是移动到窗体之外，需要添加碰撞检测的功能。当小球与窗体任一边缘发生碰撞，则更改小球的移动方向。具体代码如下：

```
01  # -*- coding:utf-8 -*-
02  import sys                                    # 导入 sys 模块
03  import pygame                                 # 导入 pygame 模块
04
05  pygame.init()                                 # 初始化 pygame
06  size = width, height = 640, 480               # 设置窗口
07  screen = pygame.display.set_mode(size)        # 显示窗口
08  color = (0, 0, 0)                             # 设置颜色
09
10  ball = pygame.image.load("ball.png")          # 加载图片
11  ballrect = ball.get_rect()                    # 获取矩形区域
12
13  speed = [5,5]                                 # 设置移动的 x 轴、y 轴距离
14  # 执行死循环，确保窗口一直显示
15  while True:
16      # 检查事件
17      for event in pygame.event.get():
18          if event.type == pygame.QUIT:         # 如果单击关闭窗口，则退出
19              sys.exit()
20
21      ballrect = ballrect.move(speed)           # 移动小球
22      # 碰到左右边缘
23      if ballrect.left < 0 or ballrect.right > width:
24          speed[0] = -speed[0]
25      # 碰到上下边缘
26      if ballrect.top < 0 or ballrect.bottom > height:
27          speed[1] = -speed[1]
28
29      screen.fill(color)                        # 填充颜色
```

```
30        screen.blit(ball, ballrect)                      # 将图片画到窗口上
31        pygame.display.flip()                            # 更新全部显示
32
33   pygame.quit()                                         # 退出 pygame
```

上述代码中，添加了碰撞检测功能。如果碰到左右边缘，更改 x 轴数据为负数；如果碰到上下边缘，更改 y 轴数据为负数。运行结果如图 19.6 所示。

⑥ 运行上述代码，发现好像有多个小球在飞快移动，这是因为运行上述代码的时间非常短，导致肉眼观察出现错觉，因此需要添加一个"时钟"来控制程序运行的时间。这时就需要使用 pygame 的 time 模块。使用 pygame 时钟之前，必须先创建 Clock 对象的一个实例，然后在 while 循环中设置多长时间运行一次。具体代码如下：

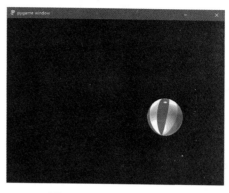

图 19.6　小球不停地跳跃

```
01   # -*- coding:utf-8 -*-
02   import sys                                            # 导入 sys 模块
03   import pygame                                         # 导入 pygame 模块
04
05   pygame.init()                                         # 初始化 pygame
06   size = width, height = 640, 480                       # 设置窗口
07   screen = pygame.display.set_mode(size)               # 显示窗口
08   color = (0, 0, 0)                                     # 设置颜色
09
10   ball = pygame.image.load("ball.png")                 # 加载图片
11   ballrect = ball.get_rect()                            # 获取矩形区域
12
13   speed = [5,5]                                         # 设置移动的 x 轴、y 轴距离
14   clock = pygame.time.Clock()                           # 设置时钟
15   # 执行死循环，确保窗口一直显示
16   while True:
17        clock.tick(60)                                   # 每秒执行 60 次
18        # 检查事件
19        for event in pygame.event.get():
20            if event.type == pygame.QUIT:                # 如果单击关闭窗口，则退出
21                sys.exit()
22
23        ballrect = ballrect.move(speed)                  # 移动小球
24        # 碰到左右边缘
25        if ballrect.left < 0 or ballrect.right > width:
26            speed[0] = -speed[0]
27        # 碰到上下边缘
28        if ballrect.top < 0 or ballrect.bottom > height:
29            speed[1] = -speed[1]
30
31        screen.fill(color)                               # 填充颜色
32        screen.blit(ball, ballrect)                      # 将图片画到窗口上
33        pygame.display.flip()                            # 更新全部显示
34
35   pygame.quit()                                         # 退出 pygame
```

至此，就完成了"跳跃的小球"游戏。

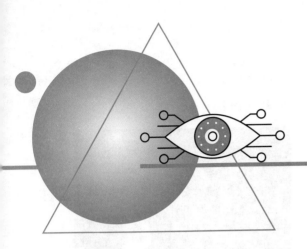

第 **20** 章

网络爬虫框架

随着大数据时代的来临，网络信息量也变得更多、更大，网络爬虫在互联网中的地位越来越重要。本章将介绍通过 Python 语言实现网络爬虫的常用技术，以及常见的网络爬虫框架。

20.1　初识网络爬虫

20.1.1　网络爬虫概述

网络爬虫（又被称作网络蜘蛛、网络机器人，在某社区中经常被称为网页追逐者），可以按照指定的规则（网络爬虫的算法）自动浏览或抓取网络中的信息，通过 Python 可以很轻松地编写爬虫程序或者是脚本。

在生活中网络爬虫经常出现，搜索引擎离不开网络爬虫。例如，百度搜索引擎的爬虫名字叫作百度蜘蛛（Baiduspider）。百度蜘蛛，是百度搜索引擎的一个自动程序。它每天都会在海量的互联网信息中进行爬取，收集并整理互联网上的网页、图片视频等信息。然后当用户在百度搜索引擎中输入对应的关键词时，百度将从收集的网络信息中找出相关的内容，再按照一定的顺序将信息展现给用户。百度蜘蛛在工作的过程中，搜索引擎会构建一个调度程序，来调度百度蜘蛛的工作，这些调度程序都是需要使用一定的算法来实现。采用不同的算法，爬虫的工作效率会有所不同，爬取的结果也会有所差异。所以，在学习爬虫的时候不仅需要了解爬虫的实现过程，还需要了解一些常见的爬虫算法。在特定的情况下，还需要开发者自己制定相应的算法。

20.1.2　网络爬虫的分类

网络爬虫按照实现的技术和结构可以分为以下几种类型：通用网

络爬虫、聚焦网络爬虫、增量式网络爬虫、深层网络爬虫等。在实际的网络爬虫中，通常是这几类爬虫的组合体。

（1）通用网络爬虫

通用网络爬虫又叫作全网爬虫（scalable web crawler），通用网络爬虫的爬行范围和数量巨大，正是由于其爬取的数据是海量数据，所以对于爬行速度和存储空间的要求较高。通用网络爬虫在爬行页面的顺序要求上相对较低，同时由于待刷新的页面太多，通常采用并行工作方式，所以需要较长时间才可以刷新一次页面，所以存在一定的缺陷。这种网络爬虫主要应用于大型搜索引擎中，有非常高的应用价值。通用网络爬虫主要由初始 URL 集合、URL队列、页面爬行模块、页面分析模块、页面数据库、链接过滤模块等构成。

（2）聚焦网络爬虫

聚焦网络爬虫（focused crawler）也叫作主题网络爬虫（topical crawler），是指按照预先定义好的主题，有选择地进行相关网页爬取的一种爬虫。它和通用网络爬虫相比，不会将目标资源定位在整个互联网当中，而是将爬取的目标网页定位在与主题相关的页面中。这样极大地节省了硬件和网络资源，保存的页面也由于数量少而更快了，聚焦网络爬虫主要应用在对特定信息的爬取，为某一类特定的人群提供服务。

（3）增量式网络爬虫

增量式网络爬虫（incremental web crawler），所谓增量式，对应着增量式更新。增量式更新指的是在更新的时候只更新改变的地方，而未改变的地方则不更新，所以增量式网络爬虫，在爬取网页的时候，只会在需要的时候爬行新产生或更新的页面，对于没有发生变化的页面，则不会爬取。这样可有效减少数据下载量，减小时间和空间上的耗费，但是在爬行算法上增加了一些难度。

（4）深层网络爬虫

在互联网中，Web 页面按存在方式可以分为表层网页（surface web）和深层网页（deep web），表层网页指的是不需要提交表单，使用静态的超链接就可以直接访问静态页面。深层网页指的是那些大部分内容不能通过静态链接获取的，隐藏在搜索表单后面的，需要用户提交一些关键词才能获得的 Web 页面。深层页面需要访问的信息数量是表层页面信息数量的几百倍，所以深层页面是主要的爬取对象。

深层网络爬虫主要通过六个基本功能模块（爬行控制器、解析器、表单分析器、表单处理器、响应分析器、LVS 控制器）和两个爬虫内部数据结构（URL 列表、LVS 表）等部分构成。其中 LVS（label value set）表示标签 / 数值集合，用来表示填充表单的数据源。

20.1.3 网络爬虫的基本原理

一个通用的网络爬虫基本工作流程如图 20.1 所示。

网络爬虫的基本工作流程如下：

① 获取初始的 URL，该 URL 地址是用户自己制定的初始爬取的网页。

② 爬取对应 URL 地址的网页时，获取新的 URL 地址。

③ 将新的 URL 地址放入 URL 队列中。

④ 从 URL 队列中读取新的 URL，然后依据新的 URL 爬取网页，同时从新的网页中获取新的 URL 地址，重复上述的爬取过程。

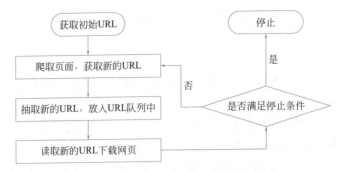

图 20.1　通用的网络爬虫基本工作流程

⑤ 设置停止条件，如果没有设置停止条件，爬虫会一直爬取下去，直到无法获取新的 URL 地址为止。设置了停止条件后，爬虫将会在满足停止条件时停止爬取。

20.2　网络爬虫的常用技术

20.2.1　Python 的网络请求

在上一节中多次提到了 URL 地址与下载网页，这两项是网络爬虫必备而又关键的功能，说到这两个功能必然离不开 HTTP。本小节将介绍在 Python 中实现 HTTP 网络请求常见的三种方式：urllib、urllib3 以及 requests。

（1）urllib 模块

urllib 是 Python 自带模块，该模块中提供了一个 urlopen() 方法，通过该方法指定 URL 发送网络请求来获取数据。urllib 提供了多个子模块，具体的模块名称与含义如表 20.1 所示。

表 20.1　urllib 中的子模块及含义

模块名称	描述
urllib.request	该模块定义了打开 URL（主要是 HTTP）的方法和类，例如，身份验证、重定向、cookie 等
urllib.error	该模块中主要包含异常类，基本的异常类是 URLError
urllib.parse	该模块定义的功能分为两大类：URL 解析和 URL 引用
urllib.robotparser	该模块用于解析 robots.txt 文件

通过 urllib.request 模块实现发送请求并读取网页内容的简单示例如下：

（源码位置：资源包 \MR\Code\20\01）

```
01  import urllib.request                                          # 导入模块
02
03  # 打开指定需要爬取的网页
04  response = urllib.request.urlopen('http://www.baidu.com')
05  html = response.read()                                         # 读取网页代码
06  print(html)                                                    # 打印读取内容
```

上面的示例中，通过 get 请求方式获取百度的网页内容。下面通过使用 urllib.request 模块的 post 请求实现获取网页信息的内容，示例如下：

（源码位置：资源包 \MR\Code\20\02 ）

```
01  import urllib.parse
02  import urllib.request
03
04  # 将数据使用 urlencode 编码处理后，再使用 encoding 设置为 utf-8 编码
05  data = bytes(urllib.parse.urlencode({'word': 'hello'}), encoding='utf8')
06  # 打开指定需要爬取的网页
07  response = urllib.request.urlopen('http://httpbin.org/post', data=data)
08  html = response.read()                              # 读取网页代码
09  print(html)                                         # 打印读取内容
```

（2）urllib3 模块

urllib3 是一个功能强大、条理清晰、用于 HTTP 客户端的 Python 库，许多 Python 的原生系统已经开始使用 urllib3。urllib3 提供了很多 Python 标准库里没有的重要特性：

☑　线程安全

☑　连接池

☑　客户端 SSL / TLS 验证

☑　使用多部分编码上传文件

☑　Helpers 用于重试请求并处理 HTTP 重定向

☑　支持 gzip 和 deflate 编码

☑　支持 HTTP 和 SOCKS 代理

☑　100％的测试覆盖率

通过 urllib3 模块实现发送网络请求的示例代码如下：

（源码位置：资源包 \MR\Code\20\03 ）

```
01  import urllib3
02
03  # 创建 PoolManager 对象，用于处理与线程池的连接以及线程安全的所有细节
04  http = urllib3.PoolManager()
05  # 对需要爬取的网页发送请求
06  response = http.request('GET','https://www.baidu.com/')
07  print(response.data)                                # 打印读取内容
```

post 请求实现获取网页信息的内容，关键代码如下：

（源码位置：资源包 \MR\Code\20\04 ）

```
01  # 对需要爬取的网页发送请求
02  response = http.request('POST',
03                          'http://httpbin.org/post'
04                          ,fields={'word': 'hello'})
```

💡 **注意**

在使用 urllib3 模块前，需要在 Python 中通过 "pip install urllib3" 代码进行模块的安装。

（3）requests 模块

requests 是 Python 中实现 HTTP 请求的一种方式，requests 是第三方模块，该模块在实现 HTTP 请求时要比 urllib 模块简化很多，操作更加人性化。在使用 requests 模块时需要通过执行 pip install requests 代码进行该模块的安装。requests 功能特性如下：

☑ Keep-Alive & 连接池　　　　　☑ Unicode 响应体

☑ 国际化域名和 URL　　　　　　☑ HTTP(S) 代理支持

☑ 带持久 Cookie 的会话　　　　☑ 文件分块上传

☑ 浏览器式的 SSL 认证　　　　☑ 流下载

☑ 自动内容解码　　　　　　　☑ 连接超时

☑ 基本 / 摘要式的身份认证　　☑ 分块请求

☑ 优雅的 key/value Cookie　　☑ 支持 .netrc

☑ 自动解压

以 GET 请求方式为例，打印多种请求信息的示例代码如下：

（源码位置：资源包 \MR\Code\20\05）

```
01  import requests                              # 导入模块
02
03  response = requests.get('http://www.baidu.com')
04  print(response.status_code)                  # 打印状态码
05  print(response.url)                          # 打印请求 url
06  print(response.headers)                      # 打印头部信息
07  print(response.cookies)                      # 打印 cookie 信息
08  print(response.text)                         # 以文本形式打印网页源码
09  print(response.content)                      # 以字节流形式打印网页源码
```

以 POST 请求方式，发送 HTTP 网络请求的示例代码如下：

（源码位置：资源包 \MR\Code\20\06）

```
01  import requests
02
03  data = {'word': 'hello'}                     # 表单参数
04  # 对需要爬取的网页发送请求
05  response = requests.post('http://httpbin.org/post', data=data)
06  print(response.content)                      # 以字节流形式打印网页源码
```

requests 模块不仅提供了以上两种常用的请求方式，还提供了以下多种网络请求的方式。代码如下：

```
01  requests.put('http://httpbin.org/put',data = {'key':'value'})   # PUT 请求
02  requests.delete('http://httpbin.org/delete')                    # DELETE 请求
03  requests.head('http://httpbin.org/get')                         # HEAD 请求
04  requests.options('http://httpbin.org/get')                      # OPTIONS 请求
```

如果发现请求的 URL 地址中参数是跟在"？（问号）"的后面，例如，httpbin.org/get?key=val。Requests 模块提供了传递参数的方法，允许使用 params 关键字参数，以一个字符串字典来提供这些参数。例如，想传递"key1=value1"和"key2=value2"到"httpbin.org/get"，那么可以使用如下代码：

（源码位置：资源包 \MR\Code\20\07）

```
01  import requests
02
03  payload = {'key1': 'value1', 'key2': 'value2'}   # 传递的参数
04  # 对需要爬取的网页发送请求
05  response = requests.get("http://httpbin.org/get", params=payload)
06  print(response.content)                          # 以字节流形式打印网页源码
```

20.2.2 请求 headers 处理

有时在请求一个网页内容时，发现无论通过 GET 或者是 POST 以及其他请求方式，都会出现 403 错误。这种现象多数是由于服务器拒绝了您的访问，那是因为这些网页为了防止恶意采集信息，使用了反爬虫设置。此时可以通过模拟浏览器的头部信息来进行访问，这样就能解决以上反爬虫设置的问题。下面以 requests 模块为例介绍请求头部 headers 的处理，具体步骤如下：

① 通过浏览器的网络监视器查看头部信息，首先通过火狐浏览器打开对应的网页地址，然后快捷键 <Ctrl + Shift + E> 打开网络监视器，再刷新当前页面，网络监视器将显示如图 20.2 所示的数据变化。

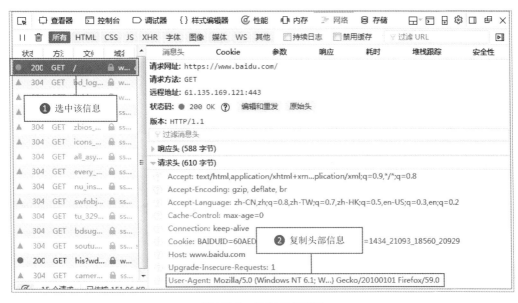

图 20.2 网络监视器的数据变化

② 选中第一条信息，右侧的消息头面板中将显示请求头部信息，然后复制该信息，如图 20.3 所示。

图 20.3 复制头部信息

③ 实现代码。首先创建一个需要爬取的 url 地址，然后创建 headers 头部信息，再发送请求等待响应，最后打印网页的代码信息。实现代码如下：

（源码位置：资源包 \MR\Code\20\08）

```
01  import requests
02  url = 'https://www.baidu.com/'                          # 创建需要爬取网页的地址
03  # 创建头部信息，根据当前浏览器版本进行复制即可
04  headers = {'User-Agent':'Mozilla/5.0(Windows NT 6.1;W...) Gecko/20100101 Firefox/59.0'}
05  response = requests.get(url, headers=headers)           # 发送网络请求
06  print(response.content)                                 # 以字节流形式打印网页源码
```

20.2.3　网络超时

在访问一个网页时，如果该网页长时间未响应，系统就会判断该网页超时，所以无法打开网页。下面通过代码来模拟一个网络超时的现象，代码如下：

（源码位置：资源包 \MR\Code\20\09）

```
01  import requests
02  # 循环发送请求 50 次
03  for a in range(1, 50):
04      try:                                                # 捕获异常
05          # 设置超时为 0.5 秒
06          response = requests.get('https://www.baidu.com/', timeout=0.5)
07          print(response.status_code)                     # 打印状态码
08      except Exception as e:                              # 捕获异常
09          print(' 异常 '+str(e))                           # 打印异常信息
```

打印结果如图 20.4 所示。

```
200
200
200
异常HTTPSConnectionPool(host='www.baidu.com', port=443): Read timed out. (read timeout=1)
200
200
200
```

图 20.4　异常信息

📖 说明

> 上面的代码中，模拟进行了 50 次循环请求，并且设置了超时的时间为 0.5 秒，即在 0.5 秒内服务器未做出响应将视为超时，所以将超时信息打印在控制台中。根据以上的模拟测试结果，可以确认在不同的情况下设置不同的 timeout 值。

说起网络异常信息，requests 模块同样提供了三种常见的网络异常类，示例代码如下：

（源码位置：资源包 \MR\Code\20\10）

```
01  import requests
02  # 导入 requests.exceptions 模块中的三种异常类
03  from requests.exceptions import ReadTimeout,HTTPError,RequestException
04  # 循环发送请求 50 次
05  for a in range(1, 50):
06      try:                                                # 捕获异常
07          # 设置超时为 0.5 秒
08          response = requests.get('https://www.baidu.com/', timeout=0.5)
09          print(response.status_code)                     # 打印状态码
10      except ReadTimeout:                                 # 超时异常
11          print('timeout')
```

```
12      except HTTPError:                          # HTTP 异常
13          print('httperror')
14      except RequestException:                   # 请求异常
15          print('reqerror')
```

20.2.4 代理服务

在爬取网页的过程中，经常会出现不久前可以爬取的网页现在无法爬取了，这是因为 IP 被爬取网站的服务器屏蔽了。此时代理服务可以为您解决这一麻烦，设置代理时，首先需要找到代理地址，例如，"122.114.31.177"，对应的端口号为 "808"，完整的格式为 "122.114.31.177:808"。示例代码如下：

（源码位置：资源包 \MR\Code\20\11）

```
01  import requests
02
03  proxy = {'http': '122.114.31.177:808',
04           'https': '122.114.31.177:808'}        # 设置代理 IP 与对应的端口号
05  # 对需要爬取的网页发送请求
06  response = requests.get('http://www.mingrisoft.com/', proxies=proxy)
07  print(response.content)                         # 以字节流形式打印网页源码
```

💡 注意

　　由于示例中的代理 IP 是免费的，所以使用的时间不固定，超出使用的时间范围该地址将失效。在地址失效时或者是地址错误时，控制台将显示如图 20.5 所示的错误信息。

```
Traceback (most recent call last):
  File "C:\Users\Administrator\AppData\Local\Programs\Python\Python36\lib\site-packages\urllib3\connection.py", line 141, in _new_conn
    (self.host, self.port), self.timeout, **extra_kw)
  File "C:\Users\Administrator\AppData\Local\Programs\Python\Python36\lib\site-packages\urllib3\util\connection.py", line 83, in create_connection
    raise err
  File "C:\Users\Administrator\AppData\Local\Programs\Python\Python36\lib\site-packages\urllib3\util\connection.py", line 73, in create_connection
    sock.connect(sa)
TimeoutError: [WinError 10060] 由于连接方在一段时间后没有正确答复或连接的主机没有反应，连接尝试失败。
```

图 20.5　代理地址失效或错误所提示的信息

20.2.5 HTML 解析之 BeautifulSoup

BeautifulSoup 是一个用于从 HTML 和 XML 文件中提取数据的 Python 库。BeautifulSoup 提供一些简单的函数用来处理导航、搜索、修改分析树等功能。BeautifulSoup 模块中的查找提取功能非常强大，而且非常便捷，它通常可以节省程序员数小时或数天的工作时间。

BeautifulSoup 自动将输入文档转换为 Unicode 编码，输出文档转换为 UTF-8 编码。不需要考虑编码方式，除非文档没有指定一种编码方式，这时，BeautifulSoup 就不能自动识别编码方式，仅仅需要说明一下原始编码方式就可以了。

（1）BeautifulSoup 的安装

BeautifulSoup 3 已经停止开发，目前推荐使用的是 BeautifulSoup 4，不过它已经被移植到 bs4 当中，所以在导入时需要从 bs4 中导入 BeautifulSoup。安装 BeautifulSoup 有以下三种方式：

① 如果使用的是最新版本的 Debian 或 Ubuntu Linux，则可以使用系统软件包管理器安装 Beautiful Soup，安装命令为：apt-get install python-bs4。

② BeautifulSoup 4 是通过 PyPi 发布的，可以通过 easy_install 或 pip 安装。包名是 beautifulsoup4，它可以兼容 Python 2 和 Python 3。安装命令为"easy_install beautifulsoup4"或者是"pip install beautifulsoup4"。

注意

在使用 BeautifulSoup 4 之前需要先通过命令"pip install bs4"进行 bs4 库的安装。

③ 如果当前的 BeautifulSoup 不是您想要的版本，可以通过下载源码的方式进行安装，然后在控制台中打开源码的指定路径，输入命令"python setup.py install"即可，如图 20.6 所示。

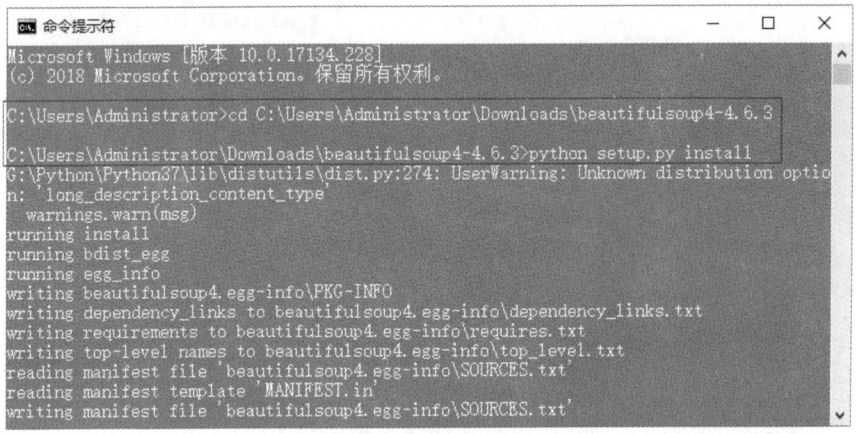

图 20.6　通过源码安装 BeautifulSoup

BeautifulSoup 支持 Python 标准库中包含的 HTML 解析器，但它也支持许多第三方 Python 解析器，其中包含 lxml 解析器。根据不同的操作系统，可以使用以下命令之一安装 lxml：

☑　apt-get install python-lxml

☑　easy_install lxml

☑　pip install lxml

另一个解析器是 html5lib，它是一个用于解析 HTML 的 Python 库，按照 Web 浏览器的方式解析 HTML。可以使用以下命令之一安装 html5lib：

☑　apt-get install python-html5lib

☑　easy_install html5lib

☑　pip install html5lib

在表 20.2 中总结了每个解析器的优缺点。

（2）BeautifulSoup 的使用

BeautifulSoup 安装完成以后，下面将介绍如何通过 BeautifulSoup 库进行 HTML 的解析工作，具体示例步骤如下：

① 导入 bs4 库，然后创建一个模拟 HTML 代码的字符串，代码如下：

表 20.2　解析器的优缺点

解析器	用法	优点	缺点
Python 标准库	BeautifulSoup(markup, "html.parser")	Python 标准库 执行速度适中	（在 Python 2.7.3 或 3.2.2 之前的版本中）文档容错能力差
lxml 的 HTML 解析器	BeautifulSoup(markup, "lxml")	速度快 文档容错能力强	需要安装 C 语言库
lxml 的 XML 解析器	BeautifulSoup(markup, "lxml-xml") BeautifulSoup(markup, "xml")	速度快 唯一支持 XML 的解析器	需要安装 C 语言库
html5lib	BeautifulSoup(markup, "html5lib")	最好的容错性 以浏览器的方式解析文档 生成 HTML5 格式的文档	速度慢 不依赖外部扩展

（源码位置：资源包 \MR\Code\20\12）

```
01  from bs4 import BeautifulSoup                        # 导入 BeautifulSoup 库
02
03  # 创建模拟 HTML 代码的字符串
04  html_doc = """
05  <html><head><title>The Dormouse's story</title></head>
06  <body>
07  <p class="title"><b>The Dormouse's story</b></p>
08
09  <p class="story">Once upon a time there were three little sisters; and their names were
10  <a href="http://example.com/elsie" class="sister" id="link1">Elsie</a>,
11  <a href="http://example.com/lacie" class="sister" id="link2">Lacie</a> and
12  <a href="http://example.com/tillie" class="sister" id="link3">Tillie</a>;
13  and they lived at the bottom of a well.</p>
14
15  <p class="story">...</p>
16  """
```

② 创建 BeautifulSoup 对象，并指定解析器为 lxml，最后通过打印的方式将解析的 HTML 代码显示在控制台当中，代码如下：

```
01  # 创建一个 BeautifulSoup 对象，获取页面正文
02  soup = BeautifulSoup(html_doc, features="lxml")
03  print(soup)                                          # 打印解析的 HTML 代码
```

运行结果如图 20.7 所示。

```
<html><head><title>The Dormouse's story</title></head>
<body>
<p class="title"><b>The Dormouse's story</b></p>
<p class="story">Once upon a time there were three little sisters; and their names were
<a class="sister" href="http://example.com/elsie" id="link1">Elsie</a>,
<a class="sister" href="http://example.com/lacie" id="link2">Lacie</a> and
<a class="sister" href="http://example.com/tillie" id="link3">Tillie</a>;
and they lived at the bottom of a well.</p>
<p class="story">...</p>
</body></html>
```

图 20.7　显示解析后的 HTML 代码

说明

如果将 html_doc 字符串中的代码，保存在 index.html 文件中，可以通过打开
HTML 文件的方式进行代码的解析，并且可以通过 prettify() 方法进行代码的格式化
处理，代码如下：

（源码位置：资源包 \MR\Code\20\13）

```
01  # 创建 BeautifulSoup 对象打开需要解析的 html 文件
02  soup = BeautifulSoup(open('index.html'),'lxml')
03  print(soup.prettify())                      # 打印格式化后的代码
```

20.3　网络爬虫开发常用框架

爬虫框架就是一些爬虫项目的半成品，可以将一些爬虫常用的功能写好，然后留下一些
接口，在不同的爬虫项目当中，调用适合自己项目的接口，再编写少量的代码实现自己需要
的功能。因为框架中已经实现了爬虫常用的功能，所以为开发人员节省了很多精力与时间。

20.3.1　Scrapy 爬虫框架

Scrapy 框架是一套比较成熟的 Python 爬虫框架，简单轻巧，并且非常方便。可以高效
率地爬取 Web 页面，并从页面中提取结构化的数据。Scrapy 是一套开源的框架，所以在使
用时不需要担心收取费用的问题。

说明

Scrapy 开源框架为开发者提供了非常贴心的开发文档，文档中详细介绍了开源
框架的安装以及 Scrapy 的使用教程。

20.3.2　Crawley 爬虫框架

Crawley 也是 Python 开发出的爬虫框架，该框架致力于改变人们从互联网中提取数据的
方式。Crawley 的具体特性如下：
① 基于 Eventlet 构建的高速网络爬虫框架。
② 可以将数据存储在关系数据库中，例如 Postgres、Mysql、Oracle、Sqlite。
③ 可以将爬取的数据导入为 Json、XML 格式。
④ 支持非关系型数据库，例如 Mongodb 和 Couchdb。
⑤ 支持命令行工具。
⑥ 可以使用喜欢的工具进行数据的提取，例如 XPath 或 Pyquery 工具。
⑦ 支持使用 Cookie 登录或访问那些只有登录才可以访问的网页。
⑧ 简单易学（可以参照示例）。

20.3.3　PySpider 爬虫框架

相对于 Scrapy 框架而言，PySpider 框架是一支新秀。它采用 Python 语言编写，分布式架

构，支持多种数据库后端，强大的 WebUI 支持脚本编辑器、任务监视器、项目管理器以及结果查看器。Pyspider 的具体特性如下：

- ☑ Python 脚本控制，可以用任何你喜欢的 html 解析包（内置 pyquery）。
- ☑ Web 界面编写调试脚本、起停脚本、监控执行状态、查看活动历史、获取结果产出。
- ☑ 支持 MySQL、MongoDB、Redis、SQLite、Elasticsearch、PostgreSQL 与 SQLAlchemy。
- ☑ 支持 RabbitMQ、Beanstalk、Redis 和 Kombu 作为消息队列。
- ☑ 支持抓取 JavaScript 的页面。
- ☑ 强大的调度控制，支持超时重爬及优先级设置。
- ☑ 组件可替换，支持单机 / 分布式部署，支持 Docker 部署。

📖 多学两招

> Pyspider 源码地址为 https://github.com/binux/pyspider/releases，开发文档地址为 http://docs.pyspider.org/

20.4　Scrapy 爬虫框架的使用

20.4.1　搭建 Scrapy 爬虫框架

由于 Scrapy 爬虫框架依赖的库比较多，尤其是 Windows 系统下，至少需要依赖的库有 Twisted、lxml、pyOpenSSL 以及 pywin32。搭建 Scrapy 爬虫框架的具体步骤如下。

（1）安装 Twisted 模块

① 打开 Python 扩展包的非官方 Windows 二进制文件网站，然后按下快捷键 <Ctrl+F> 搜索 "twisted" 模块，然后单击对应的索引如图 20.8 所示。

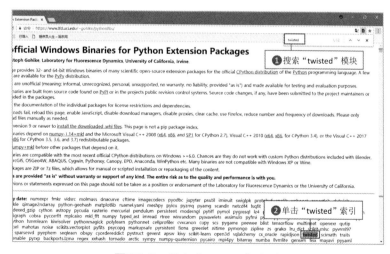

图 20.8　**单击 "twisted" 索引**

② 单击 "twisted" 索引后，网页将自动定位到下载 "twisted" 扩展包二进制文件下载的位置，然后根据自己的 Python 版本进行下载即可，由于笔者使用的是 Python 3.7，所以这里单击 "Twisted-18.7.0-cp37-cp37m-win_amd64.whl" 进行下载，其中 "cp37" 代表对应 Python

3.7 版本，"win32"与"win_amd64"分别表示 Windows32 位与 64 位系统，如图 20.9 所示。

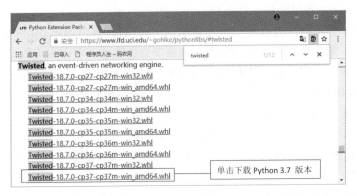

图 20.9　下载"Twisted-18.7.0-cp37-cp37m-win_amd64.whl"二进制文件

③"Twisted-18.7.0-cp37-cp37m-win_amd64.whl"二进制文件下载完成后，以管理员身份运行命令提示符窗口，然后使用 cd 命令打开"Twisted-18.7.0-cp37-cp37m-win_amd64.whl"二进制文件所在的路径，最后在窗口中输入"pip install Twisted-18.7.0-cp37-cp37m-win_amd64.whl"，安装 Twisted 模块，如图 20.10 所示。

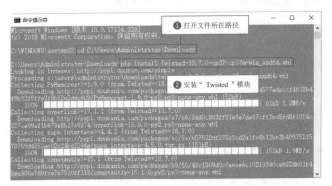

图 20.10　安装 Twisted 模块

（2）安装 Scrapy 框架

打开命令提示符窗口，然后输入"pip install Scrapy"命令，安装 Scrapy 框架，如图 20.11 所示。安装完成以后在命令行中输入"scrapy"的页面，如果没有出现异常或错误信息，则表示 Scrapy 框架安装成功。

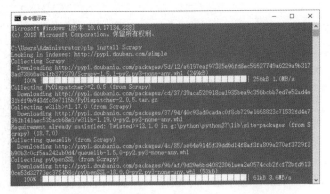

图 20.11　Windows 下安装 Scrapy 框架

说明

> Scrapy 框架在安装的过程中，同时会将 lxml 与 pyOpenSSL 模块也安装在 Python 环境当中。

（3）安装 pywin32 模块

打开命令窗口，输入"pip install pywin32"命令，安装 pywin32 模块。安装完成后，在 Python 命令行下输入"import pywin32_system32"，如果没有提示错误信息，则表示安装成功。

20.4.2 创建 Scrapy 项目

在任意路径下创建一个保存项目的文件夹，例如，在"F:\PycharmProjects"文件夹内运行命令行窗口，然后输入"scrapy startproject scrapyDemo"即可创建一个名称为"scrapyDemo"的项目，如图 20.12 所示。

为了提升开发效率，笔者使用 PyCharm 第三方开发工具，打开刚刚创建的 scrapyDemo 项目，项目打开完成后，在左侧项目的目录结构中可以看到如图 20.13 所示的内容。

图 20.12　创建 Scrapy 项目

图 20.13　scrapyDemo 项目的目录结构

20.4.3 创建爬虫

在创建爬虫时，首先需要创建一个爬虫模块的文件，该文件需要放置在 spiders 文件夹中。爬虫模块是用于从一个网站或多个网站中爬取数据的类，它需要继承 scrapy.Spider 类，下面通过一个爬虫示例，实现爬取网页后将网页的代码以 HTML 文件保存至项目文件夹当中，示例代码如下：

（源码位置：资源包 \MR\Code\20\14 ）

```
01  import scrapy                                    # 导入框架
02
03
04  class QuotesSpider(scrapy.Spider):
05      name = "quotes"                              # 定义爬虫名称
06
07      def start_requests(self):
08          # 设置爬取目标的地址
09          urls = [
10              'http://quotes.toscrape.com/page/1/',
11              'http://quotes.toscrape.com/page/2/',
12          ]
13          # 获取所有地址，有几个地址发送几次请求
14          for urlin urls:
```

```
15              # 发送网络请求
16              yield scrapy.Request(url=url, callback=self.parse)
17
18      def parse(self, response):
19          # 获取页数
20          page = response.url.split("/")[-2]
21          # 根据页数设置文件名称
22          filename = 'quotes-%s.html'% page
23          # 写入文件的模式打开文件，如果没有该文件将创建该文件
24          with open(filename, 'wb') as f:
25              # 向文件中写入获取的 html 代码
26              f.write(response.body)
27          # 输出保存文件的名称
28          self.log('Saved file %s'% filename)
```

在运行 Scrapy 所创建的爬虫项目时，需要在命令窗口中输入 "scrapy crawl quotes"，其中 "quotes" 是自己定义的爬虫名称。由于笔者使用了 PyCharm 第三方开发工具，所以需要在底部的 Terminal 窗口中输入运行爬虫的命令行，运行完成以后将显示如图 20.14 所示的信息。

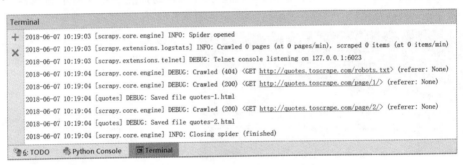

图 20.14 显示启动爬虫后的信息

📑 说明

除了在命令窗口中输入命令 "scrapy crawl quotes" 以外，Scrapy 还提供了可以在程序中启动爬虫的 API，也就是 CrawlerProcess 类。首先需要在 CrawlerProcess 初始化时传入项目的 settings 信息，然后在 crawl() 方法中传入爬虫的名称，最后通过 start() 方法启动爬虫。代码如下：

```
01  # 导入 CrawlerProcess 类
02  from scrapy.crawler import CrawlerProcess
03  # 导入获取项目设置信息
04  from scrapy.utils.project import get_project_settings
05  # 程序入口
06  if __name__=='__main__':
07      # 创建 CrawlerProcess 类对象并传入项目设置信息参数
08      process = CrawlerProcess(get_project_settings())
09      # 设置需要启动的爬虫名称
10      process.crawl('quotes')
11      # 启动爬虫
12      process.start()
```

注意

> 如果在运行 Scrapy 所创建的爬虫项目时，出现 SyntaxError:invalid syntax 的错误信息，如图 20.15 所示的错误，说明 Python 3.7 这个版本将 "async" 识别成了关键字，解决此类错误，首先需要打开 Python37\Lib\site-packages\twisted\conch\manhole.py 文件，然后将该文件中的所有 "async" 关键字，修改成与关键字无关的标识符如 "async_"。

```
File "<frozen importlib._bootstrap>", line 1006, in _gcd_import
File "<frozen importlib._bootstrap>", line 983, in _find_and_load
File "<frozen importlib._bootstrap>", line 967, in _find_and_load_unlocked
File "<frozen importlib._bootstrap>", line 677, in _load_unlocked
File "<frozen importlib._bootstrap_external>", line 728, in exec_module
File "<frozen importlib._bootstrap>", line 219, in _call_with_frames_removed
File "G:\Python\Python37\lib\site-packages\scrapy\extensions\telnet.py", line 12, in <module>
  from twisted.conch import manhole, telnet
File "G:\Python\Python37\lib\site-packages\twisted\conch\manhole.py", line 154
  def write(self, data, async=False):
                           ^
SyntaxError: invalid syntax

Process finished with exit code 1
```

图 20.15　Scrapy 框架常见错误信息

20.4.4　获取数据

Scrapy 爬虫框架，可以通过特定的 CSS 或者 XPath 表达式来选择 HTML 文件中的某一处，并且提取出相应的数据。CSS（cascading style sheet，层叠样式表），用于控制 HTML 页面布局、字体、颜色、背景以及其他效果。XPath 是一门可以在 XML 文档中，根据元素和属性查找信息的语言。

（1）CSS 提取数据

使用 CSS 提取 HTML 文件中的某一处数据时，可以指定 HTML 文件中的标签名称，例如，获取 20.4.2 小节示例中网页的 title 标签代码时，可以使用如下代码：

```
response.css('title').extract()
```

获取结果如图 20.16 所示。

```
2018-06-07 11:22:09 [scrapy.core.engine] DEBUG: Crawled (200) <GET http://quotes.toscrape.com/page/1/> (referer: None)
['<title>Quotes to Scrape</title>']
2018-06-07 11:22:09 [scrapy.core.engine] DEBUG: Crawled (200) <GET http://quotes.toscrape.com/page/2/> (referer: None)
['<title>Quotes to Scrape</title>']
```

图 20.16　使用 CSS 提取 title 标签

说明

> 返回的内容为 CSS 表达式所对应节点的 list 列表，所以在提取标签中的数据时，可以使用以下代码：
>
> ```
> response.css('title::text').extract_first()
> ```
>
> 或者是
>
> ```
> response.css('title::text')[0].extract()
> ```

（2）XPath 提取数据

使用 XPath 表达式提取 HTML 文件中的某一处数据时，需要根据 XPath 表达式的语法规定来获取指定的数据信息，例如，同样获取 title 标签内的信息时，可以使用如下代码：

```
response.xpath('//title/text()').extract_first()
```

下面通过一个示例，实现使用 XPath 表达式获取 20.4.2 小节示例中的多条信息，示例代码如下：

（源码位置：资源包 \MR\Code\20\15）

```
01  # 响应信息
02  def parse(self, response):
03      # 获取所有信息
04      for quote in response.xpath(".//*[@class='quote']"):
05          # 获取名人名言文字信息
06          text = quote.xpath(".//*[@class='text']/text()").extract_first()
07          # 获取作者
08          author = quote.xpath(".//*[@class='author']/text()").extract_first()
09          # 获取标签
10          tags = quote.xpath(".//*[@class='tag']/text()").extract()
11          # 以字典形式输出信息
12          print(dict(text=text, author=author, tags=tags))
```

（3）翻页提取数据

以上的示例中已经实现了获取网页中的数据，如果需要获取整个网页的所有信息就需要使用翻页功能。例如，获取 20.4.2 小节示例中整个网站的作者名称，可以使用以下代码：

（源码位置：资源包 \MR\Code\20\16）

```
01  # 响应信息
02  def parse(self, response):
03      # div.quote
04      # 获取所有信息
05      for quote in response.xpath(".//*[@class='quote']"):
06          # 获取作者
07          author = quote.xpath(".//*[@class='author']/text()").extract_first()
08          print(author)  # 输出作者名称
09
10      # 实现翻页
11      for href in response.css('li.next a::attr(href)'):
12          yield response.follow(href, self.parse)
```

（4）创建 Items

在爬取网页数据的过程中，就是从非结构性的数据源中提取结构性数据。例如，在 QuotesSpider 类的 parse() 方法中已经获取到了 text、author 以及 tags 信息，如果需要将这些数据包装成结构化数据，那么就需要 scrapy 提供的 Item 类来满足这样的需求。Item 对象是一个简单的容器，用于保存爬取到的数据信息，它提供了一个类似于字典的 API，用于声明其可用字段的便捷语法。Item 使用简单的类定义语法和 Field 对象来声明。在创建 scrapyDemo 项目时，项目的目录结构中就已经自动创建了一个 items.py 文件，用来定义存储数据信息的 Item 类，它需要继承 scrapy.Item。示例代码如下：

（源码位置：资源包 \MR\Code\20\17）

```
01  import scrapy
02
03
```

```
04   class ScrapydemoItem(scrapy.Item):
05       # define the fields for your item here like:
06       # 定义获取名人名言文字信息
07       text = scrapy.Field()
08       # 定义获取的作者
09       author =scrapy.Field()
10       # 定义获取的标签
11       tags = scrapy.Field()
12
13       pass
```

Item 创建完成以后，回到自己编写的爬虫代码中，在 parse() 方法中创建 Item 对象，然后输出 item 信息，代码如下：

```
01   # 响应信息
02   def parse(self, response):
03       # 获取所有信息
04       for quote in response.xpath(".//*[@class='quote']"):
05           # 获取名人名言文字信息
06           text = quote.xpath(".//*[@class='text']/text()").extract_first()
07           # 获取作者
08           author = quote.xpath(".//*[@class='author']/text()").extract_first()
09           # 获取标签
10           tags = quote.xpath(".//*[@class='tag']/text()").extract()
11           # 创建 Item 对象
12           item = ScrapydemoItem(text=text, author=author, tags=tags)
13           yield item # 输出信息
```

📋 说明

> 由于 Scrapy 爬虫框架内容较多，这里仅简单介绍了该爬虫框架的安装、创建爬虫以及数据的提取，详细的使用教程可以查询 Scrapy 官方文档。

20

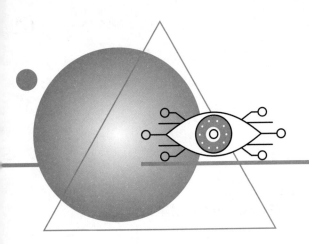

第 21 章

Django Web 框架

鼠扫码享受
全方位沉浸式
学 Python 开发

Django 是基于 Python 的重量级开源 Web 框架。Django 拥有高度定制的 ORM 和大量的 API、简单灵活的视图编写、优雅的 URL、适于快速开发的模板以及强大的管理后台。这些使得它在 Python Web 开发领域占据了不可动摇的地位。Instagram、FireFox、国家地理杂志等著名网站都在使用 Django 进行开发，本章将详细介绍关于 Django Web 框架的使用方法。

21.1 安装 Django Web 框架

安装 Django Web 框架有两种方式，分别是使用 pip 安装、使用 virtualenv 安装。下面分别进行介绍。

（1）使用 pip 安装 Django

在命令行中执行"pip install django==2.0"，即可安装指定的 2.0 版本的 Django 了，如图 21.1 所示。

```
C:\Users\zhang>D:\Webprojects\environments\django2.0\Scripts\activate

(django2.0) C:\Users\zhang>pip install django==2.0
Collecting django==2.0
  Using cached Django-2.0-py3-none-any.whl
Requirement already satisfied: pytz in d:\webprojects\environments\django2.0\lib\site-packages (from django==2.0)
Installing collected packages: django
Successfully installed django-2.0
```

图 21.1　使用 pip 安装 Django

（2）使用 virtualenv 安装 Django

在多个项目的复杂工作中，常常会碰到使用不同版本 Python 包的情况，而虚拟环境则会处理各个包之间的隔离问题。virtualenv 是一种虚拟环境，在该环境中可以安装 Django，步骤如下：在命令行中执行"pip install virtualenv"命令；安装完成后，在命令行中执行"virtualenv D:\ Webprojects\venv"即可在 D 盘根目录下的"Webprojects\"文件夹中创建一个名为"venv"的虚拟环境；继续执行"D:\Webprojects\venv\Scripts\activate"命令即可激活虚拟环境；最后在激活后的"venv"中执行"pip install django==1.11.2"命令就可以安装 1.11.2 版本的 Django 了，如图 21.2 所示。

图 21.2　使用 virtualenv 安装 Django

21.2　Django 框架的使用

21.2.1　创建一个 Django 项目

本小节将开始讲解如何使用 Django 创建一个项目，步骤如下：

① 首先在 D 盘（读者可以根据自身实际情况选择）根目录下创建用于保存项目文件的目录，这里创建的目录为"D:\Webprojects"。

② 在 Webprojects 文件夹中创建 environments 目录用于放置虚拟环境，然后打开 cmd，输入如下创建环境命令：

```
virtualenv D:\Webprojects\environments\django2.0
```

③ 使用如下命令在命令行激活环境：

```
D:\Webprojects\environments\django2.0\Scripts\activate
```

④ 使用"django-admin"命令创建一个项目：

```
django-admin startproject demo
```

⑤ 使用 Pycharm 打开 demo 项目，查看目录结构，如图 21.3 所示。

图 21.3　Django 项目目录结构

297

项目已经创建完成，Django 项目中的文件及说明如表 21.1 所示。

表 21.1　Django 项目中的文件及说明

文件	说明
manage.py	Django 程序执行的入口
db.sqlite3	SQLite 的数据库文件，Django 默认使用这种小型数据库存取数据，非必须
templates	Django 生成的 HTML 模板文件夹，也可以在每个 App 中使用模板文件夹
demo	Django 生成的和项目同名的配置文件夹
settings.py	Django 总的配置文件，可以配置 App、数据库、中间件、模板等诸多选项
urls.py	Django 默认的路由配置文件
wsgi.py	Django 实现的 WSGI 接口的文件，用来处理 Web 请求

⑥ 在 Pycharm 中单击运行项目，或者在虚拟环境命令行中执行以下命令运行项目：

```
python manage.py runserver
```

此时可以看到 Web 服务器已经开始监听 8000 端口的请求了。在浏览器中输入："http://127.0.0.1:8000"，即可看到创建的 Django 项目页面，如图 21.4 所示。

图 21.4　Django 页面

⑦ 创建完 Django 项目后，在 Pycharm 的命令行执行以下命令，可以为 Django 项目生成数据表，并创建一个账户名和密码。

```
01  python manage.py migrate            # 执行数据库迁移生成数据表
02  python manage.py createsuperuser    # 按照提示输入账户和密码，密码强度符合一定的规则要求
```

运行效果如图 21.5 所示。

⑧ 重新启动服务器，在浏览器中访问 "http://127.0.0.1:8000/admin"，使用刚刚创建的账户登录，即可看到后台管理界面，如图 21.6 所示。

21.2.2　创建 App

在 Django 项目中，推荐使用 App 来完成不同模块的任务，通过执行如下命令可以启用一个应用程序。

```
python manage.py startapp app1
```

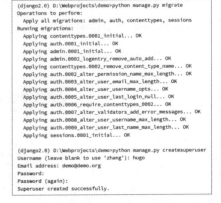

图 21.5　为 Django 项目创建账户和密码

你会看到项目根目录下又多了一个"app1"的目录，如图 21.7 所示。

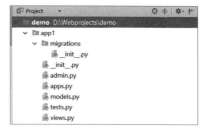

图 21.6　Django 项目后台管理界面　　图 21.7　Django 项目的 App 目录结构

Django 项目中的文件及说明如表 21.2 所示。

表 21.2　Django 项目中 App 目录的文件及说明

文件	说明
migrations	执行数据库迁移生成的脚本
admin.py	配置 Django 管理后台的文件
apps.py	单独配置添加的每个 App 的文件
models.py	创建数据库数据模型对象的文件
tests.py	用来编写测试脚本的文件
views.py	用来编写视图控制器的文件

下面将已经创建的 App 添加到 settings.py 配置文件中，然后将其激活，否则 App 内的文件都不会生效，效果如图 21.8 所示。

图 21.8　将创建的 App 添加到
settings.py 配置文件中

21.2.3　数据模型 (models)

（1）在 App 中添加数据模型

在 app1 的 models.py 中添加如下代码：

（源码位置：资源包 \MR\Code\21\01）

```
01  from django.db import models                    # 引入 django.db.models 模块
02  class Person(models.Model):
03      """
04      编写 Person 模型类，数据模型应该继承于 models.Model 或其子类
05      """
06      # 第一个字段使用 models.CharField 类型
07      first_name = models.CharField(max_length=30)
08      # 第二个字段使用 models.CharField 类型
09      last_name = models.CharField(max_length=30)
```

Person 模型中的每一个属性都指明了 models 下面的一个数据类型，代表了数据库中的一个字段。上面的类在数据库中会创建如下的表：

```
01  CREATE TABLE myapp_person (
02      "id" serial NOT NULL PRIMARY KEY,
03      "first_name" varchar(30) NOT NULL,
04  "last_name" varchar(30) NOT NULL
05  );
```

21

对于一些公有的字段，为了简化代码，可以使用如下的实现方式：

（源码位置：资源包 \MR\Code\21\02）

```
01  from django.db import models              # 引入 django.db.models 模块
02  class CreateUpdate(models.Model):         # 创建抽象数据模型，同样要继承于 models.Model
03      # 创建时间，使用 models.DateTimeField
04      created_at = models.DateTimeField(auto_now_add=True)
05      # 修改时间，使用 models.DateTimeField
06      updated_at = models.DateTimeField(auto_now=True)
07      class Meta:                           # 元数据，除了字段以外的所有属性
08          # 设置 model 为抽象类，指定该表不应该在数据库中创建
09          abstract = True
10
11  class Person(CreateUpdate):               # 继承 CreateUpdate 基类
12      first_name = models.CharField(max_length=30)
13      last_name = models.CharField(max_length=30)
14
15  class Order(CreateUpdate):                # 继承 CreateUpdate 基类
16      order_id = models.CharField(max_length=30, db_index=True)
17      order_desc = models.CharField(max_length=120)
```

这时，我们用于创建日期和修改日期的数据模型就可以继承于 CreateUpdate 类了。上面讲解了数据模型的创建方式，下面介绍 django.db.models 提供的常见的字段类型，如表 21.3 所示。

表 21.3　Django 数据模型中常见的字段类型及说明

字段类型	说明
AutoField	一个 ID 自增的字段，但创建表的过程中，Django 会自动添加一个自增的主键字段
BinaryField	一个保存二进制源数据的字段
BooleanField	一个布尔值的字段，应该指明默认值。管理后台中默认呈现为 CheckBox 形式
NullBooleanField	可以为 None 值的布尔值字段
CharField	字符串值字段，必须指明参数 max_length 值。管理后台中默认呈现为 TextInput 形式
TextField	文本域字段，对于大量文本应该使用 TextField。管理后台中默认呈现为 Textarea 形式
DateField	日期字段，代表 Python 中 datetime.date 实例。管理后台默认呈现 TextInput 形式
DateTimeField	时间字段，代表 Python 中 datetime.datetime 实例。管理后台默认呈现 TextInput 形式
EmailField	邮件字段，是 CharField 的实现，用于检查该字段值是否符合邮件地址格式
FileField	文件上传字段，管理后台默认呈现 ClearableFileInput 形式
ImageField	图片上传字段，是 FileField 的实现。管理后台默认呈现 ClearableFileInput 形式
IntegerField	整数值字段，在管理后台默认呈现 NumberInput 或者 TextInput 形式
FloatField	浮点数值字段，在管理后台默认呈现 NumberInput 或者 TextInput 形式

21

字段类型	说明
SlugField	只保存字母、数字、下划线和连接符，用于生成 URL 的短标签
UUIDField	保存一般统一标识符的字段，代表 Python 中 UUID 的实例，建议提供默认值 default
ForeignKey	外键关系字段，需提供外键的模型参数和 on_delete 参数（指定当该模型实例删除的时候，是否删除关联模型），如果要外键的模型出现在当前模型的后面，需要在第一个参数中使用单引号' Manufacture'
ManyToManyField	多对多关系字段，与 ForeignKey 类似
OneToOneField	一对一关系字段，常用于扩展其他模型

（2）执行数据库迁移

① 创建完数据模型后，开始做数据库迁移，首先不用 Django 默认自带的 SQLite 数据库，而是使用 MySQL 数据库，在项目的 settings.py 配置文件中找到如下的配置：

```
01  DATABASES = {
02      'default': {
03          'ENGINE': 'django.db.backends.sqlite3',
04          'NAME': os.path.join(BASE_DIR, 'db.sqlite3'),
05      }
06  }
```

替换为：

```
01  DATABASES = {
02      'default': {
03          'ENGINE': 'django.db.backends.mysql',
04          'NAME': 'demo',
05          'USER': 'root',
06          'PASSWORD': '您的数据库密码'
07      }
08  }
```

② 创建数据库，在终端连接数据库，执行以下命令：

```
mysql -u root -p
```

③ 按照提示输入您的数据库密码，连接成功后执行如下语句创建数据库：

```
create database demo default character set utf8;
```

创建成功后，即可在 Django 中使用数据库迁移，并在 MySQL 中创建数据表。创建数据库命令执行效果如图 21.9 所示。

```
mysql> create database demo default character set utf8;
Query OK, 1 row affected (0.01 sec)
```

图 21.9　创建数据库命令执行效果

④ 安装数据库的驱动，Python 3.x 使用 pymysql 作为 MySQL 的驱动，命令如下：

```
pip install pymysql
```

⑤ 找到"D:\Webprojcets\demo\demo__init__.py"文件，在行首添加如下代码：

```
01  import pymysql
02  pymysql.install_as_MySQLdb()                       # 将 pymysql 发挥最大数据库操作性能
```

⑥ 执行以下命令，用来创建数据表：

```
01  python manage.py makemigrations                    # 生成迁移文件
02  python manage.py migrate                           # 迁移数据库，创建新表
```

⑦ 创建数据表的效果如图 21.10 所示。

```
(django2.0) D:\Webprojects\demo>python manage.py makemigrations
Migrations for 'app1':
  app1\migrations\0001_initial.py
    - Create model Order
    - Create model Person

(django2.0) D:\Webprojects\demo>python manage.py migrate
Operations to perform:
  Apply all migrations: admin, app1, auth, contenttypes, sessions
Running migrations:
  Applying contenttypes.0001_initial... OK
  Applying auth.0001_initial... OK
  Applying admin.0001_initial... OK
  Applying admin.0002_logentry_remove_auto_add... OK
  Applying app1.0001_initial... OK
  Applying contenttypes.0002_remove_content_type_name... OK
  Applying auth.0002_alter_permission_name_max_length... OK
  Applying auth.0003_alter_user_email_max_length... OK
  Applying auth.0004_alter_user_username_opts... OK
  Applying auth.0005_alter_user_last_login_null... OK
  Applying auth.0006_require_contenttypes_0002... OK
  Applying auth.0007_alter_validators_add_error_messages... OK
  Applying auth.0008_alter_user_username_max_length... OK
  Applying auth.0009_alter_user_last_name_max_length... OK
  Applying sessions.0001_initial... OK
```

图 21.10　创建数据表

创建完成后，即可在数据库中查看这两张数据表，Django 会默认按照"App 名称 + 下划线 + 模型类名称"的形式创建数据表，对于上面这两个模型，Django 创建了如下表：

☑　Person 类对应 app1_person 表

☑　Order 类对应 app1_order 表

CreateUpdate 是个抽象类，不会创建表结构，在数据库管理软件中查看创建的数据表，效果如图 21.11 所示。

图 21.11　在数据库管理软件中查看创建的数据表

（3）了解 Django 数据 API

这里所有的命令将在 Django 的交互命令行中执行，在项目根目录下启用交互命令行，执行以下命令：

```
python manage.py shell                                 # 启用交互命令行
```

导入数据模型命令：

```
from app1.models import Person, Order                  # 导入 Person 和 Order 两个类
```

① 创建数据有如下两种方法。

a. 方法 1：

```
p = Person.objects.create(first_name="hugo", last_name="zhang")
```

b. 方法 2：

```
01  p=Person(first_name="hugo", last_name="张")
02  p.save()                                           # 必须调用 save() 方法才能写入数据库
```

② 查询数据。

a. 查询所有数据：

```
Person.objects.all()
```

b. 查询单个数据：

```
Person.objects.get(first_name="hugo")  # 括号内需要加入确定的条件，因为 get 方法只返回一个确定值
```

c. 查询指定条件的数据：

```
01  Person.objects.filter(first_name__exact="hugo")      # 指定 first_name 字段值必须为 hugo
02  Person.objects.filter(last_name__iexact="zhang")     # 不区分大小写，查找值必须为 zhang 的，可写为 zhanG
03  Person.objects.filter(id__gt=1)                      # 查找所有 id 值大于 1 的
04  Person.objects.filter(id__lt=100)                    # 查找所有 id 值小于 100 的
05  # 排除所有创建时间大于现在时间的，exclude 的用法是排除，和 filter 正好相反
06  Person.objects.exclude(created_at__gt=datetime.datetime.now(tz=datetime.timezone.utc))
07  # 过滤出所有 first_name 字段值包含 h 的，然后将之前的查询结果按照 id 进行排序
08  Person.objects.filter(first_name__contains="h").order_by('id')
09  Person.objects.filter(first_name__icontains="h")  # 查询所有 first_name 值不包含 h 的
```

③ 修改查询到的数。据修改之前：需要查询到对应的数据或者数据集。代码如下：

```
p = Person.objects.get(first_name="hugo")
```

然后按照需求进行修改，例如：

```
01  p.first_name = "john"
02  p.last_name = "wang"
03  p.save()
```

注意

必须调用 save() 方法才能保存到数据库。

当然也可以使用 get_or_create，如果数据存在就修改，不存在就创建，代码如下：

```
01  p, is_created = Person.objects.get_or_create(
02      first_name="hugo",
03      defaults={"last_name": "wang"}
04  )
```

get_or_create 返回一个元组、一个数据对象和一个布尔值。defaults 参数是一个字典。当获取数据的时候，defaults 参数里面的值不会被传入，也就是获取的对象只存在 defaults 之外的关键字参数的值。

④ 删除数据。删除数据同样需要先查找到对应的数据，然后进行删除，代码如下：

```
01  Person.objects.get(id=1).delete()
02  (1,({'app1.Person':1}))
```

技巧：大多数情况下不会直接删除数据库中的数据。在数据模型定义的时候，添加一个 status 字段，值为 True 和 False，用来标记该数据是否为可用状态。在想要删除该数据的时候，将其值置为 False 即可。

21.2.4 管理后台

定义好数据模型，就可以配置管理后台了，按照如下代码编辑 app1 下面的 admin.py 文件：

（源码位置：资源包 \MR\Code\21\03）

```python
01  from django.contrib import admin           # 引入 admin 模块
02  from app1.models import Person, Order       # 引入数据模型类
03
04  class PersonAdmin(admin.ModelAdmin):
05      """
06      创建 PersonAdmin 类，继承于 admin.ModelAdmin
07      """
08      # 配置展示列表，在 Person 板块下的列表展示
09      list_display = ('first_name', 'last_name')
10      # 配置过滤查询字段，在 Person 板块下右侧过滤框
11      list_filter = ('first_name', 'last_name')
12      # 配置可以搜索的字段，在 Person 板块下右侧搜索框
13      search_fields = ('first_name',)
14      # 配置只读字段展示，设置后该字段不可编辑
15      readonly_fields = ('created_at', 'updated_at')
16  # 绑定 Person 模型到 PersonAdmin 管理后台
17  admin.site.register(Person, PersonAdmin)
```

配置完成后，启动开发服务器，访问 http://127.0.0.1:8000/admin，效果如图 21.12 所示。

图 21.12　Django 项目后台管理页面

21.2.5 路由 (urls)

Django 的 URL 路由流程：

① Django 查找全局 urlpatterns 变量（urls.py）。

② 按照先后顺序，对 URL 逐一匹配 urlpatterns 每个元素。

③ 找到第一个匹配时停止查找，根据匹配结果执行对应的处理函数。

④ 如果没有找到匹配或出现异常，Django 进行错误处理。

Django 支持三种表达格式，分别如下：

① 精确字符串格式：articles/2017/。一个精确 URL 匹配一个操作函数；最简单的形式，适合对静态 URL 的响应；URL 字符串不以 "/" 开头，但要以 "/" 结尾。

② Django 的转换格式：< 类型：变量名 >,articles/<int:year>/。是一个 URL 模版，匹配 URL 同时在其中获得一批变量作为参数；是一种常用形式，目的是通过 URL 进行参数获取和传递。

表 21.4 提供了一些格式转换类型及说明。

③ 正则表达式格式，如 "articles/(?p<year>[0-9]{4})/"。借助正则表达式丰富语法表达一类 URL（而不是一个）；可以通过 "<>" 提取变量作为处理函数的参数，是高级用法；使用该方法时，前面不能使用 path() 函数，必须使用 re_path() 函数；表达的全部是 str 格式，不能是其他类型。使用正则表达式有两种形式，分别如下：

表 21.4　格式转换类型及说明

格式转换类型	说明
str	匹配除分隔符（/）外的非空字符，默认类型 \<year\> 等价于 \<str:year\>
int	匹配 0 和正整数
slug	匹配字母、数字、横杠、下划线组成的字符串，str 的子集
uuid	匹配格式化的 UUID，如 075194d3-6885-417e-a8a8-6c931e272f00
path	匹配任何非空字符串，包括路径分隔符，是全集

　　a. 不提取参数：比如 "re_path(articles/([0-9]{4})/)"，表示四位数字，每一位数字都是 0 ~ 9 的任意数字。

　　b. 提取参数：命名形式为 "(?p\<name\>pattern)"，比如 "re_path(articles/(?p\<year\>[0-9]{4}))/"，将正则表达式提取的四位数字，（每一位数字都是 0 ~ 9 的任意数字），命名为 year。

⚡ 注意

　　当网站功能较多时，可以在该功能文件夹里建一个 urls.py 文件，将该功能模块下的 URL 全部写在该文件里，但是要在全局的 urls.py 中使用 include 方法实现 URL 映射分发。

编写 URL 的三种情况如下：

☑　普通 URL：re_path('^index/',view.index)，re_path('^home/',view.Home.as_view())

☑　顺序传参：re_path(r'^detail-(\d+)-(\d+).html/',views.detail)

☑　关键字传参：re_path(r'^detail-(?P\<nid\>\d+)-(?P\<uid\>\d+).html/',views.detail)

推荐使用关键字传参的路由方法，找到项目根目录的配置文件夹 demo 下面的 urls.py 文件，打开该文件，并添加如下代码：

（源码位置：资源包 \MR\Code\21\04）

```
01  from django.contrib import admin      # 引入默认后台的模块，其中包括管理界面的 urls 路由规则
02  from django.urls import path, include  # 引入 urls 模块中 path 方法
03  urlpatterns = [
04      path('admin/', admin.site.urls),
05      path('app1/',include('app1.urls'))
06  ]
```

然后在 app1 下面创建一个 urls.py 文件，并在其中编写属于这个模块的 url 规则：

（源码位置：资源包 \MR\Code\21\05）

```
01  from app1 import views as app1_views
02  from django.urls import path
03  urlpatterns = [
04      # 精确匹配视图
05      path('articles/2003/', app1_views.special_case_2003),
06      # 匹配一个整数
07      path('articles/<int:year>/', app1_views.year_archive),
08      # 匹配两个位置的整数
09      path('articles/<int:year>/<int:month>/', app1_views.month_archive),
10      # 匹配两个位置的整数和一个 slug 类型的字符串
11      path('articles/<int:year>/<int:month>/<slug:slug>/', app1_views.article_detail),
12  ]
```

305

如果想使用正则表达式匹配，则使用下面代码：

（源码位置：资源包 \MR\Code\21\06）

```
01  from django.urls import re_path
02  from app1 import views as views
03  from django.urls import path
04  urlpatterns = [
05      # 精确匹配
06      path('articles/2003/', views.special_case_2003),
07      # 按照正则表达式匹配 4 位数字年份
08      re_path(r'^articles/(?P<year>[0-9]{4})/$', views.year_archive),
09      # 按照正则表达式匹配 4 位数字年份和 2 位数字月份
10      re_path(r'^articles/(?P<year>[0-9]{4})/(?P<month>[0-9]{2})/$', views.month_archive),
11      # 按照正则表达式匹配 4 位数字年份和 2 位数字月份和一个至少 1 位的 slug 类型的字符串
12      re_path(r'^articles/(?P<year>[0-9]{4})/(?P<month>[0-9]{2})/(?P<slug>[\w-]+)/$', views.
article_detail),
13  ]
```

接下来即可通过" /app1/articles/2003/12/11/my_day"，访问"app1_views.article_detail"这个视图方法了，效果如图 21.13 所示。

21.2.6　表单 (forms)

在 app1 文件夹下创建一个 forms.py 文件，添加如下类代码：

图 21.13　访问视图方法

（源码位置：资源包 \MR\Code\21\07）

```
01  from django import forms
02  class PersonForm(forms.Form):
03      first_name = forms.CharField(label=' 你的名字 ', max_length=20)
04      last_name = forms.CharField(label=' 你的姓氏 ', max_length=20)
```

上面定义了一个 PersonForm 表单类，两个字段类型为 forms.CharField，类似于 models.CharField，first_name 指字段的 label 是你的名字，并且指定该字段的最大长度为 20 个字符。max_length 参数可以指定 forms.CharField 的验证长度。

PersonForm 类将呈现为下面的 html 代码：

```
01  <label for=" 你的名字 "> 你的名字 : </label>
02  <input id="first_name"type="text"name="first_name"maxlength="20"required />
03  <label for=" 你的姓氏 "> 你的姓氏 : </label>
04  <input id="last_name"type="text"name="last_name"maxlength="20"required />
```

表单类 forms.Form 有一个 is_valid() 方法，可以在 views.py 中验证提交的表单是否符合规则。对于提交的内容，在 views.py 中编写如下代码：

（源码位置：资源包 \MR\Code\21\08）

```
01  from django.shortcuts import render
02  from django.http import HttpResponse, HttpResponseRedirect
03  from app1.forms import PersonForm
04
05  def get_name(request):
06      # 判断请求方法是否为 POST
07      if request.method == 'POST':
08          # 将请求数据填充到 PersonForm 实例中
09          form = PersonForm(request.POST)
10          # 判断 form 是否为有效表单
```

```
11          if form.is_valid():
12              # 使用 form.cleaned_data 获取请求的数据
13              first_name = form.cleaned_data['first_name']
14              last_name = form.cleaned_data['last_name']
15              # 响应拼接后的字符串
16              return HttpResponse(first_name + ''+ last_name)
17          else:
18              return HttpResponseRedirect('/error/')
19      # 请求为 GET 方法
20      else:
21          return render(request, 'name.html', {'form': PersonForm()})
```

在 html 文件中使用返回的表单的代码如下：

```
01 <form action="/app1/get_name"method="post"> {% csrf_token %}
02    {{ form}}
03 <button type="submit"> 提交 </button>
04 </form>
```

"{{form}}" 是 Django 模板的语法，用来获取页面返回的数据，这个数据是一个 PersonForm 实例，所以 Django 就按照规则渲染表单。

💡 注意

渲染的表单只是表单的字段，如上面 PersonForm 呈现的 HTML 代码，所以要在 HTML 代码中手动输入 "<form></form>" 标签，并指出需要提交的路由 "/app1/get_name" 和请求的方法 post。并且，<form> 标签的后面需要加上 Django 的防止跨站请求伪造模板标签 {% csrf_token %}。简单的一个标签，就很好地解决了提交 form 表单出现跨站请求伪造攻击的情况。

添加 URL 到创建的 "app1/urls.py" 中，代码如下：

```
path('get_name', app1_views.get_name)
```

此时访问页面 "http://127.0.0.1:8000/app1/get_name"，效果如图 21.14 所示。

21.2.7 视图 (views)

下面通过一个例子讲解如何在 Django 项目中定义视图，代码如下：

图 21.14　在 Django 项目中创建表单

（源码位置：资源包 \MR\Code\21\09）

```
01 from django.http import HttpResponse          # 导入响应对象
02 import datetime                                # 导入时间模块
03
04 def current_datetime(request):                 # 定义一个视图方法，必须带有请求对象作为参数
05     now = datetime.datetime.now()              # 请求的时间
06     html = "<html><body>It is now %s.</body></html>"% now   # 生成 html 代码
07     return HttpResponse(html)                  # 将响应对象返回，数据为生成的 html 代码
```

上面的代码定义了一个函数，返回了一个 HttpResponse 对象，这就是 Django 的 FBV (function based view 基于函数的视图)。每个视图函数都要有一个 HttpRequest 对象作为参数，用来接收来自客户端的请求，并且必须返回一个 HttpResponse 对象，作为响应给客户端。

django.http 模块下有诸多继承于 HttpResponse 的对象，其中大部分在开发中可以利用到。例如，我们想在查询不到数据时，给客户端一个 Http404 的错误页面。可以利用 django.http 下面的 Http404 对象，代码如下：

（源码位置：资源包 \MR\Code\21\10）

```
01  from django.shortcuts import render
02  from django.http import HttpResponse, HttpResponseRedirect, Http404
03  from app1.forms import PersonForm
04  from app1.models import Person
05
06  def person_detail(request, pk):                          # url 参数 pk
07      try:
08          p = Person.objects.get(pk=pk)                    # 获取 Person 数据
09      except Person.DoesNotExist:
10          raise Http404('Person Does Not Exist')           # 获取不到时抛出 Http404 的错误页面
11      return render(request, 'person_detail.html', {'person': p})  # 返回详细信息视图
```

在浏览器输入 http://127.0.0.1:8000/app1/person_detail/100/，会抛出异常，效果如图 21.15 所示。

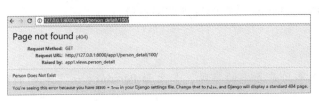

图 21.15　定义 Http404 错误页面

下面讲解一个基于类的视图实例（CBV），基于类的视图非常简单，与基于函数的视图大同小异。首先定义一个类视图，这个类视图需要继承一个基础的类视图，所有的类视图都继承自 views.View。类视图的初始化参数需要给出。将 get_name() 方法改成基于类的视图，代码如下：

（源码位置：资源包 \MR\Code\21\11）

```
01  from django.shortcuts import render
02  from django.http import HttpResponse, HttpResponseRedirect, Http404
03  from django.views import View
04  from app1.forms import PersonForm
05  from app1.models import Person
06
07  class PersonFormView(View):
08      form_class = PersonForm                              # 定义表单类
09      initial = {'key': 'value'}                           # 定义表单初始化展示参数
10      template_name = 'name.html'                          # 定义渲染的模板
11
12      def get(self, request, *args, **kwargs):             # 定义 GET 请求的方法
13          # 渲染表单
14          return render(request, self.template_name,
15                        {'form': self.form_class(initial=self.initial)})
16
17      def post(self, request, *args, **kwargs):            # 定义 POST 请求的方法
18          form = self.form_class(request.POST)             # 填充表单实例
19          if form.is_valid():                              # 判断请求是否有效
20              # 使用 form.cleaned_data 获取请求的数据
21              first_name = form.cleaned_data['first_name']
22              last_name = form.cleaned_data['last_name']
23              # 响应拼接后的字符串
```

```
24              return HttpResponse(first_name + ''+ last_name)      # 返回拼接的字符串
25          return render(request, self.template_name, {'form': form}) # 如果表单无效，返回表单
```

接下来定义一个 URL，代码如下：

（源码位置：资源包 \MR\Code\21\12 ）

```
01  from django.urls import path
02  from app1 import views as app1_views
03  urlpatterns = [
04      path('get_name', app1_views.get_name),
05      path('get_name1', app1_views.PersonFormView.as_view()),
06      path('person_detail/<int:pk>/', app1_views.person_detail),
07  ]
```

📖 **说明**

form_class 是指定类使用的表单，template_name 是指定视图渲染的模板。

在浏览器中请求 "/app1/get_name1"，会调用 "PersonFormViews" 视图的方法，如图 21.16 所示。

输入 "hugo" 和 "zhang"，并单击 "提交" 按钮，效果如图 21.17 所示。

图 21.16　请求定义的视图　　　　　　　　图 21.17　请求视图结果

21.2.8　Django 模板

Django 指定的模板引擎在 settings.py 文件中定义，代码如下：

（源码位置：资源包 \MR\Code\21\13 ）

```
01  TEMPLATES = [{
02          # 模板引擎，默认为 Django 模板
03          'BACKEND': 'django.template.backends.django.DjangoTemplates',
04          'DIRS': [],                              # 模板所在的目录
05          'APP_DIRS': True,                        # 是否启用 APP 目录
06          'OPTIONS': {
07          },
08      },
09  ]
```

下面通过一个简单的例子，介绍如何使用模板，代码如下：

```
01  {% extends "base_generic.html"%}
02  {% block title %}{{ section.title }}{% endblock %}
03  {% block content %}
04  <h1>{{ section.title }}</h1>
05  {% for story in story_list %}
06  <h2>
07      <a href="{{ story.get_absolute_url }}">
08      {{ story.headline|upper }}
09    </a>
10  </h2>
11  <p>{{ story.tease|truncatewords:"100"}}</p>
```

21

```
12  {% endfor %}
13  {% endblock %}
```

Django 模板引擎使用"{%%}"来描述 Python 语句区别于 <HTML> 标签，使用"{{}}"来描述 Python 变量。上面代码中的标签及说明如表 21.5 所示。

表 21.5　Django 模板引擎中的标签及说明

标签	说明
{% extends 'base_generic.html' %}	扩展一个母模板
{%block title%}	指定母模板中的一段代码块，此处为 title，在母模板中定义 title 代码块，可以在子模板中重写该代码块。block 标签必须是封闭的，要由"{% endblock %}"结尾
{{section.title}}	获取变量的值
{% for story in story_list %}、{% endfor %}	和 Python 中的 for 循环用法相似，必须是封闭的

Django 模板的过滤器非常实用，用来将返回的变量值做一些特殊处理，常用的过滤器如下：

☑　{{value|default:"nothing"}}：用来指定默认值。

☑　{{value|length}}：用来计算返回的列表或者字符串长度。

☑　{{value|filesizeformat}}：用来将数字转换成人类可读的文件大小。如 13KB、128MB 等。

☑　{{value|truncatewords:30}}：用来让返回的字符串获取固定的长度，此处为 30 个字符。

☑　{{value|lower}}：用来将返回的数据变为小写字母。

21

快速上手 Python：

基础 · 进阶 · 实战

第3篇
实战篇

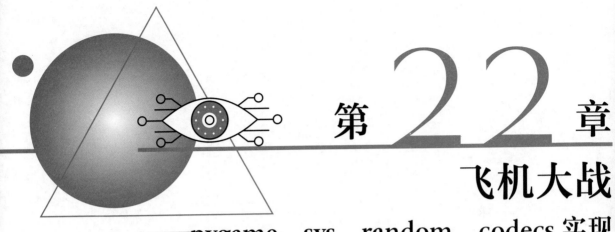

第 **22** 章

飞机大战

——pygame、sys、random、codecs 实现

鼹扫码享受
全方位沉浸式
学 Python 开发

　　微信上的小游戏，其中一款飞机大战引爆全民狂欢，如图 22.1 所示。玩家点击并移动自己的大飞机，在躲避迎面而来的其他小飞机时，大飞机通过发射炮弹打掉其他小飞机来赢取分数。一旦撞上其他小飞机，游戏就结束。本节内容将通过 Python 模拟实现一个飞机大战的游戏。

图 22.1　飞机大战效果图

22.1　需求分析

本章实现的飞机大战游戏，具备以下特点：

- ✓　记录分数
- ✓　敌机被击中动画
- ✓　玩家飞机爆炸动画
- ✓　文件的写入读取

22.2 系统设计

22.2.1 系统功能结构

飞机大战游戏系统主要包括玩家飞机与敌机游戏元素包含的功能，以及排行榜页面。详细的功能结构如图 22.2 所示。

22.2.2 系统业务流程

根据该项目的需求分析以及功能结构，设计出如图 22.3 所示的系统业务流程图。

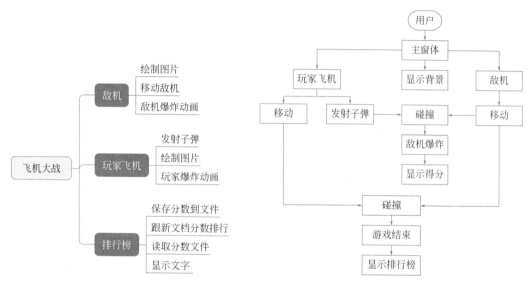

图 22.2　系统功能结构　　　　图 22.3　系统业务流程

22.2.3 系统预览

飞机大战游戏运行效果如图 22.4 所示。玩家飞机与敌机发生碰撞游戏结束，显示游戏得分以及排行榜按钮，游戏结束画面如图 22.5 所示。单击排行榜按钮，显示排行榜页面，效果如图 22.6 所示。

图 22.4　游戏主页面　　　图 22.5　游戏结束画面　　　图 22.6　游戏排行榜画面

22.3 系统开发必备

22.3.1 开发工具准备

◆ 操作系统：Windows 7、Windows 8、Windows 10。
◆ 开发工具：PyCharm。
◆ Python 版本：Python3.6。
◆ Python 内置模块：sys、random、codecs。
◆ 第三方模块：pygame。

22.3.2 文件夹组织结构

飞机大战游戏的文件夹组织结构主要分为，resources（保存资源文件夹）、image（保存图片文件夹）、score.txt（保存排行榜分数文件）以及 main.py（程序主文件），详细结构如图 22.7 所示。

图 22.7 **项目文件结构**

22.4 飞机大战的实现

22.4.1 主窗体的实现

通过 pygame 模块实现项目的主窗体，先要理清业务流程和实现技术。根据本模块实现的功能，画出主窗体实现的业务流程如图 22.8 所示。

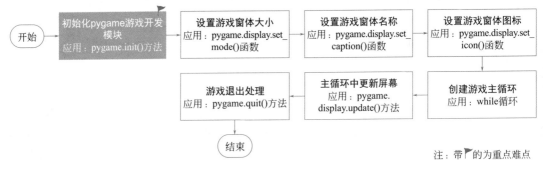

图 22.8 **主窗体实现业务流程**

具体步骤如下：

① 创建名称为 foo 的文件夹，该文件夹用于保存飞机大战游戏的项目文件，然后在该文件夹中创建 resources 文件夹用于保存项目资源，在 resources 文件夹中创建 image 用于保存游戏中所使用的图片资源。最后在 foo 项目文件夹中创建 main.py 文件，在该文件中实现飞机大战游戏代码。

② 导入 pygame 库与 pygame 中的常量库，然后定义窗体的宽度与高度，代码如下：

```
01  import pygame                          # 导入 pygame 库
02  from pygame.locals import *            # 导入 pygame 库中的一些常量
03  from sys import exit                   # 导入 sys 库中的 exit 函数
```

```
04  import random
05  import codecs
06
07  # 设置游戏屏幕大小
08  SCREEN_WIDTH = 480
09  SCREEN_HEIGHT = 800
```

③ 接下来进行 pygame 的初始化工作，设置窗体的名称图标，再创建窗体实例并设置窗体的大小以及背景色，最后通过循环实现窗体的显示与刷新。代码如下：

```
01  # 初始化 pygame
02  pygame.init()
03  # 设置游戏界面大小
04  screen = pygame.display.set_mode((SCREEN_WIDTH, SCREEN_HEIGHT))
05  # 游戏界面标题
06  pygame.display.set_caption('彩图版飞机大战')
07  # 设置游戏界图标
08  ic_launcher = pygame.image.load('resources/image/ic_launcher.png').convert_alpha()
09  pygame.display.set_icon(ic_launcher)
10  # 背景图
11  background = pygame.image.load('resources/image/background.png').convert_alpha()
12   def startGame():
13      # 游戏循环帧率设置
14      clock = pygame.time.Clock()
15      # 判断游戏循环退出的参数
16      running = True
17      # 游戏主循环
18      while running:
19          # 绘制背景
20          screen.fill(0)
21          screen.blit(background, (0, 0))
22          # 控制游戏最大帧率为 60
23          clock.tick(60)
24          # 更新屏幕
25          pygame.display.update()
26          # 处理游戏退出
27          for event in pygame.event.get():
28              if event.type == pygame.QUIT:
29                  pygame.quit()
30                  exit()
31  startGame()
```

主窗体的运行效果如图 22.9 所示。

22.4.2 创建游戏精灵

本游戏元素包含玩家飞机、敌机及子弹。用户可以通过键盘移动玩家飞机在屏幕上的位置来打击不同位置的敌机。因此设计 Player、Enemy 和 Bullet 三个类对应三种游戏精灵。对于 Player，需要的操作有射击和移动两种，移动又分为上下左右四种情况；对于 Enemy，则比较简单，只需要移动即可，从屏幕上方出现并移动到屏幕下方；对于 Bullet，与飞机相同，仅需要以一定速度移动即可。根据游戏的元素实现创建游戏精灵功能，先要理清创建精灵的业务流程和实现技术。根据本功能实现技术，画出创建游戏精灵的业务流程如图 22.10 所示。

图 22.9 **主窗体运行效果**

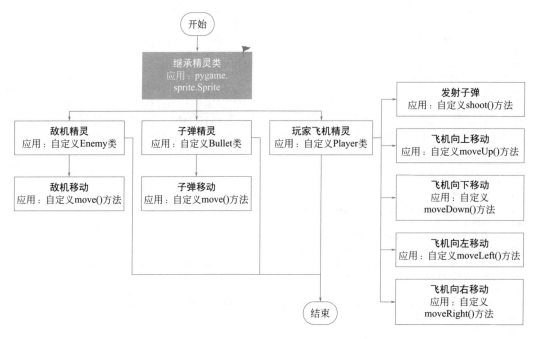

图 22.10　创建游戏精灵的业务流程

代码如下：

```
01  # 子弹类
02  class Bullet(pygame.sprite.Sprite):
03      def __init__(self, bullet_img, init_pos):
04          # 调用父类的初始化方法初始化 sprite 的属性
05          pygame.sprite.Sprite.__init__(self)
06          self.image = bullet_img
07          self.rect = self.image.get_rect()
08          self.rect.midbottom = init_pos
09          self.speed = 10
10
11      def move(self):
12          self.rect.top -= self.speed
13
14  # 玩家飞机类
15  class Player(pygame.sprite.Sprite):
16      def __init__(self, player_rect, init_pos):
17          # 调用父类的初始化方法初始化 sprite 的属性
18          pygame.sprite.Sprite.__init__(self)
19          self.image = []  # 用来存储玩家飞机图片的列表
20          for i in range(len(player_rect)):
21              self.image.append(player_rect[i].convert_alpha())
22
23          self.rect = player_rect[0].get_rect()  # 初始化图片所在的矩形
24          self.rect.topleft = init_pos  # 初始化矩形的左上角坐标
25          self.speed = 8  # 初始化玩家飞机速度，这里是一个确定的值
26          self.bullets = pygame.sprite.Group()  # 玩家飞机所发射的子弹的集合
27          self.img_index = 0  # 玩家飞机图片索引
28          self.is_hit = False  # 玩家是否被击中
29
```

```
30        # 发射子弹
31        def shoot(self, bullet_img):
32            bullet = Bullet(bullet_img, self.rect.midtop)
33            self.bullets.add(bullet)
34
35        # 向上移动，需要判断边界
36        def moveUp(self):
37            if self.rect.top <= 0:
38                self.rect.top = 0
39            else:
40                self.rect.top -= self.speed
41
42        # 向下移动，需要判断边界
43        def moveDown(self):
44            if self.rect.top >= SCREEN_HEIGHT - self.rect.height:
45                self.rect.top = SCREEN_HEIGHT - self.rect.height
46            else:
47                self.rect.top += self.speed
48
49        # 向左移动，需要判断边界
50        def moveLeft(self):
51            if self.rect.left <= 0:
52                self.rect.left = 0
53            else:
54                self.rect.left -= self.speed
55
56        # 向右移动，需要判断边界
57        def moveRight(self):
58            if self.rect.left >= SCREEN_WIDTH - self.rect.width:
59                self.rect.left = SCREEN_WIDTH - self.rect.width
60            else:
61                self.rect.left += self.speed
62
63  # 敌机类
64  class Enemy(pygame.sprite.Sprite):
65      def __init__(self, enemy_img, enemy_down_imgs, init_pos):
66          # 调用父类的初始化方法初始化 sprite 的属性
67          pygame.sprite.Sprite.__init__(self)
68          self.image = enemy_img
69          self.rect = self.image.get_rect()
70          self.rect.topleft = init_pos
71          self.down_imgs = enemy_down_imgs
72          self.speed = 2
73          self.down_index = 0
74
75      # 敌机移动，边界判断及删除在游戏主循环里处理
76      def move(self):
77          self.rect.top += self.speed
```

22.4.3 游戏核心逻辑

游戏的核心逻辑为玩家飞机的移动和发射子弹，敌机的生成和移动，以及敌机和子弹、敌机和玩家飞机的碰撞检测。根据本游戏的逻辑，画出游戏核心功能的业务流程如图 22.11 所示。

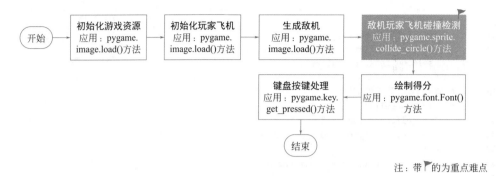

注：带 ▛ 的为重点难点

图 22.11　游戏核心逻辑的业务流程

具体的实现步骤如下：

① 引用各种图片资源方便后面引用，代码如下：

```
01  # 游戏结束背景图
02  game_over = pygame.image.load('resources/image/gameover.png')
03  # 子弹图片
04  plane_bullet = pygame.image.load('resources/image/bullet.png')
05  # 飞机图片
06  player_img1= pygame.image.load('resources/image/player1.png')
07  player_img2= pygame.image.load('resources/image/player2.png')
08  player_img3= pygame.image.load('resources/image/player_off1.png')
09  player_img4= pygame.image.load('resources/image/player_off2.png')
10  player_img5= pygame.image.load('resources/image/player_off3.png')
11  # 敌机图片
12  enemy_img1= pygame.image.load('resources/image/enemy1.png')
13  enemy_img2= pygame.image.load('resources/image/enemy2.png')
14  enemy_img3= pygame.image.load('resources/image/enemy3.png')
15  enemy_img4= pygame.image.load('resources/image/enemy4.png')
```

② 在开始游戏方法 startGame() 中初始化玩家飞机、敌机、子弹图片资源以及分数等资源，代码如下：

```
01  # 设置玩家飞机不同状态的图片列表，多张图片展示为动画效果
02  player_rect = []
03  # 玩家飞机图片
04  player_rect.append(player_img1)
05  player_rect.append(player_img2)
06  # 玩家爆炸图片
07  player_rect.append(player_img2)
08  player_rect.append(player_img3)
09  player_rect.append(player_img4)
10  player_rect.append(player_img5)
11  player_pos = [200, 600]
12  # 初始化玩家飞机
13  player = Player(player_rect, player_pos)
14  # 子弹图片
15  bullet_img = plane_bullet
16  # 敌机不同状态的图片列表，多张图片展示为动画效果
17  enemy1_img = enemy_img1
18  enemy1_rect=enemy1_img.get_rect()
19  enemy1_down_imgs = []
20  enemy1_down_imgs.append(enemy_img1)
21  enemy1_down_imgs.append(enemy_img2)
22  enemy1_down_imgs.append(enemy_img3)
23  enemy1_down_imgs.append(enemy_img4)
```

```
24   # 储存敌机
25   enemies1 = pygame.sprite.Group()
26   # 存储被击毁的飞机，用来渲染击毁动画
27   enemies_down = pygame.sprite.Group()
28   # 初始化射击及敌机移动频率
29   shoot_frequency = 0
30   enemy_frequency = 0
31   # 玩家飞机被击中后的效果处理
32   player_down_index = 16
33   # 初始化分数
34   score = 0
```

③ 在开始游戏方法 startGame() 中的游戏主循环 while 中，完成玩家飞机、敌机、子弹的逻辑处理与碰撞处理，代码如下：

```
01   # 生成子弹，需要控制发射频率
02   # 首先判断玩家飞机有没有被击中
03   if not player.is_hit:
04       if shoot_frequency % 15 == 0:
05           player.shoot(bullet_img)
06       shoot_frequency += 1
07       if shoot_frequency >= 15:
08           shoot_frequency = 0
09   for bullet in player.bullets:
10       # 以固定速度移动子弹
11       bullet.move()
12       # 移动出屏幕后删除子弹
13       if bullet.rect.bottom < 0:
14           player.bullets.remove(bullet)
15   # 显示子弹
16   player.bullets.draw(screen)
17   # 生成敌机，需要控制生成频率
18   if enemy_frequency % 50 == 0:
19       enemy1_pos = [random.randint(0, SCREEN_WIDTH - enemy1_rect.width), 0]
20       enemy1 = Enemy(enemy1_img, enemy1_down_imgs, enemy1_pos)
21       enemies1.add(enemy1)
22   enemy_frequency += 1
23   if enemy_frequency >= 100:
24       enemy_frequency = 0
25   for enemy in enemies1:
26       # 移动敌机
27       enemy.move()
28       # 敌机与玩家飞机碰撞效果处理（两个精灵之间的圆检测）
29       if pygame.sprite.collide_circle(enemy, player):
30           enemies_down.add(enemy)
31           enemies1.remove(enemy)
32           player.is_hit = True
33           break
34       # 移动出屏幕后删除飞机
35       if enemy.rect.top < 0:
36           enemies1.remove(enemy)
37   # 敌机被子弹击中效果处理
38   # 将被击中的敌机对象添加到击毁敌机 Group 中，用来渲染击毁动画
39   # 方法 groupcollide() 是检测两个精灵组中精灵们的矩形冲突
40   enemies1_down = pygame.sprite.groupcollide(enemies1, player.bullets, 1, 1)
41   # 遍历 key 值（返回碰撞敌机）
42   for enemy_down in enemies1_down:
43       # 点击销毁的敌机到列表
44       enemies_down.add(enemy_down)
45   # 绘制玩家飞机
46   if not player.is_hit:
```

22

```
47      screen.blit(player.image[player.img_index], player.rect)
48      # 更换图片索引使飞机有动画效果
49      player.img_index = shoot_frequency // 8
50  else:
51      # 玩家飞机被击中后的效果处理
52      player.img_index = player_down_index // 8
53      screen.blit(player.image[player.img_index], player.rect)
54      player_down_index += 1
55      if player_down_index > 47:
56          # 击中效果处理完成后游戏结束
57          running = False
58  # 敌机被子弹击中效果显示
59  for enemy_down in enemies_down:
60      if enemy_down.down_index == 0:
61          pass
62      if enemy_down.down_index > 7:
63          enemies_down.remove(enemy_down)
64          score += 100
65          continue
66      # 显示碰撞图片
67      screen.blit(enemy_down.down_imgs[enemy_down.down_index // 2], enemy_down.rect)
68      enemy_down.down_index += 1
69  # 显示精灵
70  enemies1.draw(screen)
71  # 绘制当前得分
72  score_font = pygame.font.Font(None, 36)
73  score_text = score_font.render(str(score), True, (255, 255, 255))
74  text_rect = score_text.get_rect()
75  text_rect.topleft = [10, 10]
76  screen.blit(score_text, text_rect)
```

④ 处理玩家飞机移动，当在键盘上按相应的按键后使玩家飞机进行相应的上下左右移动，需要在游戏主循环 while 中进行处理，代码如下：

```
01  # 获取键盘事件（上下左右按键）
02  key_pressed = pygame.key.get_pressed()
03  # 处理键盘事件（移动飞机的位置）
04  if key_pressed[K_w] or key_pressed[K_UP]:
05      player.moveUp()
06  if key_pressed[K_s] or key_pressed[K_DOWN]:
07      player.moveDown()
08  if key_pressed[K_a] or key_pressed[K_LEFT]:
09      player.moveLeft()
10  if key_pressed[K_d] or key_pressed[K_RIGHT]:
11      player.moveRight()
```

项目运行后，运行效果如图 22.12 所示。

22.4.4 游戏排行榜

在游戏结束后会出现游戏排行榜按钮，游戏排行榜记录了游戏从最高分往下排列的前 10 个分数。根据排行榜文件内容实现游戏排行榜，先要理清游戏排行榜的业务流程和实现技术。根据本模块实现的功能，画出游戏排行榜的业务流程如图 22.13 所示。

具体的实现步骤如下：

图 22.12　游戏主逻辑完成运行效果

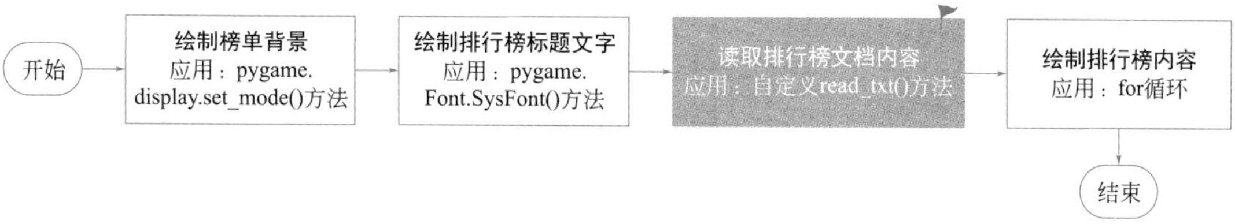

注：带🚩的为重点难点

图 22.13　游戏排行榜的业务流程

① 在 foo 项目文件中，创建 score.txt 文件，用于保存用户分数，可以直接导入 score.txt 或者自己创建，手动写入“0mr0mr0mr0mr0mr0mr0mr0mr0mr0”，其中 mr 用于方便在代码中处理分割分数。

② 创建完 score.txt 后，在 main.py 项目主文件中创建 writh_txt()、read_txt() 方法，用于对 score.txt 文件进行写入与读取处理，代码如下：

```
"""
对文件的操作
写入文本：
传入参数为 content、strim、path。content 为需要写入的内容，数据类型为字符串
path 为写入的位置，数据类型为字符串。strim 为写入方式
传入的 path 需如下定义: path= r' D:\text.txt'
f = codecs.open(path, strim, 'utf8') 中，codecs 为包，需要用 impor 引入
strim='a' 表示追加写入 txt，可以换成 'w'，表示覆盖写入
'utf8' 表述写入的编码，可以换成' utf16' 等
"""
def write_txt(content, strim, path):
    f = codecs.open(path, strim, 'utf8')
    f.write(str(content))
    f.close()
"""
读取 txt：
表示按行读取 txt 文件 ,utf8 表示读取编码为 utf8 的文件，可以根据需求改成 utf16，或者 GBK 等
返回的为数组，每一个数组的元素代表一行
若想返回字符串格式，可以改写成 return '\n'.join(lines)
"""
def read_txt(path):
    with open(path, 'r', encoding='utf8') as f:
        lines = f.readlines()
    return lines
```

③ 创建 gameRanking() 方法用于显示排行榜页面，在其中读取分数文件，获取分数并显示到排行榜页面，代码如下：

```
# 排行榜
def gameRanking():
    screen2 = pygame.display.set_mode((SCREEN_WIDTH, SCREEN_HEIGHT))
    # 绘制背景
    screen2.fill(0)
    screen2.blit(background, (0, 0))
    # 使用系统字体
    xtfont = pygame.font.SysFont( 'SimHei' , 30)
    # 排行榜
    textstart = xtfont.render(' 排行榜 ', True, (255, 0, 0))
    text_rect = textstart.get_rect()
    text_rect.centerx = screen.get_rect().centerx
```

```
13        text_rect.centery = 50
14        screen.blit(textstart, text_rect)
15        # 重新开始按钮
16        textstart = xtfont.render(' 重新开始 ', True, (255, 0, 0))
17        text_rect = textstart.get_rect()
18        text_rect.centerx = screen.get_rect().centerx
19        text_rect.centery = screen.get_rect().centery + 120
20        screen2.blit(textstart, text_rect)
21        # 获取排行榜文档内容
22        arrayscore = read_txt(r' score.txt')[0].split( 'mr')
23        #  循环排行榜文件显示排行
24        for i in range(0, len(arrayscore)):
25            # 游戏 Game Over 后显示最终得分
26            font = pygame.font.Font(None, 48)
27            # 排名从 1 到 10
28            k=i+1
29            text = font.render(str(k) +"   " +arrayscore[i], True, (255, 0, 0))
30            text_rect = text.get_rect()
31            text_rect.centerx = screen2.get_rect().centerx
32            text_rect.centery = 80 + 30*k
33            # 绘制分数内容
34            screen2.blit(text, text_rect)
```

运行项目，排行榜页面显示效果如图 22.14 所示。

图 22.14　游戏排行榜页面